环保公益性行业科研专项经费项目系列丛书

城市生态环境质量综合评估技术与应用

李远 杨扬 蔡楠 等/著

中国环境出版社·北京

内 容 提 要

本书首次提出了与四个要素和三个子系统框架相对应的、包含有 60 个指标的城市生态环境质量评价指标体系，涵盖了城市空间格局、环境特性、生物特征、服务功能四大要素。在应用方面，作者运用该体系评价了所选择的北方地区、中部地区、南部沿海地区及西部地区等典型城市的生态环境质量。研究评价结果表明，该评价体系能够准确、有效地评价复杂的城市生态环境，可为城市生态环境规划和管理提供理论依据和技术支持，并能有效地指导和协调城市的可持续发展。

本书为县以上各级政府领导决策及环境管理部门、规划部门在城市规划制订和生态城市建设等方面提供了相关的规范和标准，为建设生态城市及加强城市生态系统管理提供了科学、有效的决策依据；可为致力于城市环境科学、生态学、生态环境评价等相关专业的科研、教学人员和管理干部提供参考。

图书在版编目（CIP）数据

城市生态环境质量综合评估技术与应用 / 李远等著 . — 北京：
中国环境出版社 , 2014.11

    ISBN 978-7-5111-2099-1

Ⅰ . ①城… Ⅱ . ①李… Ⅲ . ①城市环境－生态环境－环境质量评价－综合评价 Ⅳ . ① X21 ② X820.2

中国版本图书馆 CIP 数据核字 (2014) 第 232236 号

出 版 人	王新程
策划编辑	丁莞歆
责任编辑	黄 颖
文字编辑	朱晓丽
责任校对	尹 芳
装帧设计	宋 瑞

出版发行 中国环境出版社

    （100062 北京市东城区广渠门内大街 16 号）

    网 址：http://www.cesp.com.cn

    电子邮箱：bjgl@cesp.com.cn

    联系电话：010-67112765（编辑管理部）

              010-67112417（科技标准图书出版中心）

    发行热线：010-67125803，010-67113405（传真）

印 刷	北京中科印刷有限公司
经 销	各地新华书店
版 次	2014 年 12 月第一版
印 次	2014 年 12 月第一次印刷
开 本	787×1092 1/16
印 张	20.5 **彩插** 8
字 数	416 千字
定 价	61.00 元

总　序

我国作为一个发展中的人口大国，资源环境问题是长期制约经济社会可持续发展的重大问题。党中央、国务院高度重视环境保护工作，提出了建设生态文明，建设资源节约型与环境友好型社会，推进环境保护历史性转变，让江河湖泊休养生息，节能减排是转方式调结构的重要抓手，环境保护是重大民生问题，探索中国环保新道路等一系列新理念新举措。在科学发展观的指导下，"十一五"环境保护工作成效显著，在经济增长超过预期的情况下，主要污染物减排任务超额完成，环境质量持续改善。

随着当前经济的高速增长，资源环境约束进一步强化，环境保护正处于负重爬坡的艰难阶段。治污减排的压力有增无减，环境质量改善的压力不断加大，防范环境风险的压力持续增加，确保核与辐射安全的压力继续加大，应对全球环境问题的压力急剧加大。要破解发展经济与保护环境的难点，解决影响可持续发展和群众健康的突出环境问题，确保环保工作不断上台阶、出亮点，必须充分依靠科技创新和科技进步，构建强大坚实的科技支撑体系。

2006年，我国发布了《国家中长期科学和技术发展规划纲要（2006—2020年）》（以下简称《规划纲要》），提出了建设创新型国家战略思想，科技事业进入了发展的快车道，环保科技也迎来了蓬勃发展的春天。为适应环境保护历史性转变和创新型国家建设的要求，原国家环境保护总局于2006年召开了第一次全国环保科技大会，出台了《关于增强环境科技创新能力的若干意见》，确立了科技兴环保战略，建设了环境科技创新体系、环境标准体系、环境技术管理体系三大工程。五年来，在广大环境科技工作者的努力下，水体污染控制与治理科技重大专项启动实施，科技投入持续增加，科技创新能力显著增强；发布了502项新标准，现行国家标准达1 263项，环境标准体系建设实现了跨越式发展；完成了100余项环保技术文件的制修订工作，初步建成以重点行业污染防治技术政策、技术指南和工程技术规范为主要内容的国家环境技术管理体系。环境科技为全面完成"十一五"环保规划的各项任务起到了重要的引领和支撑作用。

为优化中央财政科技投入结构，支持市场机制不能有效配置资源的社会公益研究活动，"十一五"期间国家设立了公益性行业科研专项经费。根据财政部、科技部的总体部署，环保公益性行业科研专项紧密围绕《规划纲要》和《国家环境保护"十一五"科技发展规划》确定的重点领域和优先主题，立足环境管理中的科技需求，积极开展应急性、培育性、基础性科学研究。"十一五"期间，环境保护部组织实施了公益性行业科研专项项目234项，涉及大气、水、生态、土壤、固废、核与辐射等领域，共有包括中央级科研院所、高等院校、地方环保科研单位和企业等几百家单位参与，逐步形成了优势互补、团结协作、良性竞争、共同发展的环保科技"统一战线"。目前，专项取得了重要研究成果，提出了一系列控制污染和改善环境质量的技术方案，形成一批环境监测预警和监督管理技术体系，研发出一批与生态环境保护、国际履约、核与辐射安全相关的关键技术，提出了一系列环境标准、指南和技术规范建议，为解决我国环境保护和环境管理中急需的成套技术和政策制定提供了重要的科技支撑。

为广泛共享"十一五"期间环保公益性行业科研专项项目研究成果，及时总结项目组织管理经验，环境保护部科技标准司组织出版"十一五"环保公益性行业科研专项经费系列丛书。该丛书汇集了一批专项研究的代表性成果，具有较强的学术性和实用性，可以说是环境领域不可多得的资料文献。丛书的组织出版，在科技管理上也是一次很好的尝试，我们希望通过这一尝试，能够进一步活跃环保科技的学术氛围，促进科技成果的转化与应用，为探索中国环保新道路提供有力的科技支撑。

中华人民共和国环境保护部副部长

吴晓青

2011 年 10 月

序

城市生态系统是人类在改造和适应自然环境的基础上建设起来的以人为核心的人工生态系统。随着中国城市化的加速，城市生态环境形势日益严峻，严重影响人们的生活和生存发展。近年来，随着人们对于生态环境意识的提高，如何评价城镇生态环境质量已经成为一项重大而迫切的任务。为此，"十一五"期间，环境保护部华南环境科学研究所与多家单位共同承担了环保公益性行业科研专项项目"城市生态环境质量综合评估技术与应用"。开展城市生态环境质量评估，就是为了对城市生态环境的优劣程度进行定性或定量的分析和判别，客观地认识和了解城市生态环境质量的变化，掌握生态环境状态的适宜性及其变化趋势，揭示生态环境破坏或退化根源，寻求改善生态环境质量的方法与途径，为城市经济发展和生态环境保护提供科学依据和决策支持。

本书较为系统地总结、分析了国内外关于城市生态环境质量评估的研究成果，深入阐述了城市生态系统内涵，研究了城市生态环境质量评价理论及技术方法，并在吸收国外生态状况评估方法基础上，运用系统控制和层次分析决策理论等筛选确立城市生态环境质量评价指标，构建了基于生态系统为核心的城市生态环境质量评价体系，提出将我国城市生态系统分解为四个层面特征，即空间格局、环境特性、生物特征、服务功能；每个层面再按三个子系统进行分析，即人工生态子系统、（天然）水域生态子系统、（天然）陆域生态子系统，并依据此构架选择了 60 个指标，较客观、多角度地反映出城市的生态环境特征。同时在收集整理相关数据的基础上，选择我国北部、中部、南部沿海和西部地区的典型城市如北京、武汉、珠海和重庆市开展了试点城市生态环境质量综合评估案例研究，为进一步在全国不同区域城市开展生态环境质量评价提供了示范依据，具有一定的应用价值。此外，研发了城市生态环境质量数据可视化系统软件，拓展了我国城市生态环境质量评估方法。

我有机会参与了该项目的立项审查、成果鉴定等过程，从中受到许多启发。看到项目取得的成绩以及在全国典型城市的推广应用，感到由衷的高兴。

《城市生态环境质量综合评估技术与应用》一书囊括了环境保护部华南环境科学研究所等单位对城市生态环境质量评估研究的成果。对于相关的研究与应用具有重要的借鉴和示范作用，对于客观评价我国城市生态环境质量状况以及推进各地区生态文明建设必将产生积极的影响。

万本太

2014 年 5 月

前　言

　　城市是人类主要的聚集地和社会、经济与文化活动中心。城市化进程的不断加速扩张引发了城市环境质量下降与城市生态系统恶化等一系列问题。城市生态环境作为城市发展的基础与载体，对城市发展的影响日益彰显，必将成为城市化进程的决定性因素。因此，如何客观地认识和评估城市生态环境质量的变化，正确制定社会经济发展战略和产业布局、配置规划，有效保护和改善城市生态环境质量，确保城市的可持续发展，已引起了各级政府和管理部门的高度关注。

　　城市生态环境质量评估是对城市化引起的生态与环境的变化进行的一种整体性描述，应在分析、归纳大量环境调查和监测资料的基础上，通过制定生态环境质量评价方法评估城市的生态环境质量，找出城市主要生态环境问题，同时指出城市生态环境质量的状况和发展趋势。然而，我国至今尚未形成国家层面的城市生态环境质量评估技术规范和指南，在大尺度城市生态环境质量指标体系构建和评估方法等领域还缺乏公认的理论和方法体系，尤其是对城市区域整体状况，包括资源、环境、社会经济等多要素的综合分析与整体评价更显不足。

　　目前已开展的城市生态环境质量评价方法与评价指标体系构建大多直接从城市生态系统的结构组成和功能组成因子中选取评价指标，存在着指标选取口径不一，建立的指标体系不够严密完整，指标的信息不易量化，数据不易获取，可操作性不强等问题。这些问题导致评价结果不能完全真实地反映当前城市生态环境状况，不能为管理和决策部门提供有效的技术支撑与服务，不能满足社会发展的需求。

　　为适应我国新时期环境管理与环境经济宏观调控对生态环境保护的要求，促进城市生态系统良性循环，推进国家生态文明示范区（省、市、县）建设，指导开展城市生态环境质量评估相关规范和标准的制定，以及城市规划修编，推进生态城市建设、城市产业结构调整等工作，项目组承担了国家环保公益性行业科研专项《城市生态环境质量综合评估技术与应用》，历时4年，开展了城市生态环境质量指标体系构建和城市生态环境质量评估的专项研究，并在此基础上撰写了此书。

　　本书融入了生态学、环境学、系统控制论以及统计学的理念，原创性研发了以生态学理论为核心，涵盖城市空间格局、环境特性、生物特征、服务功能四大要素，人工生态子系统、水域生态子系统和陆域生态子系统三个子系统相对应，提出包含60个指标的城市生态环境质量评估体系。本书系统论述了如何针对城市生态系统特征选择合理的指标，开展科学、实用的城市生态环境质量评价，以正确评估城市生态系统的环境质量状况，丰富和完善了针对城市生态环境质量评估的理论与方法，加深了对复杂城市生态系统内在机制和客观规律性的认识，揭示了城市生态系统内部的本质和演化规律，开拓了我国城市生态环境质量评估和生态文明示范区建设的新思路，具有一定的理论和实用价值。

在理论和方法研究基础上，考虑到我国不同区域城市气候、地理和生态状况的差异，分别在我国北部地区、中部地区、南部沿海地区和西部地区选择了典型城市北京、武汉、珠海和重庆市开展试点城市生态环境质量综合评估案例研究，验证了研究方法的科学性、评价方法的适用性和评价结果的可靠性，实现了能够准确、有效地评价复杂的城市生态环境，而且可以为城市生态环境的规划和管理提供理论和技术支持，并为制定城市生态环境保护对策提供了可操作的管理和技术方法。

本书共分8章，第1章系统论述了城市生态环境质量评价的理论，探讨在城市尺度上进行生态环境质量评价的技术与理论问题；第2章全面介绍了城市生态环境质量评价的研究进展，包括国内外开展城市生态环境质量评估的技术、方法及案例；第3章着重介绍了基于生态学理论的城市生态环境质量评价体系，构建了与四大要素和三个子系统框架相对应的评价指标；第4章重点介绍了基于群组决策和层次分析法理论相结合的城市生态环境质量评价方法；第5章介绍了城市生态环境质量数据的可视化系统软件以及评价结果可视化利用平台；第6章详尽介绍了城市生态环境质量评价技术的应用方法，并以武汉市、重庆市、珠海市和北京市朝阳区为实证研究案例，阐述城市生态环境质量综合评价过程与结果，综合反映出典型城市生态系统特征和生态环境状况，具有可行性和适用性，为考虑复杂性和不确定性的城市生态环境质量评价方法提供了有益的补充，也为进一步在我国不同区域城市开展生态环境质量评价提供了示范；第7章在对四个城市案例研究的基础上进行比较分析，并探讨了城市生态环境评价的区域划分范围；第8章概括总结了城市生态环境质量评价技术体系的特点与主要成果，以及该体系的适用范围和应用前景。

本书主要由环境保护部华南环境科学研究所和暨南大学联合编著，中国环境科学研究院、武汉市环境监测中心站和重庆市环境科学研究院参加编写，具体分工如下：

第1章由李远、杨扬、蒋纯才、王铭等编写；

第2章由李远、蒋纯才、方建德、张晓萌、戴玉女等编写；

第3章由杨扬、蔡楠、李远、陈晓燕、陈纯兴、阿丹等编写；

第4章由蔡楠、杨扬、李远、林必桂等编写；

第5章由刘振乾、蔡楠、全鼎余、李健、陈晓燕等编写；

第6章由杨扬、蔡楠、李远、方建德、李岱青、梁胜文、周谐、林必桂、蒋纯才、陈晓燕、侯爱玲、胡柯、余怡、雷波、王飞、潘英姿、张海博、吴亚坤等编写；

第7章由蔡楠、林必桂、张晓萌等编写；

第8章由杨扬、蔡楠、李远等编写。

本书的排版、图表校正主要由陈晓燕、唐小燕完成。

全书由李远、杨扬、蔡楠校阅定稿。在编著过程中，中国科学院生态环境研究中心王如松院士给予了悉心指导，环境保护部万本太总工程师等专家、学者和同行也给予了支持、帮助和指导，在此表示衷心的感谢！

　　城市生态环境学科的研究领域很广，许多前辈、同行和学者都致力于此。本书基于环保公益性行业科研专项项目"城市生态环境质量综合评估技术与应用"的研究成果和相关资料进行编写，难免有疏漏和不足之处，希望能得到广大读者的建议和指正。

著者

2014 年 3 月

目　录

第1章 城市生态环境质量评价理论概述

城市是人类社会发展到一定阶段的产物，是人类进步的象征，是地球表面物质和能量高度集中和快速运转的地域，是人口、产业最密集的场所，是以人为主体的生态环境系统。在城市的特定空间里，城市人类活动与其周围环境相互作用所形成的网络结构和功能关系，称为城市生态系统。城市生态系统是人类在改造和适应自然环境基础上建立起来的特殊人工生态系统，也是一个自然—经济—社会复合的生态系统。

城市化是一个国家或地区经济和社会发展水平的重要标志。20世纪中期以后，全球的城市化进程开始提速，城市化期间产生的诸多问题已引起了社会学、经济学、生态学和环境科学学者们的高度关注。据《2010年城市蓝皮书》（中国社科院，2010）披露，2009年全球100万人口以上的城市超过了320个，其中超千万人口的城市就有23个；在全世界69亿人口中，城市人口数量已达35亿，超过了世界人口总数的半数。据专家预测，到2025年，全世界可能会有2/3的人口成为城市居民，人类在城市化过程中的经济和社会活动正渐渐超出地球各种自然系统的容量。

自改革开放以来，我国始终保持着经济较高速度持续增长，城镇建设得到迅速发展，区域工业化和现代化水平日益提高，区域功能和人民生活等均有较大幅度改善。据《2010年城市蓝皮书》报道的近十年数据显示，截至2009年，中国城镇人口已经达到6.2亿，城镇化率达到46.6%；与2000年相比，城镇人口增加了1.63亿，城镇化率提高了10.4%，年均提高约1.2个百分点。但在推进区域城市化进程中，城市的数量和质量均不能适应区域现代化建设和可持续发展的需要。城市化进程带来了一系列严重的生态环境问题：城市人口高度聚集、交通密集、大工业不断移向城市，造成了严重的大气和噪声污染；城市人口的过度密集和高度城市化的生活方式使得城市水环境质量问题突出、水资源紧张；城市规模的不断扩大和建筑设施的激增，使得城市绿地逐步被挤占减少；玻璃建材的大量使用和无线电通信的飞速发展加剧了光和电磁辐射等污染。

可见，城市化在促进人类进步与经济发展的同时也打破了人类社会与自然环境的平衡，破碎、分离、弱化了自然生境，简化、同化了物种组成，从根本上改变了生态系统的过程和功能。随着我国城市化发展水平的不断提升，生态环境作为城市化的基础条件和物质支撑，逐步成为城市发展的瓶颈，城市生态环境对城市发展的影响越来越突出，将成为城市发展中的决定性因素。

对城市化的生态环境质量进行评估，就是用系统科学的理论和方法对城市化所引起的生态与环境变化进行整体性描述；分析城市生态系统对人类提供的具有重要意义的服务功能变化；在对大量环境调查和监测资料分析、归纳的基础上，进行各种生态环境质量评价与模型计算，找出研究区域存在的主要生态环境问题，并指出其环境质量的发生、发展与空间分布规律。

目前国内外虽然已开展了较多的城市生态环境评价的研究，也建立了很多指标体系，但大部分仍是小范围定性的，评价结果的主观性较强。由于城市生态系统具有复杂系统的多组成、整体性、非线性、开放性、自组织性和不确定性等特征，影响因素众多；因此，对城市生态环境质量评价进行综合性的研究，探讨适合我国国情的城市生态评价方法，并制定出实用的城市生态环境质量评价指标体系和评价技术规范，具有重要的理论与实践意义。对于推进城市化健康有序的发展和加强城市环境管理，促进城市生态系统良性循环，进而构建和谐、持续的城市生态系统具有十分重要的现实意义。

1.1 城市生态系统

本书探讨在城市尺度上进行生态环境质量评价问题，因此，有必要首先对城市生态系统的相关理论进行概述。

1.1.1 城市生态系统的概念

生态系统（Ecosystem）的概念是由英国生物学家 Tansley 在 1935 年首先提出的，其定义是：生态系统是自然界一定空间的生物与环境之间相互作用、相互制约，具有特定结构和功能的集合体。

目前，城市生态系统已经成为城市生态学的研究重点。城市生态系统是经人类生态系统的演变进化而产生的，在人类社会的发展过程中，经历了自然生态系统—农村生态系统—城市生态系统的发展过程。虽然城市生态系统的发展历史在整个人类生态系统的发展史中只占很小的一部分，但城市生态系统的发展却对整个人类生态系统的发展起着举足轻重的作用。当前，城市生态系统已经成为人类生态系统的主体。

对于城市生态系统确切而又被广泛认同的定义一直在讨论与发展中，至今仍有各式各样的提法。例如，《环境科学词典》（曲格平主编）给城市生态系统的定义是：特定地域内的人口、资源、环境（包括生物的和物理的、社会的和经济的、政治的和文化的）

通过各种相生相克的关系建立起来的人类聚居地或社会、经济、自然的复合体。宋永昌等认为城市生态系统可以简单地表述为：以人群为核心，包括其他生物（动物、植物、微生物等）和周围自然环境以及人工环境相互作用的系统。鉴于城市生态系统的人为特征以及生活和生产多方面联系的复杂特点，马世骏和王如松等指出：城市生态系统是由人类社会、经济和自然三个子系统构成的复合生态系统，并强调城市生态系统是在原来自然生态系统的基础上，增加了社会和经济两个系统所构成的复合生态系统。杨小波等人的观点是：城市生态系统是城市空间范围内的居民与自然环境系统和人工建造的社会环境系统相互作用而形成的统一体。赵运林等提出：城市生态系统是人们在一定的时间和空间范围内，利用以人为主体的城市生物与城市非生物环境之间，城市生物种群之间，以及城市自然环境与社会环境之间的相互作用建立起来的，并在人为和自然共同支配下进行生物生产和非生物生产。这一定义一方面指明了城市生态系统是在人类生产活动和经济活动影响下形成的，是人类利用社会资源对自然资源进行利用与加工形成的生态系统；另一方面，也阐明了城市生态系统的各组成部分是如何共同构成一个系统整体而实现其转化、循环和协调发展功能的。

总而言之，城市生态系统是以人为主体，人口高度集中的生态系统；是人为改变了结构、物质循环和部分改变了能量转化的，受人类生产活动影响的生态系统；也是人类在改造和适应自然环境的基础上建立起来的特殊的人工生态系统；是由社会、经济和自然三个亚系统复合而成的、由城市居民与其周围环境相互作用而形成的复杂网络结构；是以空间和环境资源利用为基础，以人类社会进步为目的的一个集约人口、经济、科学文化的空间地域系统；是一个经济、政治、社会及科学文化实体和自然环境实体的综合体，是一个地区的政治、经济和文化中心。它集中体现了一个地区生产力最先进、最重要的部分，它的发展状况可以作为一个国家或地区社会经济发展水平的重要标志。

1.1.2　城市生态系统的组成

城市生态系统的组成包括自然系统、经济系统与社会系统（图 1-1）。

自然系统包括城市居民赖以生存的基本自然和物质环境，如太阳光、空气、淡水、森林、气候、岩石、土壤、动物、植物以及自然景观等；它以生物与环境的协同共生及环境对城市的社会与经济活动的支持、容纳、缓冲及净化为主要特征。

经济系统涉及生产、分配、流通与消费的各个环节，包括工业、农业、交通、运输、贸易、金融、建筑、通信、科技等；它以物质从分散向集中的高密度运转，能量从低质向高质的高强度聚集，信息从低序向高序的连续累积为特征。

社会系统涉及城市居民及其物质生活与精神生活的诸多方面，它以高密度的人口和高强度的生活消费为特征，如居住、饮食、服务、供应、医疗、旅游等，还涉及文化、教育、艺术、宗教、法律等上层建筑范畴。社会系统产生于人类自身的生产、生活活动中，主要体现为人与人之间的关系，并存在于意识形态领域中。

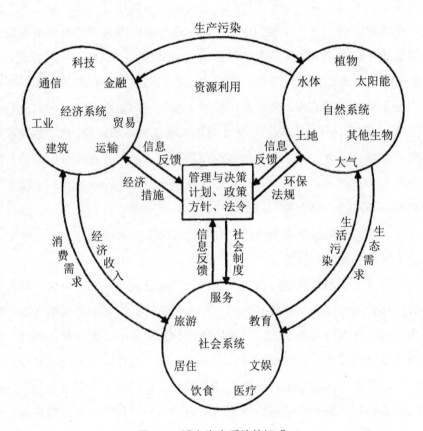

图 1-1　城市生态系统的组成

1.1.3　城市生态系统的特点

由于城市生态系统脱胎于自然生态系统，与自然生态系统具有一定的相似性，因此它也具有自然生态系统的一般特性，如动态变化性、区域性、自我维持性与自我调节性等，其生物组分、环境组分、结构与功能都与自然生态系统有许多共同之处。但是，城市生态系统又是人类对自然生态系统进行长期改造和调控的产物，即它已由自然生态系统转化为人工生态系统。因此，城市生态系统又明显区别于一般的自然生态系统，在许多方面具有自身的鲜明特性。具体来说，城市生态系统具有如下几个方面的特点：

（1）城市生态系统的人为性

①城市生态系统是人工生态系统

城市及城市生态系统是通过人的劳动和智慧创造出来的，人工控制与人工作用对它的存在和发展起着决定作用。城市生态系统不仅使原有自然生态系统的结构和组成发生了"人工化"倾向的变化，而且城市生态系统中大量的人工技术完全改变了原有自然生态系统的结构和组成。

②城市生态系统是以人为主体的生态系统

在城市生态系统中，人口高度集中，人相对于其他生物种类和数量所占的比重相当大。在城市生态系统中，生产者已由原来的绿色植物转变成了从事经济生产的人类，而消费者也是人类，人类已经成为兼具生产者与消费者两种角色的特殊生物物种了。

③人类社会因素的影响在城市生态系统中占有举足轻重的地位

人类社会的政治、经济、法律、文化和科学技术对城市生态系统的发展有重要影响。目前，城市的发展几乎完全取决于人类的意志，人类社会因素既是组成城市生态系统的一个重要组成部分，又是城市生态系统中一个重要的变化函数，直接影响城市生态系统的发展和变化。

（2）城市生态系统的不完整性

①城市生态系统缺乏分解者。城市中自然生态系统被人工生态系统所代替，动物、植物、微生物失去了在原有自然生态系统下的生境，致使生物群落不仅数量稀少而且结构简单。城市生态系统缺乏分解者或者分解者所起的作用微乎其微，城市发展所产生的废弃物几乎全部交由污水集中处理厂、垃圾处理场等人工设施进行处理。

②城市中绿色植物的作用发生了改变

在自然生态系统环境下，绿色植物是生产者，主要功能是为生境内的动物提供食物，而在城市生态系统中，绿色植物的功能主要起到释氧固碳、美化环境、净化污染物等作用。

（3）城市生态系统的开放性

耗散结构理论指出，如果系统是孤立的，不论其初始状态如何，最终都将发展到一个均匀、单一的平衡状态上去，任何有序结构都将被破坏，呈现一片"死"的景象。只有与外界物质、能量和信息交流的开放系统，才有可能走向有序，才可能在开放发展过程中控制系统的参量达到新的临界点，使系统发生突变，朝着有序的方向不断发展。

对外开放是城市生态系统的重要特点之一。城市生态系统的开放性主要表现在两个方面：与自然环境的交流和与社会环境的交流。城市生态系统从其他生态系统（如农业、森林、湖泊、海洋等系统）人为地输入大量的能量与物质，其内部经过生产消费和生活消费所排出的废物，往往不能就地由分解者进行分解，需要异地进行分解。在城市生态系统中，适于分解者生存并发挥其功能的环境发生了巨大变化，绝大部分由工业生产、居民生活排放的废弃物要依靠人为的技术手段进行处理或利用其系统的自净能力，才能完成还原过程。因此，城市生态系统的能量变换与物质循环是开放式的。

（4）城市生态系统的"高质量"性

①物质、能量、人口的高度集中性

虽然城市在地球上只占了很小一部分陆地空间，但却集中了大量的物质资源、能源和人口。大量的资源和能源在城市生态系统中进行高速的运转和转化，其单位面积上所含有的物质、能量、人口、信息等物质性要素是任何自然生态系统都无法比拟的。

②城市生态系统的高层次性

城市生态系统是迄今为止最高层次的生态系统。主要表现在：人类具有巨大的创造和安排城市生态系统的能力；城市生态系统的构成体现着当今世界科学技术的最高水平。

（5）城市生态系统的复杂性

研究成果表明，任何事物或现象的复杂性都可以从系统论的观点出发，归纳出两种意义上的复杂性，即存在意义上的复杂性和演化意义上的复杂性。所谓事物或现象存在意义上的复杂性，是指其组成系统具有多层次结构、多重时间标度、多种控制参量和多样的作用过程；而演化意义上的复杂性是指当一个开放系统远离平衡状态时，不可逆过程的非线性动力学机制所演化出来的多样化"自组织"现象。

复杂系统是由大量相互作用或相互分离的子系统结合在一起，不同优先级的各种可变化的子任务要同时满足或依次满足性能指标要求的系统，所有表示系统环境的外部作用对系统的影响是本质的，这种系统具有非线性的、混沌或事先不确定的动态行为。复杂系统的本质特征在于它的复杂性：从定量上讲，数学模型是高维的，具有多输入多输出；从定性上看，系统具有非线性、外部扰动、结构与参数的不确定性，有复杂和多重的控制目标和性能要求。

依照这些理论，城市生态系统的复杂性可简单表述为：

①城市生态系统是一个迅速发展和变化的复合人工系统

在城市生态系统中，随着生产力的提高，人们在对物质和能源的处理能力上，不仅有量的扩大，而且可以发生质的变化。通过人工对原有物质和能源的合成或分解，可以形成新的能源和物质，形成新的生产和处理能力。在这种情况下，城市内部以及城市与外部之间的生态关系需要不时加以调整和适应。

②城市生态系统是一个功能高度综合的复合人工系统

城市生态系统是一个多功能的系统，包括政治、经济、文化、科学、技术及旅游等多项功能。一个优化的城市生态系统除了要求功能多样以提高其稳定性外，还要求各功能协调，系统内耗最小，这样才能达到系统整体的功能效率最高。

（6）城市生态系统的脆弱性

①城市不是一个"自给自足"的生态系统，需要借助外力才能维持

城市生态系统中的物质和能源需要依靠其他生态系统人工地输入，同时，城市生产生活所排放的大量废弃物已远远超过城市本身的自然净化能力，需要依靠人工输送到其他生态系统进行处理与处置。所以城市生态系统需要有一个人工管理的、完善的物质输送系统，以维持其正常机能，如果其中任何一个环节发生故障，都会影响城市的功能和居民的生产与生活。从这个意义上讲，城市生态系统又是很脆弱的。

②城市生态系统食物链简化，系统自我调节能力小

与自然生态系统相比，城市生态系统由于生物多样性大为减少，能量流动和物质循环的方式和途径都发生了很大改变，从而导致系统本身自我调节能力显著减小。其稳定性主要取决于人类对社会、经济系统的认识水平和调控能力。

（7）城市生态系统内部各个子系统之间的相互作用是非线性的

城市生态系统包含的子系统很多，涉及领域广泛，各个子系统之间的关系错综复杂。城市生态系统大体可划分为以下 3 个层次：自然系统（生物／人）、经济系统（工业等）、社会系统（文化等）。各层次子系统内部又有不同的子系统，成为城市生态系统的二级、三级乃至更多级的亚生态系统。各个亚生态系统内部以及系统之间相互影响、相互制约、相互促进，并发生能量流、物质流和信息流的交换，因此城市生态系统是复杂的和非线性的。城市内部的非线性相互作用不仅表现在不同行业或称为不同子系统之间，还表现在一个子系统内部。子系统之间的非线性相互作用会使整个系统发生多种演化，系统的具体演化情况是由某些要素变化决定的。

1.1.4　城市生态系统的结构

城市也可被看作是城市居民与其周围环境组成的一种特殊的人工生态系统，是人们创造的一个自然—经济—社会复合系统，它的组成结构包括自然生态亚系统和社会经济生态亚系统。自然生态亚系统包括生物部分（动物、植物、微生物）与非生物部分（能源、生活物质等）；社会经济生态亚系统中，生物部分主要是人，非生物部分则主要是人工建筑系统及工业技术等。严格来讲，城市是当地自然环境的一部分，它本身并非一个完整的、自我稳定的生态系统。但按照现代生态学观点，城市生态系统也具有自然生态系统的基本特征和属性，同时具有一定的特殊性。其结构可表述如下：

（1）营养结构

在自然生态系统中，生态锥体呈金字塔形，稳定性良好。而在城市生态系统中，其生态锥体倒置，稳定性极为脆弱。这是因为系统中生产者绿色植物的量很少，主要消费

者不再是自然生态系统中的动物而是人，分解者微生物也少，生物物种较为单一；系统自身的生产者生物量远远低于周边的生态系统，而消费者密度则远远高于其他任何生态系统，食物链呈倒金字塔形。因此，城市生态系统如果没有外界供给物质和能量将难以为继，它具有外在的依存性和内部的易变性，自我调节能力差。

（2）空间结构

城市由各类建筑群、街道、绿地等构成，形成一定的空间结构，它们可能在不同的城市出现，也可能在同一城市的不同区域、地点出现。城市空间结构往往取决于城市的地理条件、社会制度、经济状况、种族组成等因素。

（3）经济结构

城市的经济结构主要是由生产、消费、流通等系统组成。随着城市经济的不断发展，其熵值不断增加，导致其生态失衡和环境破坏，需要外界源源不断地输入物质流、能量流、技术流和信息流等负熵流，才能维持其系统的稳定性。

（4）社会结构

主要是指人口、劳动力和智力结构。从生态文化的角度看，地域人口分布合理、劳动力素质高、智力结构优化是构成城市生态系统安全的重要基础。

对于城市生态系统的组成要素及结构的研究，最具代表性的是 20 世纪 80 年代初马世骏、王如松等在总结了以整体、协调、循环、自生为核心的生态控制论原理的基础上提出的社会—经济—自然复合生态系统的理论。该理论认为，可持续发展问题的实质是以人为主体的生命体与其栖居劳作的环境、物质生产环境以及社会文化环境之间关系是否协调发展，它们在一起构成了社会—经济—自然复合生态系统。这种观点将城市生态系统分为自然生态、经济生态和社会生态三个子系统，每个子系统由若干要素组成。其理论实质是大生态系统观和广义生态系统观，即把整个城市当作一个巨大的生态系统，其自然要素、经济要素、社会要素无不与生态问题息息相关。按这种组成方式去分析城市生态系统，有助于从整体上研究城市的生态机理和发展规律。

1.1.5　城市生态系统的功能

城市生态系统具有如下功能：

（1）基本功能

城市生态系统具有自我组织功能或生态调节功能，这包括资源的持续供给能力、环境的持续容纳能力、自然的持续缓冲能力及人类社会的自我组织与调节能力。正是这种调节功能，才使得该系统的经济得以持续，社会得以安定，自然得以平衡，城市生态安全得以维护（表 1-1）。

城市生态系统的功能是指系统及其子系统或各组分所具有的功能，包括外部功能和内部功能。外部功能是联系其他生态系统，根据系统内部的需求，不断地从外系统输入或输出物质，以保证系统内部的能量流动和物质的正常循环与平衡；内部功能是维持系统内部的物流及能流的循环和畅通，并将各种流的信息不断反馈，以调节外部功能，同时把系统内部剩余的或不需要的物质与能量输出到其他外部生态系统去。外部功能依靠内部功能的协调运转来维持。因此，城市生态系统的功能表现为系统内外的物质、能量、信息及人口流的输入、转换和输出。

表 1-1　城市生态系统的基本功能

	经济	社会	自然
生产	物质与精神原料和产品，中间产物及末端废弃物	人文资源（劳力、智力体制、文化）	光合作用、化学能合成等
消费	产品的生产与消费，包括生产资料和生活用品	信息共享、文化范围、社会福利和基础设施	摄食与寄生、资源消耗与代谢、污染与退化
调节	供需平衡，市场调节、银行干预	保险、治安、法治、伦理、道德、家教、信仰	自然净化、降解、释放、溶解、扩散与富集、人工处理与生态恢复

（2）服务功能

生态系统服务功能是指对人类生存及生活质量有贡献的生态系统功能，这种功能通过向人类提供原料、产品以及改善生活质量而得以实现。自然生态系统为人类提供了资源、能源及生物多样性，城市生态系统则对这些资源进行进一步加工，使系统的物流、能流及信息流更加高效地向人们提供高附加值的产品。与城市生态系统物质生产功能相对应的是城市垃圾、污水及工业废物多数由城市自身进行分解及回收利用。

（3）支持功能

生态支持系统是城市生态系统中用以协调城市与自然的相互关系，维持和推动整个城市生态系统的稳定和平衡，为城市提供生态调控和支持的系统，包括城市人口、资源、能源、环境、绿地、空间结构等要素。一方面，它为城市提供了必需的自然要素（水、土壤、动植物等），并以此调控城市的发展速度、规模、演化方向等；另一方面，它也不断地维护自身的生产能力、自然净化能力和还原能力，保持自身结构的稳定和功能的高效，以便最大限度地发挥支持功能。

实质上，生态支持功能是城市人口生态特征、资源数量、质量和环境容量等对于该空间人口的生存和发展的支撑能力以及可能发挥的潜力。如果可以满足人们在城市生态和发展的需要，则城市具备了可持续发展的初步条件；如果在自然状态下不能被满足，则应依靠科学技术完善生态支持系统的结构，提高其功能，以达到支持的目的。城市生态系统的生存与发展取决于其生命支持系统的活力，包括区域生态基础因子（水、土壤、生物）的承载能力、生态服务功能的强弱、城乡物质代谢链的闭合与迟滞程度以及景观生态的时、空、量、序的整合性等。

1.1.6 城市生态系统的生态流

城市生态系统最基本的功能是组织社会生产，方便居民生活，这些过程将城市的生产与生活、资源与环境、时间与空间、结构与功能，以人为中心串联了起来。具体体现在以下几个方面。

（1）城市生态系统的物质流

城市生态系统中的物质循环是指各项资源、产品、货物、人口、资金等在城市各个区域、各个系统、各个部门之间以及城市内部与外部之间的反复作用过程。它的功能是维持城市的生存、运行和生产功能，维持城市生态系统的生产、消费、分解、还原过程。城市生态系统的物质流包括自然物质流、人工产品流和废物流等。自然物质流是由自然力推动的物质流，主要是指空气、水的流动等，自然物质流具有数量大、状态不稳定、对城市生态环境质量影响大的特征，尤其是对城市大气和水体质量有重要的影响作用。人工产品流是保证城市功能正常发挥所需的各种物质在城市中的各种状态及作用的集合，它是物质流中最复杂的流，它不是简单的输入和输出，还要经过生产、交换、分配、消费、积累以及排放废弃物等环节和过程。不同规模、不同性质的城市，其物质的输入和输出的规模、性质和代谢水平也各不相同。因此，一个城市的物质输入和输出的状况反映了这个城市的生态经济态势和发展水平。废物流是指城市产生的各种废物的处理和排放等。

（2）城市生态系统的人口流

人口流是一种特殊的物质流，它包括时间上和空间上的变化。前者体现在城市人口的自然增长和机械增长上，后者体现在城市内部的人口流动和与相邻系统之间的人口流动上。城市人口流的时空变化往往决定城市的规模、性质、交通量以及生产、消费量的主要依据。城市，特别是大城市、特大城市，它既是人口的聚集地，更是各种人才荟萃与培养之地，这是使一个城市富有生机、城市经济可持续发展的主导因素。

（3）城市生态系统的价值流

城市生态系统的价值流是物质流的表现与计量形式的体现，包括投资、产值、利润、商品流通和货币流通等，反映了城市经济的活跃程度，其实质仍是物质流。城市往往是一定地域的货币流通中心或财政金融中心，并通过价值规律合理流通来调节实现城市的社会经济功能和生态功能。

（4）城市生态系统的能量流

为了推动城市生态系统的物质流动，必须从外部不断地传入能量，如煤、石油、电力、水及食物等，并通过加工、储存、传输、使用等环节，使能量在城市生态系统中进行有序流动，它是城市居民赖以生存、城市经济得以发展的重要基础。城市生态系统的能量流动一般是由低质能量向高质能量的转化及消耗高质能量的过程，其中一部分能量被储存在产品中，而另一部分被损耗的所谓"废能"则以热能、磁能、辐射能等形式耗散于环境中，成为城市的热、磁、光、微波污染的污染源。城市生态系统的能量流动情况见图 1-2。

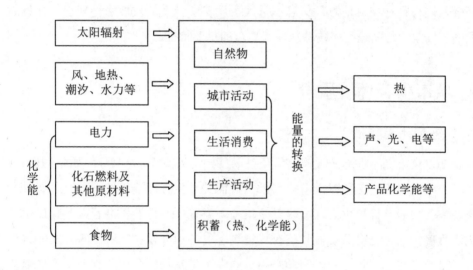

图 1-2 城市生态系统中的能量流动

综上所述，城市生态系统的能量流、物质流最能体现城市的特点、功能、发展水平和趋势，反映城市的生机、活动强度和对环境的影响等。目前世界各大城市的能量流、物质流强度均处于极高状态，如此强大的能量流、物质流将对环境产生不可低估的影响；此外，高强度的人口流动也会带来严重的环境问题。总的来讲，城市生态系统的物质流、能量流、信息流之间的关系是：信息流指导能量流和物质流；能量流为物质流和信息流提供能源；物质流是能量流和信息流的基础。

1.1.7 城市生态系统的信息流

信息流是对城市生态系统的各种"流"的状态的加工、传递、控制和认识的过程。城市中的任何变化都能产生一定的信息，如属于自然信息的水文、气候、地质、生物、环境等信息；属于经济信息的市场、金融、价格、新技术、人才、贸易等信息。城市具有完善的新闻传播网络系统，因而，可以在广阔的范围内以高速度、大容量及时地传播信息。城市具有现代化的通信基础设施，能够以信息系统连接生产、交换、分配和消费的各个领域、环节，可高效地组织社会生产和生活。

城市的重要功能之一，就是输入分散、无序的信息，输出经过集中、分析、加工得出的具有方向性、指导性的信息，对于以政治、文化、科学、商业为中心的城市，这一功能尤其重要。城市的输出物中，除了物质产品和废物外，还有精神产品，这就要靠信息流来完成。信息流依附于物质流中，报纸、广告、书刊、信件、图片等是信息的载体，电话、电视、电信通信、网络也是信息的载体，人的各种活动，如集合、交谈、演讲、表演等，同样是在交流信息。信息流量大小反映了城市的发展水平和现代化程度，信息流的高密度集中与高速有序传播是现代城市的重要特征之一。

1.2 城市生态环境质量

1.2.1 生态环境质量

长期以来，人们对水、气、声环境质量的感知更为直观，对其环境质量的研究比较多，已有了一些明确的定义和评价指标、方法等。而关于生态环境质量，目前国内外研究尚少，如李晓秀（1997）提出生态环境质量是指与人类有关的自然资源及人类赖以生存的环境的优劣程度，它包括自然资源和整个环境包含的各种因素；叶亚平等（2000）提出生态环境质量是指在一个具体的时间和空间范围内生态系统的总体或部分生态环境因子的组合体对人类的生存及社会经济持续发展的适宜程度。一般认为，生态环境质量的内涵包括：生态系统及其各组分，特别是有生命组分的质量变化规律；不同生态系统的动态变化及外部特征—系统状态；不同生态系统状态对人类生存的适宜程度等。

由此可见，生态环境就是指生境，即物种的生活环境，主要包括地理位置、地形地貌、水文、气候条件等；环境科学中的"生态环境"是指以人类为中心的生态系统。在这个系统中，人类是主体，并具有双重属性，即生物属性和社会属性。

生态环境质量是指生态环境的优劣程度，它以生态学理论为基础，在特定的时间和空间范围内，从生态系统层次上，反映生态环境对人类生存及社会经济持续发展的适宜程度，根据人类的具体要求通过对生态环境的性质及变化状态的结果进行评价得出生态环境质量的结论。

生态环境质量评价是根据特定的目的，选择具有代表性、可比性、可操作性的评价指标和方法，对生态环境质量的优劣程度进行定性或定量的分析和判别。

1.2.2　城市生态环境质量

城市生态环境由自然生态环境和社会经济环境以及沟通自然、经济、社会的各种人工设施和上层建筑（合称人工生态环境）组成。这些组成成分通过生命代谢作用、投入产出链和生产消费链进行物质交换、能量流动、信息传递，从而发生相互作用、相互制约，构成具有一定结构和功能的有机联系的整体，称为城市生态环境系统。

城市生态环境质量是指城市生态环境的优劣，它以生态学理论为基础，在特定的时间和空间范围内，从生态系统层次上反映城市生态环境对人类生存及社会经济持续发展的适宜程度。

自 20 世纪 60 年代后，由于环境污染日益严重，环境质量逐渐引起了人们的关注，环境保护工作者开始尝试采用环境质量的好坏来表征环境遭受污染和被破坏的程度。根据城市生态环境组成要素的不同，城市生态环境质量可以分为城市空气质量、水环境质量、土壤环境质量等。广义的城市生态环境质量包括城市的自然环境质量和社会经济环境质量的总和。

也有学者认为，城市生态环境质量是衡量城市生态环境对城市主体——人的生存和发展的适宜程度的一项指标，是城市生态环境系统中客观存在的一种本质属性，并能通过定量、定性、定位和定型相结合的方法进行描述，以反映城市生态环境系统的总体或环境的某些要素所处的状态。它可以用城市的资源质量、人群健康和生态状况等来衡量，但是最重要的方面还是通过评估环境污染程度来衡量。

1.3　城市生态环境质量评价

国内生态环境质量评价在 20 世纪 80 年代末已开始引起人们的关注，对其综合指标体系的研究也应运而生，重点是农业生态系统（黄胜利，2000），其次是城市环境质量综合评价（史培军等，2000），进而涉及区域环境规划、山区生态环境、土地可持续利用和省级生态综合评价等（孙希华等，1999）。

1.3.1　城市生态环境质量评价的定义

城市生态环境质量评价以城市系统中城市建设区以及周边影响区为研究对象，通过分析城市生态系统的结构、输入与输出、过程与效能等因素，建立城市系统构成与格局、功能与活力、抗性与协调性等指标体系来综合评估城市生态环境状况的过程，它是城市生态学研究的重要领域，是城市生态发展规划与城市生态管理的基础。

也有学者认为，城市生态环境质量评价是指在一个具体的时间或空间范围内城市生态环境中的总体或部分要素的组合体对人类生存及社会经济持续发展适宜程度的度量，是城市化对生态与环境的影响程度的一种整体性描述，是对城市生态系统提供的对人类发展具有重要意义的生产及服务能力的分析。即根据合理的指标体系和评价标准，选用恰当的方法评定城市生态环境质量的状态、影响关系以及发展趋势；是在分析、归纳大量环境调查资料和监测数据的基础上，通过各种生态环境质量评价方法与模型的计算，找出研究区域的主要生态环境问题，指出环境质量的变化、发展与空间分布规律。

万本太先生对城市生态环境质量评价的最新定义是：以城市建设区以及周边影响区为研究对象，从城市系统的结构、输入与输出、过程与效能等方面入手，以城市系统可持续性与和谐发展为目标，通过构建城市系统及格局、功能、活力、抗性与协调性等方面指标来综合评估城市生态环境状况的过程。我们赞同这一概念。

由此可见，城市生态环境质量评价是环境质量的客观反映。它可以用资源质量、生物质量、人群健康等尺度来度量。有了大量的调查分析资料和监测数据，就可以把质和量的概念结合起来，以环境质量综合指数的无量纲数作为评价城市生态环境质量的工具，从而形成一个客观的评价标准，并实现对一个城市或城市与城市之间在环境质量上进行评价和比较。

从广义上说，城市生态环境质量评价是对城市生态环境的结构、状态、质量、功能现状进行分析，对可能发生的变化进行预测，对其与社会经济发展活动的协调性进行定性或定量的评估。本书所研究的主要是狭义上的城市生态环境质量评价，即对城市生态环境质量现状进行分析与评价。

1.3.2 城市生态环境质量评价的内容

城市生态环境质量评价一般包括以下内容：

（1）城市自然生态环境和社会生态环境背景调查分析

城市是在自然生态环境的本底上建立起来的人工生态环境。自然生态环境为城市提供了物质基础，决定着对城市污染物质的输送、稀释扩散和净化能力。显而易见，自然生态环境背景对城市生态环境质量有显著的制约。因此，在进行城市生态环境质量评价时首先应对城市的自然生态环境背景状况有所了解。自然生态环境背景的调查内容包括城市地区的水文、地质、地貌、气象、土壤、植被、珍稀动植物物种等。

城市是人类为适应生产力发展水平，按照自己的意志和愿望对自然生态环境进行了强烈改造的人工生态环境单元。因此，城市生态环境受到人们目的和愿望的左右和制约，即作为人们目的和愿望体现的社会环境对城市生态环境具有强烈的影响。为此，进行城市生态环境质量评价必须调查了解城市的社会生态环境状况。社会生态环境背景的调查内容包括城市地区的土地利用、产业结构、工业布局、人口密度、国民经济总产值及其在行业间的分配以及重要的政治、经济、文化、卫生设施及位置、环境功能区的划分、各功能区的位置、近期和远期的环境目标等。

（2）城市生态环境污染及污染源的调查和评价

城市生态环境污染及污染源的评价，是为了对产生和排放到城市环境中种类繁多、性质各异的污染物及污染源进行全面、客观、科学的评价，在普查污染源的基础上，进一步确定城市的主要污染要素和污染物。因为城市污染特征是由主要污染物所决定的。任何一种污染物都可以作为环境因子，污染物质种类越多，越能全面反映环境要素的综合质量。但实际评价工作中，如果选用太多，往往会大大增加监测工作量。因此，实际上常选择该地区大气或水体中具有代表性的污染物作为评价参数。

（3）城市生态环境质量的监测和评价

城市生态环境质量监测是城市生态环境质量评价的基础，因为所有评价的依据来源于在对生态环境质量监测数据分析的基础上。评价时要先进行单要素的质量评价，然后再进行整体环境的综合质量评价。

（4）城市生态环境污染的生态效应调查

城市生态环境污染生态效应是指污染物进入环境后，对环境中的植被、农作物、动物和人群健康的影响。这种影响可以通过社会调查、现场勘察或实地采样检测化验等方法查清环境污染的生态效应，最终为划分各要素和整体环境的环境质量等级提供依据。

调查和监测的内容包括植被、农作物的一般伤害症状、长势、产量、体内污染物质的含量等；对动物和人群，主要了解多发病、常见病、流行病、畸形、体内器官或组织中污染物质的含量等。

（5）城市生态环境质量研究

城市生态环境质量研究主要是对城市生态环境质量的时空变化和影响因素及污染物在城市生态环境要素中的迁移转化规律进行研究，并建立相应的数学模型。同时也研究城市环境对污染物的自净能力，确定环境容量，为制定污染物的排放标准和环境质量标准提供依据。

（6）城市生态环境质量恶化的原因及危害分析

城市生态环境质量恶化的危害主要指对生态环境的破坏和人群健康的影响，以及由此造成的经济损失。可从城市规划布局、土地利用、人口数量、资源消耗、产业结构、生产工艺与设备等宏观方面来寻找分析城市生态环境质量恶化的原因。

（7）城市生态环境质量综合治理对策研究

在对城市生态环境进行监测分析评价的基础上，从城市生态环境规划入手，调整城市的产业结构、工业布局和功能区划，制订市政建设规划；从严格环境管理入手，制定有关环境保护的法律、法规，确定各种污染物的环境质量标准和污染物排放标准，以及制定控制排放、监督排放的各项具体管理办法；从环境工程入手，制订城市重点污染源的治理计划和各种具体污染物的治理方案、经费核算和效益分析；最后提出综合防治对策，并对城市生态环境质量进行预测。

1.3.3 城市生态环境质量评价方法

随着对城市生态环境研究的进一步深入，目前其评价方法在吸纳相关学科以及相关领域研究成果的基础上得到了长足发展，已由最初定性的简单描述发展为现今定量的综合评估，并运用各种抽象模型去描述、刻画和揭示具体的复杂生态系统。另一方面，由于生态系统的环境评价所涉及的评价因素的属性、重要度和可比性不尽相同，在对各因素属性指标进行评估和度量时，尚有很大的不确定性和主观经验性。因此，对生态系统进行环境质量评价是一类在模糊环境下复杂系统不确定性和多属性的决策问题。

城市生态环境系统是一个多目标、多功能、多层次的综合的复杂巨系统，在对其评价过程中可采用多种评价方法，但每一种方法都有其优点和局限性，所以至今没有一种能包罗万象，兼顾各方，全面满意的方法。生态环境评价的方法种类很多，主要有：

（1）类比分析法：是一种常用的定性和半定量的方法，一般有生态环境整体类比、生态因子类比、生态环境问题类比等。

（2）列表清单法：将各种生态环境因子分别列于同一表格的行与列里，逐点进行分析并以正负号、数字或其他符号表示其性质、强度等。

（3）生态图法：即图形叠置法，是把两个以上的生态环境信息叠合在一张图上，构成复合图，用以表示生态环境变化的方向和程度。

（4）指数法与综合指数法：该方法在生态环境评价中应用最多。必须建立表征生态环境因子特性的指标体系并确定评价标准，并赋予各因子权重，然后建立评价函数曲线，方能得出综合评价指数值。

（5）景观生态学方法：通过空间结构分析和功能与稳定性分析评价生态环境质量状况。

（6）生态系统综合评价法：常采用层次分析法（AHP），又称多层次权重分析决策法，是一种定性和定量结合的方法。

（7）生物生产力评价法：用三个基本生物学参数——生物生长量、生物量和物种量来表示，可评价生态环境质量及其变化趋势。

（8）生态位加权评分分级评价法：结合国家环境质量标准将其分为四级，各参数赋予相应的权重系数，综合评价结果，获得整个城市生态环境质量的总分值。

（9）生态位态势分析法：运用生态位态势理论分别对城市的各因子用生态位得分来进行分析。

（10）生态足迹评价法：以土地生产力为媒介，将人类的资源消费和废弃物排放折算成生态生产性面积，以表达生态环境的可持续性。

（11）其他评价方法：多因子数量分析法、回归分析法、聚类分析法、模糊分析法、相关分析法、系统分析法等。

生态环境评价方法正处于蓬勃发展的时期，新的评价方法还在不断涌现，但不管采取什么方法，其可靠性最终取决于对生态环境的全面、科学的认识和深刻理解。其中，获取可靠的资料与监测数据，客观全面分析生态环境的特点、本质及各要素之间的内在联系，是形成正确评价结果的关键。

1.3.4　城市生态环境质量综合评价

城市生态环境质量综合评价可以分为回顾评价、现状评价、影响评价、容量评价等几种类型。

（1）城市生态环境质量回顾评价

城市生态环境质量回顾评价是指对城市过去一定历史时期的环境质量，根据历史资料进行回顾性评价。通过回顾性评价可以揭示城市环境污染的发展变化过程，是环境质量现状评价和环境质量影响评价的基础。另外，回顾评价还可以作为事后评价，对过去环境质量预测的结果进行检验。

（2）城市生态环境质量现状评价

城市生态环境质量现状评价是我国各地普遍开展的评价形式，是依据一定的标准和方法，着眼对当前的城市生态环境质量变化进行的评价。通过这种形式的评价，可以阐明环境污染现状，为进行城市生态环境污染综合防治提供科学依据。

城市生态环境质量现状评价，应对城市自然状况包括地质、地貌、水体、土壤、大气、植被、声环境等进行全面调查，掌握城市生态环境的基本特征（包括工业布局、经济结构、城市规模、人口密度、城市建设投资比例等）以及不同功能区环境质量现状和污染物分布情况，并做出相应的定量、定性的生态评价，搞清城市环境污染问题及其根源。城市生态环境质量评价一般分为生态因子现状评价、生态系统结构与功能现状评价、区域生态环境问题评价和生态资源评价等。

（3）城市生态环境质量影响评价

城市生态环境质量影响评价是指对城市的开发活动给环境质量带来的影响进行预测和评估。按照环境质量评价的要素，可以分为单个环境要素的质量评价和整个环境质量的综合评价，有时还包括部分环境要素的联合评价。单个环境要素的质量评价包括对大气、地表水、地下水的评价；联合评价包括土壤及农作物的联合评价以及地表水、地下水、土壤及农作物的联合评价等；整体环境的质量评价是指对全环境各种要素的综合评价。

（4）城市生态环境容量评价

环境容量是指在人类生存和自然生态不致受害的前提下某一环境所能容纳的污染物的最大负荷，即环境所能接受的污染物的极限。城市生态环境容量指城市特定区域环境所能容纳的污染物最大负荷量，即为保持某种生态环境质量标准所允许的污染物排放总量。如果污染物排放数量超过了城市生态环境容量，就会造成城市生态系统的恶化。

1.4　城市生态环境质量评价的理论基础

城市生态环境质量评价是借鉴其他学科的基础上发展起来的，因此有必要引用其他学科的理论来支撑丰富生态环境质量评价理论。

1.4.1　生态学理论

生态学是研究生物与环境相互关系的科学。随着人口的增加和工业发展、技术进步，人类正以前所未有的规模和强度影响着环境。随着诸多环境问题的出现，如能源耗费、资源枯竭、人口膨胀、粮食短缺、环境污染、生态退化失衡等重大环境问题，如何解决这些问题都有赖于生态学理论的指导。

（1）生物多样性理论

生物多样性是生物及其环境形成的生态复合体以及与此相关的各种生态过程的总和，包括数以百万计的动物、植物、微生物以及它们与其生存环境所形成的复杂的生态系统。生态系统是一个多等级系统，包括多个层次或水平，每一个层次都具有丰富的内容和不同的变化，即都存在着多样性。理论与实践上被高度重视并被研究得较多的主要有基因多样性（遗传多样性）、物种多样性、生态系统多样性和景观多样性。生物多样性的指数高，表明生态环境的结构完善、功能完整、质量高、稳定性强、生物与环境之间的关系协调，是人类社会与经济系统可持续发展的强有力支撑，否则相反。系统的生物多样性是衡量其结构、功能、物质能量流、物种流、信息流是否正常的关键。

（2）异质共生理论

景观异质性的理论内涵是：景观组分和要素（如：基质、镶块体、廊道、动物、植物、生物量、水分、养分等）在景观中总是不均匀分布的。由于生物不断进化，物质和能量不断流动，干扰不断，因此景观永远也达不到同质性的要求。日本学者丸山孙朗从生物共生控制论角度提出了异质共生理论。这个理论认为增加异质性、负熵和信息的正反馈可以解释生物发展过程中的自组织原理。在自然界生存最久的并不是最强壮的生物，而是最能与其他生物共生并能与环境协同进化的生物。

（3）结构—功能—变化理论

生态系统的结构与功能是互为响应的，结构决定功能，功能反映结构。生态系统的结构、功能及它们的相互作用及其在时间轴上的变化组成了三维的动态演化系统，每一个因子的变化都会影响其他因子的功能结构，进而使整个生态系统的结构、功能发生变化。从时间纵向来说，变化是绝对的，不变是相对的，生态质量评价是应用结构—功能—变化原理对系统的长期演替序列中某一时段相对不变的结构与功能进行的评价。

1.4.2　生态承载力理论

在生态学中，承载力最早是用以衡量某一特定地域维持某一物种最大个体数目的潜力，现在则广泛用于说明"一个生态系统在维持生命机体的再生能力、适应能力和更新能力的前提下，承受有机体数量的限度"。区域生态环境承载力是指在某一时期的某种环境状态下，某区域生态环境对人类社会经济活动的支持能力，它是生态环境系统物质组成和结构的综合反映。区域生态环境系统的物质资源以及其特定的抗干扰能力、恢复能力具有一定的限度，即具有一定组成和结构的生态环境系统对社会经济发展的支持能力有一个阈值，这个阈值的大小取决于生态环境系统与社会经济系统两方面的因素。不同区域、不同时期、不同社会经济和不同生态环境条件下，区域生态环境承载力的阈值不尽相同。

生态承载力评价对一个城市或区域的生态环境规划和管理具有重要的指导意义，是实施可持续发展的基础。生态承载力要保持三方面的能力：一是城市或区域发展过程得以进行的资源条件，即资源承载力；二是环境承载力，生态环境对生产和消费过程中产生的废物的同化能力和承受能力不能超出环境容量；三是生态系统需要保持一定的自我维持能力，即要有相应的生态弹性力，人类活动对生态系统的冲击不能超过生态系统的调节能力（或耐受能力），不能破坏生态平衡。生态承载力是经济社会发展的基础，要实现生态的可持续承载，必须要做到资源的可持续承载，这是基础条件；同时做到环境的可持续承载，这是约束条件；还要保持一定的生态弹性度，这是支持条件。

1.4.3 生态经济学理论

生态经济学是从经济学角度来研究由生态系统和经济系统复合而成的生态经济系统的结构及其运行规律的科学。

在生态环境保护和生态规划中，应在重视提高生态效益的同时，遵循生态经济学所提出的一些共同性原则：

（1）经济效益与生态效益的共生性、统一性和相互转化性原则。在社会生产中，要把提高经济效益与生态效益结合起来，使经济建设遵循生态经济规律，既促进经济发展，又可在经济发展中保护生态环境，实现生态与经济相互促进和协调发展。

（2）对自然资源的最优利用和保护原则。实质上是经济系统与生态系统之间合理进行物质转换和能量流动的问题，要求人类在利用自然资源的过程中，必须同时保护生态环境。

（3）生态经济系统结构的最优化原则。要求实行生产力系统结构、生产关系系统结构与生态系统结构的最佳结合，进而产生良好的经济效益和生态效益。

1.4.4 区域经济理论

人类的一切活动都离不开一定的地域空间，即区域，任何国家或地区的经济发展都是在一定区域内完成和实现的。不同的区域环境，会塑造出性质各异、层次不同、各具特色的区域经济发展模式。区域经济理论是以区域为着眼点，运用以经济学为主的理论与研究方法，研究和探索区域经济发展和变化的规律，也就是人类经济活动的空间规律。区域经济理论的贡献与独到之处就在于它以空间来观察经济现象，对经济活动作出理性的解释和把握。

1.4.5 系统控制理论

系统论是研究系统的模式、性能、行为和规律的一门科学。系统原理或规律是指一般系统内在的、本质的运动形式，只有将系统整体与部分的关系、系统和环境的关系、结构和功能的关系、稳定与进化的关系处理好才能促进实现系统的控制与发展。

城市生态环境是一个资源、环境、社会、经济复合而成的开放的人工生态系统，它具有生产、生活、生态三大生态系统功能。城市生态系统的动力学机制来源于自然和社会两种作用力，自然作用力的源泉是各种形式的太阳能，它们流经系统的结果会导致各种物理、化学、物理化学、生物学、生物化学及生态化学过程和自然变迁。社会作用力的源泉来自于经济杠杆（资金）、社会杠杆（权力）、文化杠杆（精神）。资金刺激竞争，权力诱导共生，精神孕育自生，三者相辅相成构成城市复合生态系统的原动力。所以，只有资源环境和社会经济相互促进、相互制约，城市才能实现持续性发展。

控制理论最初形成于工程系统和自然系统领域中，随着研究的深入，控制理论开始被广泛运用到社会和经济等人文系统中。现代控制理论的思想方法被成功地移植到区域发展动态过程这一独特的研究领域中，形成了一系列的新观点与新见解。

区域控制理论的基本内涵是：

（1）区域发展系统是一个由人口、资源、环境和社会经济发展要素通过相互作用、相互制约形成的统一整体。作为一个相对独立又开放的系统，它的平衡与发展需要与其外部环境不断进行物质、能量、信息的交换。

（2）区域的发展过程是一个动态的发展过程。每一个区域系统的发展并非永远静止，而是不停地通过四大子系统相互作用，推进系统的演替。

（3）信息在区域的发展过程中是最活跃的、最基本的因素，区域发展调控必须借助信息，即借助于不同形式、不同载体的区域发展信息运动去指挥各种区域发展活动的过程。

1.4.6　可持续发展理论

可持续发展是指既满足当代人的需要，又不对满足后代人发展所需要的能力构成威胁的发展；换言之，就是实现经济、社会、资源和环境的协调发展。可持续发展是人类发展的全新模式，旨在促进人群之间以及人类与自然之间的和谐，其实质是改变传统的掠夺自然资源，损害生态环境的片面发展，要求经济在人口、资源、环境的约束条件下持久、有序、稳定和协调地发展。人是城市的主体，不断提高人类生活水准是人类追求的目标，包括促进经济增长、保障城市居民的基本权利、改善人居环境、公平分配社会资源，满足不同层次人群的需要，健全社会保障体系，实现社会稳定，最终实现社会的共同繁荣和进步。因此，评价城市生态环境是否可持续发展，既要看经济数量的增长，又要看其资源、环境的损害程度，还要看其经济增长与资源环境损害对比的盈亏关系。

城市的可持续发展，是城市的管理者和决策者运用人力、物力、财力、技术、信息、时间、自然资源、环境资源、法律制度等来调节与控制城市生态系统的发展和演化，使其达到人们希望的生态、经济、社会三大效益同步提高、协调、永续发展的系统工程。

从生态学的角度看，城市生态环境是一个庞大而复杂的复合生态系统，它包括生态环境、生态产业和生态文化。其最基本的功能是方便居民生活，组织生产流通，保护和治理环境。城市生态系统应能实现经济发展、社会进步和生态保护的相互协调，以及物质、能量、信息的高效利用。城市活动应受到各种生态因素的制约，城市的活动限度应同系统的生态限度是一致的，在生态系统限度范围内发展的城市生态环境才是可持续的。

对城市系统发展来说，环境的可持续性是基础，经济的可持续性是条件，社会的可持续性是目的，这三者的协调发展是实现可持续性的关键。由此可见，可持续性是城市发展的基本特征，表示城市系统的发展过程受到某种因素干扰时具备的一种通过自身的改造不断保持和改善其组织机制的优化能力，是以其稳定性和协调性为必要条件的动态变化过程。

许多学者认为，城市发展应遵循的生态原则是：系统的协调一致性；城市景观的多样性；历史发展的延续性；因地制宜，地尽其利；各得其所，物尽其用。依据城市生态环境系统和可持续发展理论，城市生态环境可持续发展是以城市空间范围内的物质实体和社会因素长期演化为依托，既满足当代城市发展的现实需要，又不影响城市永续发展的能力。而城市生态环境是一个资源相对短缺，空间狭小，人口众多的人类集中聚居的区域，存在着一系列生态环境问题，解决这些问题必然要付出巨大的代价。因此，应建立一个资源节约型和环境友好型的社会，以便在城市系统发展过程中受到某种干扰时，具有通过自身的改造和调节，不断保持和改善其组织机制的优化能力，最终造就一个人与自然和谐、协调的良性循环城市生态系统，这是城市生态环境可持续发展的目标。

1.5 城市生态环境质量评价的主要原则

城市是一个复杂的人工生态系统，是一个以人为主体、自然系统为依托、资源系统为命脉、社会体制为经络的社会—经济—自然复合体。研究城市生态环境质量的形成和发展，并在此基础上对其进行评价，一般需遵循以下原则。

1.5.1 自然资源的可持续性原则

自然资源是人类生存和发展的物质基础，人类社会的可持续发展取决于自然资源的可持续利用性。因此，在生态环境评价中，首先应注意保护自然资源，特别是保护那些关系到基本生存的资源。由于自然资源总是与一定的社会条件和技术水平相联系的，所以，评价中应当用科学的观点和可持续发展的理念对待自然资源。

自然资源的可持续性原则主要包括：

（1）保护资源特色，发挥资源优势

自然资源具有明显的地域性，与当地的地形、地貌、气候等条件相联系，具有自己的特色，在当地形成了资源的多样性和互补性，某地的资源特色很可能是其资源优势。

（2）协调利用资源，保持资源的可持续利用能力

在协调资源的竞争性利用时，应贯彻特殊用途和狭窄用途优先，高效利用和可逆性

利用优先的原则。对可再生资源的开发利用量应不超过其增长量，资源的消耗量不应大于其补充量，自然资源的采补应当保持平衡。

（3）重要资源加强保护，稀缺资源重点保护

凡是对社会经济可持续发展具有重要作用的资源，如水资源、耕地资源等，不管区域内有没有可替代资源，都应严格保护和管理。凡是区域内稀缺的资源都应给予特别的重视与保护。

（4）加强资源与环境综合管理，实行有偿使用

资源与环境在一定程度上是相互联系的，应当实行资源与环境的一体化管理。我国既定的资源政策是"自然资源开发利用与保护增值并重"以及资源的有偿使用制度。

1.5.2　生态科学性原则

要提高评价的有效性，首先必须使评价具有科学性，评价应建立在生态学基本原理的基础上，客观反映生态环境实际并按生态环境固有特点采取相应的措施。生态科学性原则主要有：

（1）层次性原则

把生态系统组成的层次性特点和开发建设活动的影响特点相结合，根据需要确定评价的层次和相应的内容。有的评价需在景观生态层次上进行全面评价，有的则只评价组成生态系统的某些因子。

（2）结构—过程—功能整体性原则

生态系统结构的整体性和生态过程的连续性是保持生态系统环境功能的基础。生态系统的结构、过程和功能是一个紧密联系的整体，特别是结构的整体性，是生态系统得以生存、发展或自我调节以及恢复的基础。生态环境保护的核心也就是要保护这个整体性。

（3）区域性原则

生态评价与环境污染评价的显著不同点是其具有区域性特点。生态评价的区域性特点表现在：评价范围包括生态影响相关联的地区和可能受到的间接影响的区域，而不是局限于开发建设活动发生区和直接影响区；采取的环保措施不局限于人类活动或工程所在地或影响区，而是从区域生态环境功能需求出发，在最有效的地区实施。

（4）生物多样性保护优先性原则

生物多样性是生态系统建造、运行和发展的基础，也是生态环境功能的源泉。生物多样性保护要贯彻预防为主的原则，减少人类的干预，将保护建立在科学认识的基础上，树立生物多样性第一的思想。

（5）保护中发展原则

随着社会经济的发展，人们对生态环境服务功能的要求不断提高。因此，要坚持保护中发展的原则，新的开发建设活动对生态环境的影响应做到最小，得大于失。尤其对于生态环境十分脆弱的地区，必须坚持在保护前提下开展建设，并改善环境。

1.5.3 协调性原则

促进环境与社会经济的协调发展是环境评价的根本目的，协调性原则主要指协调生态环境保护与社会经济的关系。从国家和民族的长远利益和整体效益出发，环境保护与社会经济发展的关系是一致和协调的，但从短期利益和局部利益来看，环境保护与经济发展又常常是矛盾的，甚至是冲突的。生态环境评价中一条重要的原则就是要协调这种矛盾和冲突，在短期利益与长期利益之间、局部利益与整体利益之间找到平衡点，达到一定程度的调和与妥协。

具体到城市生态质量评价的协调性时，应按照生态学的基本原理，将城市作为一个自然—经济—社会复合而成的生态系统进行研究，将其各组成部分的表现特征与人类开发活动性质相协调。由于城市生态系统首先是在自然生态系统基础上复合而成的，因此，人类的建设活动要遵从自然规律；同时，城市又是一个经济系统的复合体，因此，人类的活动又应该符合经济规律。人类只有在尊重自然规律和经济规律的基础上才能使城市协调发展，才能实现城市生态系统的良性循环。

1.5.4 系统性原则

城市是区域中一个特殊的地域综合体，城市生态系统是自然生态中的一个特殊环节。由于生产、生活等人类活动的需要，城市几乎集中了区域环境的绝大部分物质能量和信息，同时又集中了大量的废弃物。这一过程，仅仅依靠城市自身进行调节是不够的，必须把城市和其周围环境视为一体，充分考虑城市与其他生态系统的共生关系，评价时应该用系统的观点从区域环境和区域生态平衡的角度评价城市生态系统。

1.5.5 三效益同步提高原则

城市生态经济学的研究表明，生态效益是经济效益的基础，也决定着经济效益的连续性与间断性；而良好的经济效益又为生态效益的提高提供了经济保证；社会效益可以反过来影响生态效益。三者相互作用、对立统一，共同促进城市生态系统整体效益的提高。因此，在进行城市生态质量评价时要充分关注这三种效益之间的关系。

1.5.6　以人为本的原则

人是城市生态环境的主宰者，支配着城市生态环境的发展方向和发展速度，对城市生态环境的调节和控制发挥决定作用。人还是城市生态环境中生物系统的主体，是城市物质能量的主要生产者和消费者。保护和优化城市生态环境的最终目的也是为了提高人的健康水平和生活质量，因此，在城市生态质量评价时要始终贯彻以人为本的原则。

1.5.7　可操作性原则

城市生态环境质量评价是一项复杂的系统工程，牵涉很多因素，需要运用很多知识，使用很多指标，是一项专业性和综合性很强的工作。另一方面，它又是一项需要在全国各个城市或基层单位推广使用的评价方法，从这个角度来看，城市生态环境质量评价又必须具有普及性和可操作性，要让普通的环境科技工作者能够方便、有效的运用。

1.6　小结

本章主要介绍了城市生态环境的原理与研究理论，通过对生态学、环境学、系统控制论、可持续发展理论等重要理论的研究，为生态环境质量评价指标体系的研究打下了理论和技术基础，同时还涉及在城市尺度上进行生态环境质量评价应该遵循的原则。

第 2 章　城市生态环境质量评价的研究进展

2.1　国外城市生态环境的研究进展

2.1.1　国外城市生态环境的研究概况

城市—经济—环境三者相互联系，城市化与城市生态环境关系的研究内容相当庞杂，从国外的研究内容来看，具有多学科交叉发展的趋势，研究主要从以下三个方面展开。

（1）从环境经济学的角度展开

此方式代表人物是美国著名经济学家 Grossman 等，研究的重点是判别经济发展中城市化对环境是否有影响，以及影响的重要程度。他们注重归纳各个国家的经济发展与环境变化的关系，选取表征环境与经济的主要指标，进行数理分析与经验判别，然后进行解释，其实质是一种城市—经济—环境先验论。

1995 年，Grossman 和 Krueger 用计量经济学方法，对 42 个发达国家的版面数据进行实证，揭示了随着城市经济水平的提高，城市生态环境质量呈现倒"U"形的演变规律，提出了著名的环境库兹涅茨曲线（EKC）假设。其后，按照环境经济的规范分析方法，国外学者进行过大量类似的研究，但由于在研究中所选取的表征指标和模型不同，他们得到的结论存在很大的差异。可见，环境经济学分析是在假定其他条件不变的前提下，通过历史数据来检验经济发展、城市化与生态环境要素质量变化的关系，其研究结论很大程度上取决于假设条件及数据质量，所以对同一问题得到的结论并非一定相同。

（2）从环境科学和卫生科学角度展开

这方面的研究由 UNESCO（联合国教育、科学及文化组织）、IUFRO（国际林业研究联盟组织）、WHO（联合国卫生组织）等机构发起，研究的重点集中在城市化引起的区域及全球资源环境效应以及全球的资源环境保护和环境变化机理上，当然，作为人口密集的城市地区，资源消耗和生态环境退化也是其研究的重要内容。在研究城市化导致的众多资源环境问题中，除了城市化导致的环境与生态退化等问题外，水与土地问题也是目前国际上关注的热点，包括城市化引发的水资源与水环境问题，如水资源绝对缺乏或相对缺乏、水体污染、地下水开采过度等问题。国外学者利用先进的 GIS 与 RS、数值模拟等技术和方法，在此方面做过大量的长期定位研究，如 Atefal Kharabsheh 等对城市化与地表水质量做过定位跟踪研究。另外，关于土地利用资源的研究也得到了人们的关注。尽管专供城市利用的土地总量很小，仅占全球陆地面积的 2%，但由于城市化地区是人类活动最活跃的地区，所以从土地利用界面研究城市化与生态环境关系的文献比比皆是，而且一般都被纳入国际生物圈计划（IBMP）关于土地覆盖、土地利用变化与全球变化研究的总体框架中。应用 RS 进行大尺度数据处理，从时空维度进行过程模拟和空间分异是当前国际上进行城市化与生态环境关系宏观研究的主要趋势。

最后，是关于城市化导致的环境污染、生态退化问题。有关城市化引发的环境及生态问题，如城市局部气候恶化、生物多样性锐减等，不仅是环境科学家和生物科学家热衷的课题，同时也引起了在全球范围内的广泛关注。由于环境污染的因素是多方面的，造成的影响也是多维的，研究人员在这方面的文献更为丰富。如 Vrishali Deosthali 模拟了城市化对城市局部气候的影响，Peter Deplazes 等分析了城市化对处于城市区域野生生物的多重影响等。目前，该问题的研究趋势表现在两个方面：一是利用新方法、新技术探索城市化对城市气候、水文、生态的影响与破坏；二是利用实地调查来分析城市化导致生物多样性锐减的原因。

（3）从可持续发展和生态学角度展开

由 UNESCO、IIUE（联合国人居环境大会及国际城市环境研究所）和 WHO 等发起，涉及的学科主要有生态学、地理学、环境学、经济学等，研究的重点是可持续城市和生态城市。其研究以可持续发展思想为基础，利用生态学原理，将研究的目标逐步集中在城市可持续发展的生态学机理上，围绕着城市的社会经济活动与自然生态环境之间的相互关系，分析其矛盾运动过程中发生的生态环境问题，探讨在人类活动影响下城市生态环境的变化，揭示城市生态环境运动发展的客观规律和调控机理。

尽管可持续城市与生态城市两个概念存在一定的差异，但由于可持续发展思想与许多城市生态系统所遵循的生态学原理一致，生态城市从本质上说就是可持续发展的城市。因此，生态城市往往与可持续城市一并列入城市可持续研究的大框架下。对于此类问题的研究，国外学者多从区域资源、环境、经济和社会的角度，应用系统的方法来分析城市化进程中的城市可持续发展或生态城市建设的障碍。特别是分析城市现实问题时，利用生态等理论和原则、可持续发展原则和城市化发展规律来调控和解决现实问题，以实现城市的可持续发展，这是国外城市可持续发展研究的基本思路。具体落实到城市化与可持续城市问题的研究上，主要关注两方面问题：一是对可持续城市化与城市可持续的基本概念、理论的探讨；二是评价的指标体系设计及评价方法的应用。

2.1.2 国外有关生态环境和城市生态环境质量的研究

世界城市化进程的快速推进是现代市场经济发展的客观要求，然而，世界城市化给全人类带来经济和社会效益的同时也带来许多问题，尤其是城市生态环境问题。国外自19世纪末期已开始了城市化与城市生态环境关系的研究，主要从环境经济学、环境医学、可持续和生态学角度开展研究。

城市化引发的城市生态环境问题早已引起了人们的关注。19世纪末期，英国学者E.Howard发表著述《田园城市》，尝试用理性的规划方法来协调城市化与城市生态环境之间的发展。进入20世纪，继芝加哥学派的人类生态学方法在城市健康、土地及社会分层研究中取得明显成效以后，城市化与人类聚居问题一度被列入联合国人与生物圈（MAB）计划的子项目当中，引起了世界的广泛关注。20世纪80年代后，城市可持续发展及生态环境评价的研究热潮迭起，城市化及其生态环境问题几乎都围绕着城市可持续研究而展开。根据国外对此问题关注的程度大致可以将其研究历程划分为三个阶段：

（1）起始阶段

18世纪工业革命后，人口大量向城市集中，城市自然环境发生了巨大的变化，促使人们开始关注其生存的环境，城市化与其生态环境的关系问题开始引起各学科的广泛关注。城市规划学家首先从规划角度尝试解决此问题，1904年和1915年Geddes相继出版了《城市开发》、《进化中的城市》，使社会学家步入人地关系的研究当中。1925年，芝加哥学派的代表人物Park的专著《城市》的发表，意味着生态学对城市问题的重视。该学派充分利用生态学和社会学的原理将城市化外部生态问题的研究转向城市内部社会空间结构和土地利用方面，从此城市化及其生态环境问题的生态学研究方法成为主流。在实践方面，Fitter和Jovet分别从生态规划的角度研究了伦敦和巴黎等城市的过度城市化与城市生态环境演替关系问题。

（2）展开阶段

1972年联合国教科文组织（UNESCO）制订了MAB研究计划，提出用人类生态学的理论和观点研究城市环境问题，促进人类与其生存环境之间复杂关系的协调。这项研究内容涉及城市气候、城市生物、城市水文等十多个城市生态环境方面，各学科从不同领域开展了对城市生态环境的研究。从此，城市化与生态环境关系的研究在国际学术团体和非官方组织之间积极展开，Meadows的《增长的极限》和Goldsmith的《生命的蓝图》纷纷发表，他们都利用系统动力学模型对世界城市化前景进行了"有极限增长"的预测，激起了各国人们对城市化引发的世界资源环境问题的普遍担心；在日本，中野尊正等出版了《城市生态学》一书，从环境保护的角度系统阐述了城市化对城市自然环境的影响以及城市绿化、城市环境污染防治等问题；日本从 1974 年开始将城市生态环境规划纳入城市建设规划中；美国学者 Berry 首次应用生态因子分析法提取了城市化对城市生态环境造成影响的主要因子，开创了生态因子研究法。

1975 年，国际生态学会主办的《城市生态学》创刊。Brian.J.Berry 于 1977 年发表专著《当代城市生态学》，系统阐述了城市生态学的起源、发展与理论基础，并应用多变量统计分析方法研究了城市化过程中的城市人口空间结构、动态变化及形成机制。1978 年，J.O.Simonds 在《大地景观（环境规划指南）》中进一步完善了 Mechorg 的生态规划方法，对城市规划、景观规划和建筑学产生了重大影响。1980 年，第二届欧洲生态学学术讨论会以城市生态系统作为会议的中心议题，从理论、方法、实践、应用等方面进行探索；Foreste 等对城市生态系统发展趋势进行了研究；H.T.Odum 认为城市生态系统和自然生态系统有相似的演替规律，并且认为城市演替过程是能量不断聚集的过程；1987 年苏联城市生态学家 O.Yanistky 提出建立一种生态、高效、和谐的理想城市模型；1987 年美国生态学家 Register 提出了理想的生态城市应具有的六个特征及生态城市建设的十项计划。

此外，国际上还陆续召开了一些城市生态学会议，将环境问题定格为 21 世纪人类面临的巨大挑战，并就可持续发展战略达成一致，其中人类居住区及城市的可持续发展成为关注的重点，为城市生态环境研究注入了新的、强大的动力。1990 年，在土耳其召开了联合国人居环境大会，许多可持续发展城市生态环境研究论文在大会上宣讲和讨论；1995 年在伦敦召开了"可持续城市"系列研讨会；1997 年，在德国莱比锡召开了国际城市生态学术讨论会，内容涉及城市生态环境的各个方面；2000 年在挪威召开的千禧年生态系统评价会议，是对全球生态系统评价研究的总结与展望。

必须提及的是，城市生态学的两次重要会议极大地推动了人们环境意识的提高和城市生态研究的发展。即：1972 年 6 月在瑞典斯德哥尔摩召开的联合国人类环境会议所发表的人类环境宣言，明确提出"人类的定居和城市化工作必须加以规划，以避免对环境的不良影响，并为大家取得社会、经济和环境三方面的最大利益"；1992 年巴西里约热内卢召开了联合国环境与发展大会，并发表了著名的《里约宣言》，把可持续发展战略作为全球发展战略，制定了具有划时代意义的行动计划——《21 世纪议程》。《里约宣言》发表以来，可持续发展的观念逐步深入人心，人类的环境意识大大增强，各国政府将其纳入本国经济和社会发展战略，关心并参与保护环境的人与日俱增。2002 年 9 月，在南非约翰内斯堡召开了可持续发展世界首脑会议，在总结里约联合国环境发展大会 10 周年以来各国可持续发展的执行情况的基础上，发表了《约翰内斯堡可持续发展宣言》，以推动可持续发展的全球行动。

20世纪80年代，城市化与生态环境关系的研究异常活跃。它不仅在经济学、社会学、生态学和地理学等学科间展开，其微观机理与运行机制也引起了环境科学和卫生科学研究者的极大兴趣。1986年，在卢布尔雅那举行的国际森林研究组织联盟（IUFRO）会议建立了"城市森林"计划工作组，探讨城市化对森林破坏的危害并寻求解决办法；同期，世界卫生组织（WHO）展开了健康城市研究，将城市健康问题列入城市生态问题的研究议题。

（3）多元化发展阶段

1987年《我们共同的未来》报告提出，使城市可持续研究拉开了序幕，城市化与城市生态环境关系问题的研究紧密围绕着可持续城市、卫生城市、健康城市等主题而深入展开，相关的国际学术会议也非常活跃。世界环境与发展大会通过了《21世纪议程》；1990年以来的五次国际生态城市大会；1996年联合国人居环境大会以及国际城市环境研究所（IIUE）的"可持续城市指标体系研究"系列会议等，表征着此问题进入了多元化的研究阶段；2002年发表的《深圳宣言》对城市化、生态城市建设和可持续城市等问题进行了一系列总结，特别关注到了生态城市建设中的人文和经济的压力问题，为世界城市一体化进程中城市问题的复合系统研究指明了方向。

在城市生态环境评价方面，欧美国家对城市生态环境评价也没有一个规范的评价体系，多是从某一个角度对城市生态环境的某一个方面进行评价。

国外比较有影响的区域生态环境质量评价是20世纪90年代初由美国国家环保局提出的环境监测和评价项目（EMAP），它从区域和国家尺度评价了生态资源状况并对发展趋势进行了长期预测，后来该项目又发展出州域的环境监测和评价（R-EMAP）（Michael，2000）。该项目应用的典型案例是20世纪90年代初美国国家环保局采用中尺度方法对大西洋中区进行的生态评价以及Strobel等（1999）对Virginian州河口地区进行的生态评价。

在城市生态环境评价指标体系研究方面，OECD（欧洲经济合作与发展组织）国家于1978年率先建立了城市环境质量指标体系，之后被西方发达国家的许多城市所采用。欧洲环境局关于欧洲城市环境状况的研究采用了55个指标，其目的是按照现有信息和数据确定城市的主要环境问题。这些指标又被进一步归纳为16类，包括城市模式、城市流和城市环境质量等。其中环境指标包括废物、水和空气质量、交通安全、住房、绿地的可进入程度和城市地区的野生生物等。这些指标包括收集和再循环的固体废物的数量、城市地表水中溶解氧的浓度、SO_2和TSP的平均浓度、65dB以上噪声区的人口数量、鸟类数量，等等。这些指标在72个欧洲城市进行了适用性研究。研究结果发现，由于缺乏比较数据，只有20个指标可以在其中的51个城市中采用。

OECD核心环境指标代表了指标体系的另一个方向。其中，城市环境质量指标被分为三类：环境压力、环境状态和社会响应。环境压力指标包括城市大气中的 SO_2、NO_x 和 PM 的排放、城市交通密度和城市化程度等；环境状态指标包括城市中超过一个或多个国家大气质量标准的地区的人口数、受交通噪声污染的人口比例、城市用水超过健康用水标准地区的人口、大气污染物浓度，等等；社会响应指标包括绿地随城市总面积和城市总人口比例的变化、未开发的城市土地面积、新车的排放规定与噪声标准、水处理和噪声削减，等等。在具体案例研究方面，Marco Trevisan 以意大利的 Cremona 省为例，利用 GIS 技术，采用非点源农业危险指数（NPSAHI），用分级的方法评价了农业行为对城市生态环境的影响。Matthew A. 利用改进的生态足迹法对城市生态系统进行了评价，把人类生态足迹模型和生态系统过程模型结合起来，识别城市生态系统发展的限制因素，并对美国主要的 20 个大城市利用生态足迹法进行了比较评价。Myung Jin 通过一个输入—输出的系统模型对城市的经济和社会系统进行了评价。

在日本，生态环境评价主要用于农林规划方面，侧重于对生态系统的各种环境保护功能的评价。在印度，主要侧重于对城市的社会系统进行评价，如 ANUA 对孟买市的各项影响城市发展的因素进行了评价，并采用 Delphi 方法确定各因素的权重值等。1995 年，美国区域生态系统办公室 REO（Regional Ecological Office）提出了生态系统综合评价的程序和步骤，认为一个区域的生态评价必须综合考虑自然环境与人类之间的相关性，并且应寻找到两者之间的平衡，其评价过程应该综合生态、经济、社会、文化的价值，评价的目标必须是可以定量化的，并且具有社会价值与生态相关性。

Jamie Tratalos 等（2007）利用树木覆盖斑块、公园和绿地、雨水径流、最高温度、碳吸收五类数据，研究了英国城市形态与生态系统特征之间的关系。Robert R. Schindelbeck 等（2008）选择了三个土壤类型，即蔬菜果园土壤、城市公园土壤、城市空地土壤，全面评估了城市土壤质量，以便于实行相关目标管理。Marull J. 博士等构建了土地适宜性指标体系，提出了自然环境适宜性、生物环境适宜性以及功能适宜性 3 个方面的指标框架，具体落实到植被敏感性指数、基质稳固性指数、原生生境指数、生态隔离度指数等指标上，并利用 GIS 方法来评估城市生态环境质量状况，为合理规划城市土地利用提供依据。Pictett S.T. 等从弹性力角度，通过生态、社会经济弹性力评估，试图梳理城市生态环境质量内涵、城市弹性力与城市生态规划之间的关系。有的学者还从城市区域规划、生物多样性保护角度出发，提出了城市生态环境质量评价指标与方法，以进行城市生态环境质量评价。

总之，20 世纪 90 年代以后，国外的生态环境质量评价无论是方法还是技术上都取得了飞速发展，而且针对评价结果进行环境方面的改造、治理，使得生态环境尤其是城市生态环境质量大大改善。

2.1.3　3S 技术在生态环境研究方面的应用

3S 技术是遥感（Remote Sensing）、地理信息系统（Geographical Information System）、全球定位系统（Global Positioning System）的统称，是以处理地球表面信息为主要特征的空间信息技术。遥感（RS）即遥远的感知，是一种远离目标，通过非直接接触而判定、测量并分析目标性质的技术。并且航片、卫片等遥感数据具有高分辨率、多波段、多时相、覆盖面广及经济效益显著等优点。地理信息系统（GIS）是介于信息科学、空间科学和地球科学之间的交叉学科。它是以地理空间数据库为基础，用计算机对空间相关数据进行采集、管理、操作、分析、模拟和显示，适时提供多种空间和动态的地理信息，为地理研究和地理决策服务而建立起来的软件系统。全球定位系统（GPS）由三部分构成：①地面控制部分，由主控站（负责管理、协调整个地面控制系统的工作）、地面天线（在主控站的控制下向卫星注入寻电文）、监测站（数据自动收集中心）和通讯辅助系统（数据传输）组成；②空间部分，由 24 颗卫星组成，分布在 6 个轨道平面上；③用户装置部分，主要由 GPS 接收机和卫星天线组成。

从 1978 年美国发射第一颗 GPS 实验卫星，国外便开始了 GPS 系统的研究、开发和应用工作，在 20 多年的时间里，GPS 技术取得了长足的发展，除了传统的测绘、军事、导航领域外，已经渗透到灾害监测、工农业生产、天气预报以及车辆导航与交通管理等领域。

"遥感"这一术语最早是由美国人 Evelvn L.Pruit 在 1962 年提出并被正式使用的。1961 年的环境遥感国际讨论会标志着遥感作为独立学科的成立，此后获得了迅速发展，自美国发射第一颗地球资源卫星后，遥感技术正逐步由实验向实用化的方向发展。20 世纪 80 年代以来，以 Landset、Spot 卫星等为主体组成的航天遥感系统收集着地球表面及其空域的各种信息。这些影像信息革新了人类认识自然地理环境的观念和方法。空间遥感技术已成为人类认识自然、探索自然的一种崭新的现代化工具。目前，遥感技术已经被广泛应用于国土资源调查、环境监测、测绘、城乡规划、农业生产和军事侦察等各个方面，并正在向"多尺度、多频率、全天候、高精度、高效快速"的目标发展。

而 GIS 是 20 世纪 60 年代中期开始逐渐发展起来的一门新的技术，源于计算机对地图内容的分析。从自然资源的管理和土地规划任务开始，建成了世界上第一个地理信息系统，至今已进入了用户和社会化时代。近 20 年来，GIS 被世界各国普遍接受，特别是 1998 年初，美国副总统戈尔提出的"数字地球"概念在全球掀起了"数字地球"热，使其核心技术 GIS 更为各国政府广泛关注。据统计，在人们所接触的信息中有 75% ～ 80% 的数据是空间数据。以管理空间数据见长的 GIS 技术已在全球变化与监测、环境研究、城市规划、资源管理、土地管理、交通管理、灾害预测、矿产资源评价、军事以及政府部门等许多领域发挥着越来越重要的作用。

目前，3S 技术已成为资源调查、生态环境研究、区域分析以及全球变化等领域不可缺少的研究手段。20 世纪 80 年代以后，随着计算机的普及，3S 技术开始逐步应用于环境科学领域。城市环境质量与污染源的遥感调查是城市遥感应用的主要内容之一。以遥感手段监测城市环境具有覆盖范围广、信息量大、同步性好、省时省力、快速高效等优势，遥感技术在城市环境监测中的作用已经得到普遍承认和重视。地理信息系统在环境监测、生态环境质量评价、环境影响评价、环境规划预测、生态管理以及面源污染等生态环境研究中得到了广泛应用。

国际上，利用 3S 技术已进行了大量卓有成效的资源环境调查工作，如土地利用、土地覆盖、作物估产、植被监测、水土资源调查等。美国农业部、国家海洋管理局、宇航局和商业部合作于 1974—1977 年进行的大面积农作物估产计划（LACE），要求对美国本土、加拿大、前苏联及世界其他地区小麦种植面积和产量进行估算，其精度达到 90% 以上；1980—1986 年又开展了全球性的农业资源的空中遥感调查计划（AGRITSARS），目前已建立了集成化的运行系统（Coenen, 1996），近年来还完成了美国 1：100 万比例尺和全球范围的土地覆盖数据集；欧共体 1992 年开始开展了利用遥感技术监测欧共体国家耕地和农作物变化的大型计划（MARS）；加拿大已基本上实现了利用 3S 技术对全国的周期性宏观资源调查、更新和制图，并由此带来了巨大的经济、社会和环境效益；此外，全球生态环境质量研究已经成为国际地圈生物圈计划（IGBP）、人与环境计划（HDP）和世界气候研究计划（WCRP）三个国际组织的核心计划。

国外学者在这方面做的研究还有：1973 年，美国和加拿人为确定密歇根湖、安大略湖等五大湖的各种污染源，利用多波段遥感影像有效地进行大面积的土地利用调查；加拿大每 5 年就用卫星遥感资料和航空遥感结合的方法对全国土地资源的利用情况作一次调查；澳大利亚、法国、日本以及西欧等一些国土面积相对较小、经济发达的国家，也定期地利用卫星遥感进行土地资源利用情况的调查；1989 年美国国家环保局选用 ARC/INFO 进行了大量科学研究和应用，范围覆盖环境质量影响评价、地下水保护、点源和面源污染分析及环境管理；加拿大在 1994 年就建立了生态监测与评估网络，通过此网络对生态变化进行了长期监测并依据监测的数据对生态环境进行了评估。内容包括气候变化对水纯净度的影响，森林可持续发展的标准等；Venegas（2001）利用 GIS 与城市大气扩散模型模拟了阿根廷 Buenos Aires 市一氧化氮和一氧化碳时空分布模式，为城市空气污染防治提供定量化的决策依据；Stevens（2003）开发一种新型的嵌入式软件工具 iCity，将不规则空间结构、城市异步扩张模型以及高时空分辨率影像与传统元胞自动机融合，为城市规划空间决策提供支持。

3S 技术在生态环境质量评价中的应用。一般而言，在合理选取评价指标和评价方法的前提下，能否获得及时准确的数据是生态环境质量评价成功与否的关键。小范围的生态质量评价和环境质量分析的数据源可以主要来源于人工统计、实地测量和分析以及定点的地面观测站记录等。但对中尺度以上的生态环境研究，则需要大量的人力物力去获得生态环境影响因子，对一些偏远地区，交通不便的山区，有时根本无法用常规手段调查其沿线的生态影响因子，也不能及时予以更新，难以满足生态评价和动态预测的现势性和深刻性。同时，常规手段评价方法局限于单要素评价，缺乏整体性和宏观性，影响生态环境评价结果的准确性和环境管理决策的正确性。3S 技术的出现和飞速发展，为生态环境质量评价提供了大量综合、宏观、动态和快速更新的信息，特别是解决了山区和高原地区生态影响因子难以调查的问题，大大促进了生态环境质量评价的发展。应用遥感技术对地表裸露程度、地形地貌、植被覆盖度和土地利用方式的改变进行监测，可以快速准确地获得相关信息，这已成为环境科学研究与环境监测领域的重要发展方向之一。GPS 经过几十年的发展，在区域环境规划管理、生态环境监测与空间分析等方面取得了许多成功的经验。GPS 具有强大的空间数据输入、存贮、管理和分析能力，不仅为遥感数据的处理、分析解译提供了有力的支持，而且利用 GIS 的空间分析能力，使生态环境质量评价的评价单元从行政单元到地理单元，从而可以更完整地了解环境质量的区域分异规律，便于指导资源的合理利用和制定环境保护规划（Cormaek，1997）。

2.2 国内城市生态环境的研究进展

我国城市生态学与城市环境研究起步较晚，在 20 世纪 70 年代初我国参加了联合国教科文组织制订的"人与生物圈"（MAB）研究计划后，许多学者才开始从不同的角度对城市生态进行研究。

1973 年第一次全国环境保护会议之后，在城市开展了区域污染调查、评价和防治研究工作，这是我国城市生态环境研究的初始阶段。1978 年城市生态环境研究正式列入我国科技长远发展计划，许多学科开始从不同领域研究城市生态环境，如从城市气候、水文、地貌、园林绿化、环境质量评价等方面研究城市生态环境。1980 年后，我国生态学家提出了不少开创性的理论和方法。其中，最有影响的是我国著名生态学家马世骏教授 1984 年提出的以人与环境关系为主导的社会—经济—自然复合生态系统思想。1987 年，"城市及城郊生态研究及其在城市规划发展中的应用"国际学术讨论会在北京召开，标志着我国城市生态学研究进入蓬勃发展时期。1988 年《城市环境与城市生态》创刊，这对我国城市生态环境的研究具有重要意义，对我国城市生态学的发展起了很大的推动作用。

在城市生态系统研究方面，马世骏、王如松等提出了城市生态位的概念；王如松、刘建国等（1998）提出了生态库的概念，并对北京和天津等地的生态库进行了专门研究；王其藩、赵英魁等探讨了城市生态系统研究的适用方法；李宏文探讨了城市生态系统的指标体系；吕永龙提出了城市生态系统的人机交互模拟模型等。

在建设生态城市的探索方面，王树功等提出了城市可持续发展的对策；杨芸等提出了城市可持续发展的生态支持系统理论；黄光宇提出了创建生态城市的十条评判标准；张炯提出了建设生态城市的五项原则；杨邦杰等于 1992 年提出城市生态支持系统的理论和研究方法；宗跃光于 1993 年提出城市景观网络理论及分析方法。近年来，北京、天津、上海、南京、广州、苏州、常州、昆明等众多城市都开展了城市生态环境研究。

在全国推行城市环境综合整治定量考核制度后，我国城市生态环境分析与评价的研究迅速开展起来。1989 年，广州市航空遥感综合调查指挥部用航空遥感对广州市市区生态环境进行了综合调查；陈丙咸等（1991）对南京市城市环境进行了航空遥感调查分析；季宏文从综合生产指数、生活指数和生态指数三个方面建立了城市生态系统的目标管理体系；陈尧华（1994）在城市生态系统评价方面提出了自己的观点，其评价体系由经济发展—社会活动—环境保护三组指标构成；窦素珍（2000）根据城市大气环境检测优化布点的模糊性，提出了一种模糊环境条件下的模糊聚类与模糊识别理论模型，并成功应用于实践；赖志斌等（2001）提出了高分辨率遥感卫星数据在城市生态环境评价中的应用模型，并在厦门进行了实验研究。

1992 年以来，在世界环境与发展大会的推动下，我国在城市生态环境方面的研究进展较快、成果显著。目前，总体上已从生态环境与生态经济的独立研究转向对城市化引起的城市环境问题、城市社会经济与环境协调发展的评价及调控，以及城市生态环境可持续发展研究上。研究工作主要涉及：对城市化引起的城市生态环境效应研究，对城市社会、经济、环境协调发展评价的研究，对城市化与环境协调的问题，对城市社会—经济—自然复合生态系统的研究，对可持续城市、生态城市和健康城市研究等。而对城市生态环境的关注和对城市生态环境质量的评价正是这些研究的基础。

2.2.1 国内城市生态环境质量评价的研究概况

我国从 20 世纪 80 年代开始重视对城市生态环境质量的评价，进入 90 年代以后，这项工作有了较快发展。早期的城市生态环境质量评价研究可见于 1991 年袁留根等（沈阳市环境保护科研所）对辽宁省若干城市的生态环境质量评价；1993 年李新生（辽宁省铁岭市环保局）对辽宁铁岭市进行的城市生态环境质量评价；1994 年陈尧华（重庆市环境保护科研所）根据城市发展与环境污染相互联系，提出了对城市生态系统进行评价的观点，并对城市生态系统评价所涉及的若干问题做了初步分析；1994 年王万新等（成都市环境监测站）对成都市的生态环境质量进行了评价等，在此不加赘述。20 世纪 90 年代中期以后，国内众多学者开始在城市生态环境质量评价方面进行了大量的研究。

1995 年，范常忠等在复合生态系统理论的基础上，建立了城市生态环境质量评价指标体系及评价标准体系，并运用 Fuzzy 多级综合评价方法建立了城市生态环境质量评价模型对广州、深圳、珠海等 15 个广东省城市的生态环境质量进行了评价。

郑宗清依据生态学理论，采用层次分析综合评价法，对广州市 8 个行政区的城市生态环境质量进行了评价，并将结果分为四类；分析了各类的表现特征及存在的主要生态环境问题，并提出了整治建议。

徐世柱、孙果云以城市生态位理论为依据，对山西省辖市以及行署所在城市的生产位、生活位、环境位三个评价体系参数进行了选择和评价，给出了山西省 10 个城市的生态环境质量综合评价结果。认为城市生态学理论的核心是生态控制论，而生态控制论的基本原则包括生态位原理、生态工艺原理、生态平衡原理。城市生态位大致可分为三类：一是资源利用，生产条件生态位（简称生产位）；二是生活水平生态位（简称生活位）；三是环境质量生态位（简称环境位）。生产位包括城市的经济水平、资源条件、流通能力等因素；生活位包括了公用设施建设、居民物质和精神生活、社会服务等因素，环境位包括了资源消耗、城市污染负荷、环境的污染状况等因素。

于天平、王莉莉通过对辽宁省辽阳市的城市生产指标、生活指标及环境指标的分析，计算出 1990—1995 年各年度的生态环境适宜度及适宜度综合指数，分析其变化规律；并用指标体系预测出 2005 年及 2010 年的生产位、生活位和环境位的适宜度指数，并进行了辽阳城市生态环境质量评价。

王玉秀根据辽宁省 14 个城市的环境、经济、人文等方面的资料，从城市生态系统结构、功能和协调度入手研究了城市的环境生态化综合指数，揭示造成辽宁省各城市生态环境状况恶化的主要因子，提出了控制和预防措施，提供了一套不仅可定性而且可定量（或半定量）考核的指标体系和评价方法。

毕晓丽、洪伟对生态环境综合评价中指标体系的建立及评价方法进行了综述，分析、比较了专家咨询法、层次分析法、灰色关联度分析法、模糊综合评判法，并提出了各自存在的问题和建议。

朱晓华、杨秀春通过徐州市生态环境质量评价工作的开展，论述了进行区域生态环境质量评价的可行性及存在的问题。评价结果认为：该市的生态环境质量在总体上呈现出恶化的趋势；所受到的环境污染状况在总体上呈现出改善的趋势；社会经济发展形势在总体上逐渐减弱。

徐福留、周家贵将模糊聚类与层次分析相结合，提出了城市环境质量多级模糊综合评价法，并将该方法应用于安徽省宣城市的环境质量综合评价。作者认为该方法克服了综合指数法受人为因素影响较大的缺点，较好地反映了环境质量分级界限的模糊性，初步解决了权值分配问题，使评价结论更合理、可靠，是一种有价值的城市环境质量综合评价方法。

仲夏结合马世俊提出的复合生态系统理论，建立了一套较完整的城市生态环境质量评价指标体系；并利用 AHP 层次分析法，结合 Fuzzy 综合多级评价模型，建立了城市生态环境质量评价模型，对沈阳城市生态环境质量进行了评价。

李月辉、胡志斌采用层次分析法，利用 Microsoft Visual Basic 6.0 开发了城市生态环境质量评价信息系统。系统具有数据编辑、打分评价、数据报表和专家支持 4 种主要功能。作者应用该系统对沈阳"九五"末期城市生态环境质量进行了评价。

杨小梦从环境污染的角度进行了城市生态环境评价。选取水体、大气、噪声、酸雨、绿地覆盖率和人口密度作为生态评价因子，运用因子分析法，对深圳市南山区城市生态环境质量进行了综合分析。

徐燕、周华荣认为，生态环境质量评价是一项系统性研究工作，是资源开发利用、制定经济社会可持续发展规划和生态环境保护对策的重要依据。作者对当前生态环境质量评价的标准和方法进行了综述，总结了国内一些有代表性生态环境质量评价指标体系，并分析了生态系统服务功能、生态系统健康评价、可持续发展与生态环境质量评价的关系。

王耕、王利采用模糊综合比较法计算出了生态环境综合分值，并应用 GIS 作为数据处理的空间分析工具，进行了辽宁省朝阳市生态环境质量影响评价。结果证明，GIS 的应用使得城市生态环境质量的评价结果具有直观、形象、动态的特点。

梅卓华、方东建立了反映南京市城市生态环境质量的复合指标体系，并采用因子分析法进行综合生态环境质量评估。结果表明，南京市从 1991 年到 2001 年，城市生态环境质量逐年上升，呈良好发展趋势。

贾艳红、赵军利用综合评价模型对甘肃省白银市生态环境质量进行了评价，为白银市合理协调区域发展与环境保护关系提供了科学依据。

李爱军等分析了生态环境和生态环境质量的内涵，认为生态环境的显著地域性特点决定了不同类型地区需建立相应的指标体，并详细探讨了如何建立特定区域生态环境动态监测与质量评价指标体系问题。

陈彩霞、林建生从城市生态学的角度出发，研究了重庆市生态环境质量综合评价的方法。作者利用因子分析法构建了基于生态结构、生态功能和生态协调度的三级影响指标体系；在此基础上对重庆市的生态环境质量进行了综合评价；结果表明，重庆市1990年到2004年的城市生态环境已由中下水平上升至接近良好水平。笔者认为，他们所构建的指标体系能较真实地反映重庆市的生态环境质量，具有良好的适用性。

梁保平探讨了基于 Mapinfo 的城市环境质量评价研究思路，在明确评价单元划分和评价方法的基础上，以全国各个省区地级以上城市作为分析样本，对城市环境质量状况的综合评价进行了研究。结果表明，Mapinfo 的应用能够将数值计算与图形处理有机的结合起来，使评价工作更加简洁、直观、高效和易于操作。

刘蕾、刘建军以新疆乌鲁木齐等市为例，对城市的生产位、生态位、环境位进行了评估，并对评价结果进行综合分析，以确定城市生态环境质量的优劣，以此反映城市经济发展、人类各种活动和环境保护之间的适宜程度。

胡习英、李海华从城市生态系统空间结构、生态功能和协调度三个方面构建了指标体系，采用多级模糊综合评价法建立了城市生态环境评价模型，并以郑州市为例进行了城市生态环境的现状评价。

吴晓英、李丁采用生态综合指数法和多层次模糊综合评价法对兰州市生态城市建设进行评价。结果表明，兰州市的生态化程度较低，其生态城市建设处于评价等级的第四级，即"较差"水平，但有向"一般"水平发展的趋势。从中可以看出，自然生态环境恶劣、城市环境状况较差和人口结构的不合理是兰州城市生态系统结构中的主要问题。

王平、马立平等与梅卓华所采用的评价方法不同，他们对同一城市的评价采用了不同的指标体系，得出的评价结论却大体相同。他们的评价结果认为，南京市生态环境质量在总体上呈逐步好转的趋势，环境污染状况明显改善，与南京市生态环境的实际状况基本相符。

苏平建立了牡丹江市的城市生态环境评价指标体系、权重体系和评价标准体系，并对牡丹江市 1995—2004 年的城市生态环境进行了评价。

胡秀芳、钱鹏运用模糊综合评价和 GIS 方法对南通市环境质量现状做了综合性评价，完成了环境质量专题区划图，直观地反映了南通地区环境质量总体状况。作者认为，运用基于 GIS 的模糊评价方法进行环境质量评价具有定性、定量与定位相结合的特点，评价结果直观清晰。

徐鹏炜、赵多针对生态环境质量传统评价技术的不足，开展了中小尺度区域 RS 和 GIS 相结合的评价技术研究。建立了生态环境质量综合评价模型，并对评价结果的空间特征进行了分析。结果表明，分级评价的结果基本符合杭州市区生态环境质量现状。

王俭认为，城市生态环境存在的问题是城市生态系统的结构和功能存在问题的反映，作者从目前我国城市生态环境存在的主要问题中选取评价指标，采用综合指数法对哈尔滨市的生态环境质量进行了评价。评价结果表明，2004 年哈尔滨市城市生态环境质量处于中等水平，基本符合该年度哈尔滨市城市生态环境质量的现状。

夏青、梁钰通过对沿海城市社会、经济、资源、生态环境的系统分析，提出了我国沿海城市生态环境评价指标体系设置的原则与方法，构建了沿海城市生态环境的评价指标体系。

杨运琼、王少平基于压力论的城市生态环境质量定量评价模型及应用，从压力源—压力流—压力汇的角度构建了城市生态环境质量评价指标体系，并对上海闵行区的生态环境质量进行了评价。结果表明，闵行区城市生态环境质量的压力源虽然逐年有所增加，但是其城市生态环境质量的支持力则呈现逐年增大的趋势，故闵行区城市生态环境质量总体仍向较为理想的趋势发展。

贺瑶、曾菊新从人居环境研究内容出发，在综合国内外多位学者提出的人居环境评价指标体系的基础上，建立了一套评价武汉市人居环境的指标体系，进一步运用加权求和法对武汉市人居环境进行了综合分析与评价。评价结果认为，武汉市从 1994 年以来人居环境有了很大改善，城市生态环境质量的改善最为迅速，达到 40.9%。

顾爱应用德尔菲法和层次分析法确定评价因子权重，经过评价因子标准化、逐层加权求和，分析了常州市生态环境质量趋势。结果表明常州市城市生态环境质量总体趋好。

徐昕讨论了城市尺度下适用于生态环境质量评价的土地利用分类标准；通过解译中巴卫星遥感影像，结合上海市区（县）的统计资料，进行了土地利用现状分析、专项土地数据分析和城市生态环境质量评价。结果显示：通过计算生物丰度、植被覆盖、水网密度、土地退化、环境质量、污染负荷多项指数，能较全面地衡量城市生态环境质量，上海城市生态环境居全国城市中等水平。

熊鸿斌根据城市生态环境质量评价指标的建立和分析，得出其是一个多层次、多目标的评价体系，选用了模糊综合评价法对其进行综合评价研究，以合肥市为例，结果表明模糊综合评价法能够将复杂多层次评价转化为简单的定量评价，从而能够客观地反映该城市的综合生态环境质量状况，与实际情况基本相符。

刘杨从城市生态容量的角度出发，先通过区域生态承载力与生态足迹的计算比较，来分析城市人口容量存在的问题。再通过对现状各种用地类型赋予不同的生态权重，来计算出能够维持区域生态平衡的可建设用地规模和用地结构，并提出通过生态基底重建实现这一动态指标；认为建设一个生态城市，必须要以该区域的生态承载力为基础，科学确定城市的规模。

李静基于城市化发展和城市生态环境交互耦合的作用机理，将城市化发展体系引入城市生态环境的评价系统中，将其作为生态环境评价的背景参照体系，应用系统相对状态发展度模型，定量测定相对于城市化发展体系的城市生态环境发展状况及变化情况，并以环境优秀城市大连市进行实证研究。

许效天从自然生态环境质量、社会生态环境质量和经济生态环境质量 3 个方面构建了漯河市城市生态环境质量评价指标体系并对城市生态环境质量现状进行了评价。结果显示，漯河市综合生态环境质量中等，评价结果与定性评价结果相符，表明评价指标体系具有较强的科学性和实用性。

李加林以宁波为例，用层次分析法建立了沿海城市生态环境质量动态评价系统，并对宁波市 1995—2004 年的城市生态环境质量进行动态评价。

宁小莉以包头市为研究对象，采用了静态与动态相结合的方法，运用层次分析法从自然环境、经济环境、社会环境三个方面构建指标体系，建立研究模型，定性与定量相结合，分析评价了包头市 1992—2006 年 15 年以来的城市生态环境质量。

最后值得重视的是，万本太等以城市系统可持续性与和谐发展为目标，通过城市系统构成与格局、功能与活力、抗性与协调性等方面的指标，评价了长春、上海、重庆等 7 个城市的生态环境质量。

2.2.2 对评价指标体系构建的研究

生态环境质量评价是根据选定的指标体系和环境质量标准，运用恰当的方法评价某区域生态环境质量的优劣及其影响过程。显而易见，指标是评价的基本尺度和衡量标准，因此，指标体系的构建成功与否决定了评价效果的真实性和可行性。

国内学者在城市生态环境质量评价指标体系和指标的标准值确定方面进行了大量的研究。他们根据被评价城市的具体情况提出了各种各样的评价指标体系，这些指标体系虽然复杂多变，但大体可归纳为以下几大类：从自然环境、社会环境和经济环境方面确定指标体系；从城市生态系统的空间结构、生态功能和协调度三个方面来构建指标体系。以上两类系列是主要的指标体系，此外，也有少数学者根据城市的特殊性提出了从压力源—压力流—压力汇的角度构建评价指标体系；以沿海城市的"陆地与海洋自然环境指数"、"陆地与海洋生态危害指数"和"陆地与海洋生态保护指数"来构建我国沿海城市的生态环境评价指标体系；以环境污染指标和城市绿地指标来构建某一城市的生态环境质量评价指标体系，等等。

指标的标准值确定是城市生态评价的核心内容之一，在生态评价指标确定后，就需要确定各项评价指标的标准值。某些指标，例如：大气环境、水环境、土壤环境等已经有了国家、国际的或经过研究确定的标准，对于这些指标可以直接使用规定的标准进行评价。但是有些指标，例如：人均期望寿命、土地产出率、人均保险费、环保投资占

GDP 比例等并没有一定的标准；而且，有的指标并不呈简单的线性关系，指标并非越多越好或越少越好。例如，人均生活用电越多或人均用水越多，说明生活水平越高，但是从生态学或节能减排的角度看，则应该是越少越好，对于诸如此类指标的标准确定就比较困难。因此，为了适应城市生态环境评价的要求，在实际工作中，往往根据以下几项原则作为制定标准时的依据：①凡已有国家标准的或国际标准的指标，尽量采用规定的标准值；②参考国外具有良好特色的城市现状值作为标准值；③参考国内城市的现状值，作趋势外推，确定标准值；④依据现有的环境与社会、经济协调发展的理论，力求标准值的定量化；⑤对那些目前统计数据不十分完整，在指标体系中又十分重要的指标，在缺乏有关指标统计数据前，暂用类似指标替代。

（1）从自然、社会和经济方面确定指标体系

国内有相当一部分学者认为，从生态学的观点来看，城市是以人为主体的，并且由自然、社会和经济三个子系统构成的复合生态系统。所以，城市生态环境质量评价指标体系理应包括自然、经济和社会三个方面。

郑宗清依据生态学理论，采用层次分析综合评价法，对广州市八个行政区的城市生态环境质量进行了评价，这是国内较早期的城市生态环境质量评价工作。

范常忠等在构建城市生态环境质量评价指标体系时，首先将整个城市生态环境划分出自然生态环境、社会生态环境、经济生态环境三个组成部分，然后逐步向下构造更具体的指标体系。

李月辉、胡志斌根据沈阳市生态环境质量的实际情况，构造了四个层次的评价指标体系，经过专家打分，模型运行计算权重，对沈阳城市生态环境质量进行评价，所选用的指标体系包括了自然、社会和经济三个方面。

贾艳红、赵军在科学性、系统性、稳定性、地域性、实用性、综合性的区域生态环境质量评价指标体系构建原则基础上，确定了甘肃白银市生态环境质量评价指标体系。

喻良、伊武军在评价福州市生态环境质量时所建立的指标体系也是包括了自然、社会和经济三个方面。

仲夏在对沈阳城市生态环境质量进行评价时所建立的评价指标体系的层次结构包括自然生态环境、社会生态环境和经济生态环境三个系统层。在自然生态环境系统层中包括有城市气候、空气环境、水环境、声环境和生物环境五个方面的要素层指标；社会生态环境系统层包括人口因素、基础设施、资源配置、污染控制、社会保险和文化文明六个方面的要素层指标；经济生态环境系统层包括产业结构、生产效率、经济收入和可持续性四个方面的要素层指标，在要素层下面又设有相应的具体指标层。

朱晓华、杨秀春在评价江苏徐州市生态环境质量时所给出的指标体系包括了自然、

社会、污染和灾害四个方面的内容；在此基础上，计算出了徐州市 1990—1999 年生态环境质量综合指数值、质量等级值以及各个评价因子的分指数值。

王平、马立平等在评价南京市环境质量时选取出 20 个主要指标作为评价指标，包括自然环境和社会经济环境两个系统层，是一个 2 类 3 层次的指标体系。从其总体构成来看，既起到总纲的作用，又覆盖了整个生态环境系统的各个方面。

袁留根根据城市生态位理论，对城市的城市生产位、生活位和生态位进行了综合评价，选择了主要的并具有代表性和可比性的评价指标，建立了城市生态环境的评价指标体系，评价了辽宁省城市生态环境质量。

刘蕾、刘建军采用"经济—社会—生态"指标体系，从经济发展水平、社会水平、生态环境质量三个方面评价了新疆乌鲁木齐市、克拉玛依市、石河子市三个重要城市的生态环境质量。

王俭从目前我国城市生态环境普遍存在的主要问题中选取评价指标、评价标准，采用综合指数法评价了哈尔滨市的城市生态环境质量。

许效天从自然生态环境质量、社会生态环境质量和经济生态环境质量三个方面构建了城市生态环境质量评价指标体系，综合评价了河南漯河的城市生态环境质量现状。

（2）从城市的生态系统结构、功能和协调度确定评价指标体系

国内另外一部分学者认为，进行城市生态环境质量评价工作的目的是要协调城市发展与环境的关系，保护和改善城市环境质量，实现城市生态系统平衡，建立一个结构合理、功能高效和关系协调的城市生态系统。因此，在选取指标时应该从城市的空间结构、功能和协调度三个方面进行考量。

王玉秀等在评价辽宁省 14 个城市生态环境时选取了结构、功能、协调度 3 大项 26 小项评价指标。

李静对城市生态系统按照生态系统的结构、功能和协调度三个方面构建了指标体系，并侧重于社会生态环境评价。

陈彩霞等在评价重庆市生态环境质量时建立了具有四个层次结构的指标体系，一级指标包括了城市生态系统结构、功能和协调度。

宋永昌等在其专著《城市生态学》中提出，城市生态评价的指标体系有三级，一级指标为结构、功能、协调度；二级指标包括人口结构、基础设施、城市环境、城市绿化、物质还原、资源配置、生产效率、社会保障、城市交通、可持续性十个方面；三级指标包括 30 个。

吴晓英、李丁评价了兰州市的生态环境质量，他们所建立的兰州市的生态环境质量评价指标体系也包含了结构、功能和协调度的内容。

梅卓华等采用了不同的评价指标体系，所得的评价结果相似。该体系包括四个层次结构，其中的一级指标包括了城市生态系统的结构、功能和协调度。

胡习英、李海华在评价郑州市的城市生态环境现状时认为，城市生态环境指标体系的确定应从城市生态系统的空间结构、生态功能和协调度三个方面来构建指标体系，而这每个方面又包含各自的组成因子，从而构成一个含有四个层次的复杂的指标体系。

（3）其他评价指标体系

①我国沿海城市的生态环境评价指标体系

夏青、梁钰认为，沿海城市的生态环境是一个诸多社会、经济、技术、自然等要素相互作用、协同耦合的过程。这就决定了区域的生态环境评价的目标是多元的，故应根据沿海城市生态环境的特点和规律，提出我国沿海城市生态环境评价指标体系。这套指标基本上可由沿海城市生态环境系统的"陆地与海洋自然环境指数"、"陆地与海洋生态危害指数"和"陆地与海洋生态保护指数"来体现，也就是说，这三方面的内容构成了沿海城市生态环境状态度是否适宜的三个判定准则，这三个准则又分别由社会、经济、技术、资源与环境五大系统的具体指标来反映。因此，他们提出了一套四级叠加，逐层递归，相对完备的综合评价指标体系。

②突出主要生态环境因子的评价指标体系

王耕在基于 Mapinfo 评价研究辽宁朝阳市城市生态环境质量时认为，相当一部分学者在构建指标体系时都力求从自然、社会、经济等多方面因子来考虑，以便尽可能全面地反映城市生态环境的特征。但从另一角度讲，这种做法又不同程度地影响了主要生态因子的作用。实质上，人对生态环境的直接感应主要是针对自然因素的，它们才是城市生态环境的主要标志。因此，他们在选择指标体系时以突出主要生态环境因子为目的，力求使指标简练和具有代表性。

③基于城市生态环境质量压力论的评价指标体系

杨运琼、王少平主张用城市生态环境质量压力论评价城市的生态坏境质量。认为一切城市生态环境质量问题的本源来自于人类需求的压力，因此，城市生态环境质量评价指标体系可从压力源、压力流、压力汇三个方面来构建。压力源指人及其需求的变化，包括人口数量、需求现状及其预期；压力流指连接源汇之间的生态系统、经济系统的调控，包括发展速度、经济效率、生态保护和环境保护的投入、教育、技术进步；压力汇指资源及其支撑能力，包括资源总量、质量、耗竭量、循环量、再生量，资源开发供给能力、环境容量、承载力等。

④使用城市生态环境质量评价指数建立评价指标体系

万本太等从城市生态系统结构、城市生态效能与城市环境各个方面出发，提出了采用生态服务用地指数、人均公共绿地指数、物种丰富指数、非工业用地指数等 10 类城市生态环境质量评价指数建立了城市生态环境质量评价指标体系。在此基础上，评价了青岛、上海、长春等 7 个城市的生态环境质量。该研究提出的 10 类生态环境质量评价指标，突出了城市生态的自然、生物背景，同时强调城市生态功能、自我维持能力与效能。

2.2.3　对评价模型与评价方法的研究

城市生态环境质量综合评价指标体系的复杂性决定了其评价方法必须采用复杂大系统的理论和综合集成的方法进行，即通过分解协调原则，在定性分析下结合定量分析，将自然科学与社会科学、软科学与硬技术、现代方法与传统方法结合起来评价。

由于评价目的不同以及所评价区域环境条件的差异，评价的方法也是多种多样的。国内目前应用较多的生态环境质量评价方法主要有以下几种。

综合评价法：综合评价法是进行生态环境质量综合评价中运用得较多的一种方法，此法的具体应用是层次分析法（AHP 法），是将定量分析与定性分析有机结合起来的一种系统分析方法。

指数评价法：指数评价法是从监测点的原始监测数据统计值与评价标准之比作为分指数，然后通过数学综合作为环境质量评定尺度。近几十年来，这一方法在环境质量评价中得到了广泛的应用，并有了很大的发展。早期国外应用的指数法有美国的 NWF 环境质量指数和加拿大的总环境质量指数（EQI）等。目前最常用的是综合指数法，这种方法，可以体现生态环境评价的综合性、整体性和层次性。

模糊评价法：环境质量具有精确与模糊、确定与不确定的特性，所以环境质量评价中又引入了模糊评价方法。常用的模糊评价法有模糊综合评价法、模糊聚类评价法等。

人工神经网络评价法：由于人工神经网络有类似人的大脑思维过程，可以模拟人脑解决某些模糊性和不确定性问题的能力。因此，可利用人工神经网络对已知环境样本进行学习，获得先验知识，学会对新样本的识别和评价。国内有学者将人工神经网络 B-P 模型应用于环境质量评价。该法不需要对各评价指标权值大小做出人为规定，在学习过程中会自动适应调整，评价结果具有客观性。另外，B-P 网络可以根据不同需要选取随意多个评价参数建立环境质量评价模型，故具有很强的适应性。

除了上述主要的评价方法外，人们还探讨了一些其他的评价方法，如：物元分析法、评分迭加法、密切值法、景观生态法、主分量法、灰色评价法、秩和比法（RSR）等。不过，这些评价法往往仅适用于特定场合，其应用受到一定限制。

应当指出的是，每一种评价方法都具有其优点和局限性，这些评价方法大部分仍然是定性的、小范围的，至今还没有一个统一的评价方法，这里重点介绍三种评价方法。

（1）层次分析法

针对城市生态环境系统具有多层次结构的特点，常采用层次分析法评价城市生态环境质量。层次分析法是综合评价指数法中常用的一种，由于它具有高度的逻辑性、系统性、简洁性与实用性的特点，且较为成熟，所以是应用得非常广泛的评价方法。

层次分析法，又称多层次权重分析决策法（简称 AHP），是在结构模型的基础上，通过矩阵形式的演算，使定性分析和定量分析相结合的一种评价方法。此法是通过系统分析把复杂问题分解成有序的递阶层次结构。其基本原理是：将评价系统的有关方案的各种要素分解成若干层次，并以同一层次的各种要素按照上层要素为准则，进行两两判断比较并计算出各要素的权重，根据综合权重按最大权重原则确定最优方案。其基本步骤如下：①确定生态环境质量评价因子，进一步分析各因子之间的相互关系，以构成有序的多层次指标体系；②在专家对每一层次的各因子评分的基础上，对每一层次的因子逐对比较，按照核定的标度定量化后，建立数学矩阵模型；③根据矩阵计算出每一层次全部因素的相对重要性的权数，并加以排序；④根据各个评价因子的权重值与各个评价因子的无量纲化值进行评价结果的加权计算。

在我国，层次分析法也是学者们使用得最多的评价方法，例如：

陈彩霞等在综合评价重庆市生态环境质量时，就曾采用层次分析法确定指标的权重。

仲夏提出了比较完整的评价指标体系，并对各指标赋予了比较合理的权重，最后，利用 AHP 层次分析法，结合 Fuzzy 综合多级评价模型，建立了城市生态环境质量评价模型评价了沈阳市的生态环境质量。

李月辉、胡志斌根据层次分析法原理以及评价的性质和要达到的总目标，将沈阳市的生态环境质量系统分为四个层次，形成了一个多层次的分析结构模型，并且最终把系统分析归结为最底层相对于最高层的相对重要性权值的确定或相对优劣次序的排序问题。

王平应用层次分析法计算了南京市 2000—2004 年生态环境质量综合指数、质量等级以及各个评价因子的分指数。

杨秀春、朱晓华应用层次分析法，从自然环境、灾害、环境污染和社会经济四个方面确定评价因子，建立了生态环境评价体系，从城市生态发展的角度评价了徐州市的生态环境质量。

李加林用层次分析法建立了沿海城市生态环境质量动态评价系统，并对宁波市1995—2004 年的城市生态环境质量进行动态评价。

（2）模糊综合评判法

模糊综合评判是应用模糊变换原理和最大隶属原则，考虑与被评价事物相关的各个因素，评价模糊系统的一种综合评价方法。它是以模糊推理为主，定性与定量相结合、精确与非精确相统一的分析评判方法，常被用于资源与环境条件评价、生态环境评价等模糊现象、模糊概念与模糊逻辑问题的研究。

生态环境质量的优劣是一个模糊概念，各环境因素的分级标准本身也具模糊特征，所以采用模糊综合评价方法对环境质量进行评价，可利用模糊数学中的多层次综合评价原理，建立相对科学、切实可行的综合评价数学模型，从而克服"综合指数法"中的人为清晰化的不足。

在进行模糊综合评价时，首先要建立各个要素的因素集和评价集，同时确定隶属函数，建立模糊关系矩阵，确定加权模糊向量，进行单要素的模糊复合运算；再进行多要素模糊综合评价，用所有单要素的评价结果构成总的模糊关系矩阵，最后进行模糊运算，根据最大隶属原则确定城市生态环境总的评价结果。

徐福留等将模糊聚类与层次分析相结合，提出了城市环境质量多级模糊综合评价法，并将该方法应用于安徽宣城市环境质量综合评价。结果表明，该方法克服了综合指数法受人为因素影响大的缺点，较好地反映了环境质量分级界限的模糊性，并且较好地解决了权值分配问题，使评价结论更合理、可靠，是一种有价值的城市环境质量综合评价方法。

胡习英、李海华认为，在城市环境生态评价中存在着大量不确定性因素，所以，应选用模糊综合评判法来进行城市生态环境综合评价。作者依此法评价了郑州市的生态环境质量。

此外，还有众多学者在城市生态环境评价方面进行了不少有益的探索，例如：刘春莉（2003）从探索城市生态环境评价的方法入手，提出了一些新的评价方法，如：运用物元可拓的方法建立生态环境质量评价模型，并且用该方法对土壤环境质量进行评价；赵秀勇、缪秀波（2001）利用生态足迹分析方法计算城市的生态足迹和生态承载力，对城市进行了生态环境评价，等等。

（3）应用 3S 高新技术建立全面的城市生态环境评价体系

生态环境评价离不开生态环境信息的采集和处理，而 85% 以上的生态环境信息与空间位置有关。城市生态环境质量的综合评价工作，就是在分析、归纳大量环境调查和监测资料的基础上通过各种生态环境质量评价方法与模型的计算，找出研究区域的主要生态环境问题，指出环境质量的发生、发展与空间分布规律。要解决这个问题，依靠传统的生态调查方法和限于局部环境及相互分离的评价方法显然是远远不能满足要求的，寻求能够从更大的空间尺度上调查与评价城市生态环境质量、建立指标体系，提出评价模式，建立生态环境质量评价系统已成为当务之急。近年来，生态学、生态经济学、景观生态学、生物多样性保护理论的发展和完善，已为人类认识宏观环境提供了先进的理论和思想，为开展大尺度的区域生态区划与生态环境质量评价提供了可度量的技术与方法。

20 世纪 80 年代以来，随着计算机的普及，一些先进技术开始应用于环境科学领域，例如 3S 技术，即遥感技术（RS）、全球定位系统（GPS）、地理信息系统（GIS）就在生态环境研究方面得到了应用，为认识和管理生态环境提供了崭新、有效的手段。1989 年美国国家环保局选用 ARC/INFO 进行了大量科学研究和应用，范围覆盖环境质量影响评价、地下水保护、点源和面源污染分析及环境管理等方面。1990 年以后，国外的环境质量评价无论是方法还是技术上都取得了飞速发展，从评价手段来看，目前在国外广泛应用于环境研究领域的 GIS 在国内还很少用在生态环境质量评价上。因此，GIS 在解决生态环境评价过程中的一系列数据处理、图层控制等问题的优势，是值得我们探讨和研究的。

将 GIS 技术应用于城市生态环境质量评价，可以使得评价结果具有直观、形象、动态的特点。把各区域不同的环境质量状况以图形的方式显示表达，可以实现空间几何的分析，特别是在评价单元上处理更加灵活和合理。遥感与地理信息系统相结合的评价技术是中小尺度区域生态环境质量调查和评价的有效手段，具有数据获取相对容易，信息丰富、客观、分析快速的优点，同时可实现全空间区域的定量表达。

随着环境科学研究的不断深入，遥感技术和计算机技术被广泛应用到环境评价研究中，逐渐实现了评价工作由定性向定量化的发展。国内在这方面较早期的工作可见于马吉平等（1997）的有关研究，他们对 RS、GIS 及 GPS 技术在城市热环境调查分析中的作用和此次试验的技术步骤及关键性技术处理进行了论述，并对调查结果进行了深入的分析。

此后，成筠、徐泮林（2007）的研究根据 GIS 开发设计中原型法的思想，以结构化系统分析为主要技术路线，利用面向对象技术和组件技术，用可视化编程语言 Visual Basic 和 GIS 控件 MapObjects 开发了城市生态环境质量评价系统。该评价系统所采用的评价指标体系建立了一套包括城市生态系统压力、生态系统状态和生态系统响应三方面的较为全面反映城市生态环境质量的评价指标体系，主要数据来自卫星遥感影像的解译结果，且采用了目前流行的、先进的 GIS 组件技术——Com GIS 和数据库访问技术——ADO 对象模型，建立了一个相对完整的城市生态环境质量评价系统，以实现对城市景观生态环境质量的实时和动态评价。

梁保平等也在使用 Mapinfo 地理信息系统工具评价城市生态环境方面进行过有益的尝试，他们使用该法评价了全国省域城市的生态环境质量。以 Mapinfo 为代表的地理信息系统是集计算机技术、地理学、环境科学、信息管理等多学科为一体的基础性工作平台。与传统的分析方法相比，它能够将数值计算与图形处理有机地结合起来，实现了评价过程的系统化和自动化，使评价工作更加简洁、直观和易于操作，因此被越来越多的环境研究人员所接受和采用。

由此可见，随着 3S 技术的发展，以及关于城市生态系统健康和城市生态系统服务的研究不断深入，城市生态环境评价的时空尺度拓展和科学理论的发展已逐步成为可能。

王耕、王利在应用模糊综合比较法计算出生态环境综合分值后，也以 GIS 作为数据处理的空间分析工具，进行了辽宁朝阳市的城市生态环境质量评价。他们利用地理信息系统 Mapinfo 与面向对象编程工具 Visual Basic 制作出基于地理信息的生态环境质量评价图，将生态环境质量评价等级图和生态环境影响图直接加以城市功能分区图上，使所有信息可视化、地图化。基于 GIS 的城市生态环境质量评价图能够直观地把各区域不同的环境质量状况体现出来：作者用不同颜色来表示不同的质量级别，通过颜色深浅可直观判断哪里的生态环境质量好，哪里的生态环境质量差，而且根据各区域污染源分布及绿地多少，很容易找出生态环境质量好坏的原因。可以将用这种方法制作的城市生态环境质量评价图赋予底图之上，便可对城市进行中长期生态环境质量预报。

胡秀芳、钱鹏通过对江苏南通市环境质量数据的分析，运用模糊综合评价和 GIS 方法对南通市环境质量现状做了综合评价，完成了环境质量专题区划图。作者认为，运用基于 GIS 的模糊评价方法进行环境质量评价具有定性、定量与定位相结合的特点，评价结果直观清晰。最终评价结果的二维可视化是依靠 GIS 专题制图的功能来实现的。其最终评价结果的可视化可通过生成研究区环境质量分级图来具体实现。

徐鹏炜、赵多针对生态环境质量传统评价技术的不足，开展了中小尺度区域 RS 和 GIS 相结合的评价技术研究，评价了杭州市生态环境质量现状。他们将研究区域和评价单元网格化，由 RS 和 GIS 技术获取生态环境空间数据，选取自然环境条件、环境质量、自然景观格局和城市化影响 4 大类共 11 个指标为评价指标。以遥感影像作为主要数据源，在地理信息系统技术的支持下，并利用 CIS 空间分析技术将环境污染常规监测数据和社会经济统计数据同化到小网格评价单元进行综合评价。分级评价结果基本符合杭州市区生态环境质量的现状。

近年来，国内对生态环境质量评价已逐渐由静态转向动态。例如，彭补拙等提出用动态的观点进行环境综合质量评价，马荣华等应用遥感和地理信息系统技术，进行海南岛生态环境质量分析评价。

全面的城市生态环境质量评价系统是一个庞大的系统，对于这样一个复杂系统，只有借助于 GIS、RS 等当今高技术领域方能实现。借鉴集成系统的经验，并得到各专业领域专家的支持，才能建立起一个真正发挥作用的城市生态环境质量评价系统，为城市的经济发展更好的服务，建立城市资源、环境与人类生存和可持续发展模式。因此，尚有许多问题有待探讨，如遥感图像的自动解译，不同时相、不同来源的空间数据叠加、比较等问题都有待进一步研究。当前，利用 3S 等高新技术建立一个全面的城市生态环境监测与评价体系，已成为世界各国研究和关注的课题。如何利用不同时相的多种空间信息源形成一套从宏观到微观的城市生态环境监测与评价应用模式，是亟待解决的问题。

综合以上的研究成果可以看出，由于生态过程中驱动因子的变化，生态变化的因果关系，空间尺度的扩展等皆会造成生态过程的迟滞效应。这就要求生态系统综合评价必须基于长期的生态研究，对城市生态系统的现状及未来变化趋势作出正确的估计。当前，各国城市生态系统研究特别注重城市各种自然生态因素、技术物理因素和社会文化因素耦合体的等级性、异质性和多样性；注意城市物质代谢过程、信息反馈过程和生态潜能过程的健康程度；以及城市的经济生产、社会生活及自然调节功能的强弱与活力，其中，生态资产、生态健康和生态服务功能等均为当前城市生态系统研究的热点。

2.3　城市生态环境质量评价研究中存在的问题

总体来看，虽然我国已有城市开展生态环境质量评价方法和指标体系研究，但一般都是根据实际需要，结合评价区域现状进行的定性和小范围的工作。至今尚无统一的城市生态环境质量评价的方法和指标体系。

从目前已开展的研究状况来看，城市生态环境质量评价尚存在以下几方面的不足。

①城市生态环境质量评价体系核心指标选择认识差别较大，大都局限于城市理化环境或社会经济部分指标，缺乏以生态系统理论为核心的理论框架支撑

评价指标体系是城市生态环境质量评价的核心内容，如何科学地选择评价指标是城市生态环境质量评价研究的技术关键。由于城市生态指标数据的缺乏，导致以往的研究重点关注理化环境指标，而非生态系统。"生态系统"是不同于"环境"的术语，前者用来强调注重土地、水和生物资源的重要性，后者包含人类健康、能源利用、资源开采和废物管理等问题。本研究之所以强调生态系统，是因为它对环境和经济政策都具有重要影响，并可以补充相关的环境状况。

②对各评价指标没有建立完整、统一的指标、权重体系和评价标准

目前已开展的城市生态环境评价研究建立的指标体系，如单一指标体系、综合核算体系、菜单式多指标体系等，普遍存在指标选取的层次、尺度不一，建立的指标体系不够严密、完整，选择的指标过多、结构复杂、体系庞大、不便应用、指标的信息不易量化、数据不易获取、可操作性不强、无法满足评估指标重要信息及数据的需求等问题。并因各指标权重值和评价标准的确定存在一定难度；大部分指标权重的赋值较主观，特别是针对我国不同区域的城市灵活性差，使研究结果往往不能适用于大部分城市而无法应用

于比较分析。

③评价方法趋于多样化，但方法的适用性不一，存在较大的差异

以前一般采用"算术平均"或"几何平均"的评价方法，用这些方法来解决城市复合生态环境系统精度不够。目前常用的评价方法主要有综合指数评价法、专家评价法、主分量分析评价法、模糊数学评价法、层次分析法等。但有的评价方法专业性太强，操作太繁琐；有的评价方法，原始数据难以获取，或所需费用太高，实际工作难以开展。

④评价结果多采用单一指数的数据说明，不能直观展示成果，无法体现与数据的可视化结合

目前的研究成果表达多采用数据形式，表现简单、单调、信息量少，且不够直观，不能满足系统信息内容和生态环境质量评价成果与管理需求的应用功能，缺乏综合性、实用性、动态性、开放性、实时化、可视化、网络化等。

总之，目前已开展的城市生态环境质量评价中尚存在指标选取尺度不一，建立的指标体系不严密，权重体系与评价标准不完整；或指标的信息不易量化，数据不易获取，可操作性不强；或结果显示抽象等问题。因此评价结果尚不能为管理和决策部门提供有效的技术支撑。

2.4 小结

本章介绍了城市生态环境质量评价的研究进展，分析了国内外开展城市生态环境质量评估的技术研究过程和探索的方式方法。重点分析城市生态环境质量评价指标体系的建立问题，指出国内外城市生态环境质量评价体系的发展趋势和存在的局限性，以及我国需要尽快研究城市生态环境质量评价指标体系的迫切性。

第3章 城市生态环境质量指标体系的建立

3.1 指标体系构建

3.1.1 指标体系构建特点

城市生态系统是一个以人群为核心，包括生物、非生物和周围自然环境以及人工环境相互作用的复杂系统，单一要素的分析不能全面系统地反映一个区域的生态环境特征。城市生态环境质量综合评价的目的就是系统地了解所关心区域的生态环境质量，即通过对城市生态环境中的总体或部分要素的组合体，对人类生存及社会经济持续发展适宜程度的度量，以及城市化对生态与环境影响程度的整体性分析，揭示城市生态环境健康状况，找出区域的主要生态环境问题，指出环境质量的变化发展与空间分布规律，以保障城市生态系统的可持续性。

城市生态环境质量评价的主要任务是在分析、归纳大量环境调查和监测资料的基础上，了解评价区域生态系统构成要素的条件状况、变化及其趋势；设置构建适当的评价指标体系和评估标准，运用恰当的方法评价某区域生态环境质量的优劣及其影响的过程；不仅能够使决策者与公众等明确城市生态环境质量的基本状况，而且找出城市生态环境质量出现变化的内在原因，并由此制定相关对策，供生态保护与生态恢复管理与决策者使用。

由此可见，生态环境质量评价指标是评价生态环境质量的基本尺度和衡量标准。因此，指标体系的构建成功与否决定了评价结果的真实性和可行性。从生态学的观点来看，城市是以人为主体的，并且由自然、社会和经济三个子系统构成的复合生态系统。所以，城市生态环境质量评价指标体系理应包括自然、社会和经济三个方面。本书关注的重点是生态系统，即在某一限定区域内互相作用的生物有机体和它们生存的无机环境，强调土地、水和生物资源的重要性，并结合城市空间格局和环境状况，构建城市生态环境质量评估的核心指标体系。

3.1.2 评价类别划分

以人类活动为主的城市化过程对生态环境的影响主要是通过土地利用活动改变地表覆盖类型与性质，进而影响到区域生态系统内部结构与功能。土地利用作为最主要的作用方式，反映了人与自然相互影响与交叉作用最直接、最亲密的关系，日益成为事关生态环境和谐的最重要因素。近年来随着研究领域的拓展，土地利用与生态环境关系的研究也不断深化，并在全球尺度上取得较大进展，其研究成果也在各个领域得到了广泛应用。

土地利用与生态环境关系作为人与自然关系的缩影，是人类社会生存与发展的基础，也是人与自然和谐共生的关键。人类的生存发展史也是人类对土地的利用史，而人类对土地的利用过程也是人类对生态环境的干预过程。可见，土地利用是生态环境变化的重要动力，生态环境变化则是土地利用的累积性结果。土地是城市存在与发展的基本资源和环境，土地利用反映了城市化进展和社会经济活动的特征，也体现了城市生态环境质量的变化。

土地利用是由自然生态系统和人类社会经济系统复合而成的生态经济系统，而生态环境恰恰是构成人类社会生存与发展条件的各种生态因子与系统环境的综合。两者之间存在着复杂的、非线性的动态耦合关系，任何单一的、静态的分析方法都不能真实地描述两者关系的真实性。因此土地利用与生态环境变化评估体系应与国家城市土地利用分类体系或其他分类体系兼容，划分城市生态环境质量评价单元体系，只有简单明了、易于理解、定义明确、系统性强、易于通过遥感调查识别等优点，才能更好地为生态质量评价服务。

我国1984年发布的《土地利用现状调查技术规程》规定了土地利用现状分类及含义，土地利用现状调查和集体土地所有权调查应用的是土地利用现状调查的土地分类体系。1989年9月发布《城镇地籍调查规程》规定了《城镇土地分类及含义》，城镇地籍调查及村庄地籍调查应用的是城镇土地分类体系。随着社会主义市场经济的发展和新修订的《土地管理法》的颁布实施，为适应经济发展和法律的要求以及科学实施全国土地和城乡地政统一管理的需要，需要进一步明确农用地、建设用地和未利用地的范围，对原有土地分类体系进行适当调整和衔接。为此，在两个现行土地分类基础上，国土资源部于2001年8月21日下发了"关于印发试行《土地分类》的通知"，制定了城乡统一的全国土地分类体系，并于2002年1月1日起在全国试行。

目前，我国土地分类体系的基本框架如下。

①采用三级分类体系。

②一级类设3个，即《土地管理法》规定的农用地、建设用地、未利用地。

③二级类设 15 个。由耕地、园地、林地、牧草地及其他农用地五个地类共同构成农用地；由商服、工矿仓储、公用设施、公共建筑、住宅、特殊用地、交通用地（除农村道路）和水利设施用地共八个地类构成建设用地；未利用地（除田坎）和其他水域共同构成未利用地。

④三级地类设 71 个。

具体分类的名称及含义见附件 2。

3.1.3　评价分类

城市生态类型分类方法在我国目前还处在研究阶段，构建城市生态环境质量评价体系的工作刚刚起步，尤其对于以城市土地利用分类方法为基础，建立城市生态环境质量综合评价体系中的分类尚属首次。鉴于城市生态环境质量评价的研究工作目的和调查时空，我们编制的城市生态质量评估体系的分类涵盖了我国城市现有的土地分类类型，其对应关系如表 3-1 所示。

表 3-1　城市生态环境质量评价分类

分类	范围	与《全国土地分类体系》中的对应项
人工生态子系统	包括居住、商服、工矿仓储、交通运输、公共设施建筑及特殊用地等	第 2 类建设用地，包括 21 ～ 28 八个二级类
水域生态子系统	包括河流、湖泊、滩涂、苇地、湿地、水库等在内的城市水域	第 1 类农用地的二级类"15 其他农用地"中的"坑塘水面"、"养殖水面"；第 3 类未利用地的二级类"32 其他土地"
陆域生态子系统	包括耕地、园地、林地、牧草地及荒草地、盐碱地、沙地、裸土地等	第 1 类农用地的二级类 11 耕地、12 园地、13 林地、14 牧草地及 15 其他农用地（其中的"坑塘水面"、"养殖水面"除外）；第 3 类未利用地的二级类 31 未利用地

因此，城市生态环境质量指标体系的建立，是在描述城市土地利用、水和生物资源的重要特征和趋势的基础上，重点集中在城市三个主要生态系统类型，即城市人工生态系统、水生生态系统和陆域自然生态系统。

①城市人工生态系统：由建设用地包括居住、商服、工矿仓储、交通运输、公共设施建筑及特殊用地等形成的。建设用地是城市社会经济赖以发展的物质基础，一般是指直接用于城市建设和满足城市生产、生活、交通、游憩等功能要求，并具有较好功能相关性的用地。

②城市水生生态系统：由农用地、未利用地两大类中的河流、湖泊、水库、坑塘、苇地、滩涂、湿地、沟渠、水工建筑物等水域生物物种、种群、群落共同组成。

③城市陆域自然生态系统：由农用地、未利用地两大类中的耕地、园地、林地、牧草地及荒草地、盐碱地、沙地、裸土地等陆域生物物种、种群、群落共同组成。

3.1.4 评价范围划分

根据国家建设部门现有的有关规定，我国城市市域范围概念的界定是：

①城市地区：包括城区、郊区和市辖县、县级市。

②城市市区：包括城区、郊区，不包括市辖县、县级市。

③城市建成区：实际已成片开发建设、市政公用设施和公共设施完备、具备了城市居住条件的区域。

本书选择城市市区作为评价范围，即以城市建成区为主，兼顾与建成区关联的周边生态环境。

3.2 指标体系设置原则

建立城市生态环境质量的评价指标体系，应重点分析城市资源要素和技术要素对生态环境质量的影响，从而选取影响和反映城市生态环境质量的代表性指标。采用的指标应能够准确地反映城市生态环境的现实状况和生态环境质量的具体表现。为此，指标体系的建立应遵循如下基本原则。

（1）科学性

科学性是指标体系建立的基础。每个指标应是独立的、相对稳定的，能够反映城市生态系统的组成成分，能够反映指标之间的相互联系，能度量生态环境质量的优劣，最重要的是指标具有可获取性。

（2）独立性和综合性

组成生态环境的各个要素其结构和功能是不同的，影响生态环境质量的作用因子也是不同的，因而指标体系应能反映各要素或子系统的结构与功能差异，确保能够进行子系统或单项要素的分析。同时，也需要选取反映生态环境质量的各要素指标，以利于综合分析。

（3）动态性

由于经济社会迅速发展，技术水平不断提高，而城市生态环境就是在生态系统与不断变化的社会系统相互作用、相互依存中发生变化的。因此，选取的指标应能反映这种变化的动态性特点。

（4）前瞻性

利用指标体系进行综合评价，不仅要反映城市目前的状况，并且应能够表述过去和现状生态各要素之间的关系，力求使每个设置指标都能够反映城市生态系统的本质特征、时代特点和未来取向。

（5）实用性

①指标简化，方法简便。评价指标体系要繁简适中，计算评价方法简单易行。

②数据易于获取。评价指标所需的数据易于采集，无论是定性评价指标还是定量评价指标，其信息来源渠道必须可靠，并且容易取得。否则，评价工作难以进行或代价太大。

③整体操作规范。各评价指标及其相应的计算方法，各项数据都要标准化、规范化。

④应用性广。中国城市生态环境系统极其复杂和多变，因此选择的指标应具有共性与特殊性相结合的特点。

3.3　评价指标的选择

3.3.1　指标的构成

国内外文献对城市生态系统评价应包含的指标并没有达成统一共识，主要是从城市生态环境、经济和社会等方面构建指标体系，缺乏从生态系统的特征、生态系统结构和功能的完整性、生态系统的稳定性、生态系统的可持续利用能力等不同层面构建生态系统评价指标体系。

本书以城市三大生态类型为评估对象，包含城市人工与自然生态系统，即人工生态子系统（建筑、房屋、工矿、道路和绿地等）、水域生态子系统［河流水面、湖泊水面、水库水面、坑塘水面（鱼塘）、苇地、滩涂、湿地、沟渠、水工建筑物等］和陆域生态子系统［自然保护区、风景名胜区、郊野公园、森林公园、水源地保护区、耕地、园地、林地（苗圃）、风景林地、牧草地等］。根据各类生态系统的主要特征，将我国城市生态环境质量评估指标分为四类。

①空间范围和模式的指标：用于描述生态系统的面积或长度等，以及在空间形态上如何交织。例如：湿地面积、河流的长度、邻近住宅区的农用地。

②环境化学和物理特性的指标：用于描述营养物质、碳、氧、污染物和主要的物理特性。例如：水域的氮含量的迁移和循环，土壤侵蚀问题。

③表征生物组成的指标：用于提供植物的状况、动物的生活栖息地等信息。例如：濒临灭绝的物种，物种在非原栖息地分布的百分比。

④人类利用和服务功能的指标：用来提供食品和服务的信息，人类从自然界获取的

东西和利益，即"自然生态系统的服务功能"。例如：水源涵养量、户外娱乐等。

依据上述生态系统特征，描述我国城市三个重要生态类型（人工、水域和陆域生态系统）变化的状态，反映城市大范围的生态趋势，使得它们与各类环境问题都相互关联（表3-2）。

表3-2　城市生态环境状况的特征及指标

城市生态环境状况特征	衡量指标
（1）空间格局	
范围	一个生态系统范围或土地覆盖范围。土地覆盖范围是生态系统最为基本的特征——覆盖范围的增加或减少意味着生态系统提供的产品和服务的获得与丢失
斑块和景观格局	组成一种类型生态系统斑块的形状和大小。这些特征能很大程度地影响系统对产品和服务的供给
（2）环境物理化学状态	
营养元素、碳、氧	不同生态系统中氮、磷、氧和碳的含量。氮和磷是植物的重要营养盐，但如果过量输入也会引起水质问题。碳贮存库也是讨论全球气候变暖时的主要考虑因素。河流、湖泊和沿海水域的溶解氧是鱼类和其他动物生存所不可缺少的
化学污染物	有多少合成化合物和重金属存在于生态系统中以及它们超出标准允许值或者阈值。（对于城市和郊区，也包括臭氧等的空气污染物）化学污染物通过对植物和动物的作用破坏影响生态系统的平衡以及人类的健康
物理条件	生态系统的主要物理构成是什么？如水体的温度或者土壤的盐渍化。生态系统中植物和动物的生长发育适应于一定的物理条件，物理条件的改变将对其产生影响
（3）生态生物组成	
植物和动物	本地动植物物种和外来动植物物种在生态系统中的状况。人们深切关注野生动植物，系统中动植物的生长情况能更广泛地反映整个生态系统的状况。外来物种可破坏生态系统甚至造成重大的经济损失
生物群落	反映都市区域现有植物和动物群落状况，濒临灭绝的或已经灭绝的"原始"脊椎动物和维管植物的比例等
生态生产力	植物在土壤和水体中的生长趋势，植物生长量的变化可能是整个生态系统状况改变的重要信号
（4）生态系统服务功能	
食物、纤维物质和产品	随着时间的推移，主要的生态系统提供产品的数量和质量。生态系统提供的产品能满足人类很多重要的需要，对国民经济的发展也具有重要意义
消遣娱乐等其他服务	人类常参加户外的娱乐消遣活动，自然生态系统提供的其他服务如土地建设、防洪等，尽管这些服务是无形的，但这些服务对生态系统本身以及人类都具有重要意义

基于以上分析，参考现有生态环境质量评估研究的指标体系，从四个方面表征整个系统的质量特性，对指标数据初选后，形成以下四个指标集，见表3-3（1）～表3-3（4）。

表 3-3（1）　城市生态系统——空间格局指标集

人工生态子系统	水域生态子系统	陆域生态子系统
人口密度	水面覆盖率	基本农田保护区面积比
流动人口数	水网密度	公园占城区面积比例
建成区扩展强度	人均水资源占有量	景观多样性指数
人均建设用地	人均水域面积	人均生态用地
建成区容积率	优良水体面积率	景观破碎度指数
透水面积率	湿地面积率	生态用地比率
植被覆盖率	硬体化河道比例	农、林、园地植被覆盖率
商住公共用地比率		受保护地面积 / 市区面积
人均住宅建筑面积		生态景观（斑块和格局）
人均机动车保有量		开发引起的破碎化和小型化
道路面积率		
道路密度		
绿地面积率		
工矿用地面积比率		
设计有非机动车道或人行道的公路里程数占总公路里程数的比例		

表 3-3（2）　城市生态系统——环境特征指标集

人工生态子系统	水域生态子系统	陆域生态子系统
年均气温相对历史年均气温的变化幅度	水质综合污染指数	空气优良区域比率
年最高气温相对历史年最高气温的变化幅度	污水收集率	土壤、农作物污染指数
酸雨频率	河流污径比	臭氧浓度指数
人均碳排放量	水体营养状况指数	土壤环境质量状况
灰霾天气发生率	COD 排放强度	荒漠化、盐碱化土地面积比率
热岛强度	水体优控污染物指数	土地退化指数
极端天气发生率	水产品重金属污染指数	农药 / 化肥污染
年最低气温相对历史年最低气温的变化幅度	人均生活污水产生量	水土流失面积比率
自然灾害	人均 COD 排放量	负离子浓度
年降雨量	工业废水产生量	土壤侵蚀状况
空气污染指数	可游泳水域面积比率	
安静度	地表水透明度	
噪声达标率	地表水 DO 达标率	
人均二氧化硫排放量	湖泊、水库、大型河流中的磷 / 氮	
人均二氧化碳排放	河流流量年变化	

人工生态子系统	水域生态子系统	陆域生态子系统
人均固体废弃物日均产生量		
工业固废产生量		
万元产值 SO_2 排放量		
电磁污染		
光污染		

表 3-3（3）　城市生态系统——生物特征指标集

人工生态子系统	水域生态子系统	陆域生态子系统
植物丰富度	濒危水生动植物种类	植物初级生产力
植物多样性指数	藻类多样性	高等植物多样性指数
生物入侵风险度	底栖动物丰富度	野生植物丰度
本地植物指数	水生维管束植物丰富度	本地濒危物种指数
外来植物物种比例	水岸绿化率	鸟类物种丰富度
城市绿地植物群落组成	鱼类物种丰富度	野生高等动物丰度
鸟类丰富度	外来水生物种	外来生物物种比例
物种综合指数	鱼类生态完整性指数	野生植物多样性指数
	底栖动物生态完整性指数	野生动物多样性指数

表 3-3（4）　城市生态系统——服务功能指标集

人工生态子系统	水域生态子系统	陆域生态子系统
经济密度	水资源承载力	水源涵养量价值
基尼系数	娱乐水体面积率	农林产品产值
恩格尔系数	水域生态服务功能	农林果产品产量
清洁能源使用率	水上娱乐活动	农业、林、园地投入和产出
第三产业占 GDP 比例	水产捕捞量	水源地保护区比率
城镇居民可支配收入	人均水产品产量	自然生态服务功能
可再生能源利用率	生活污水处理率	绿地释氧固碳功能
环保投入占 GDP 比例	人均生活用水量	生态休闲旅游功能
高等学历居民比例	单位 GDP 水耗	森林释氧固碳功能
单位 GDP 能耗		
人均生活用电量		
人均公用休憩用地		
研发投入占 GDP 比例		
万人病床数		
互联网普及率		
期望寿命		
垃圾无害化处理率		
人均 GDP		

3.3.2　指标筛选原则

①相关性——同资源管理与生态环境保护目标的相关性。

②有效性——能否有效地反映生态环境质量状况或所承受的生态压力。

③可行性——所需数据是否容易通过监测实验或统计资料获取。

④敏感性——能否分辨不同评价区的生态环境质量差异，能否给区域生态环境质量变化提供及时的预警及诊断适应性，能否运用于不同的评价区域。

⑤统计学独立性——相关性好的指标的同时存在将导致信息的冗余，并有可能影响评价结果的有效性。

⑥可定量性——尽量采用能定量化的，并来自对生态环境的调查和监测的指标，因定性指标的主观性因素影响较大。

考虑所建立的城市生态环境质量评价指标体系是以管理应用为主要目的，因此最终所发布的指标体系还必须具有纵向延续性、横向比较性和可操作性等特点。

3.3.3　数学方法对指标的优选

针对备选指标集合，进一步优选能反映城市生态质量状况的关键指标，并以此为依据进行城市生态质量综合评估。

除了要求指标具有指示性之外，指标之间的独立性和显著性也极其重要。前者有助于避免统计相关性较高的指标在综合评估的放大作用（Lattin et al.，2003；Wunderlin et al.，2001）；后者能显著表现时间分异性、针对性地反映生态环境状况变化趋势。因此，最终优选出来的指标应具有四个特点：数据可得性、独立性（或弱关联性）、显著性及指示性。基于多元统计理论，首先，通过相关分析识别指标之间的相关性，筛选具有代表性的独立性指标；其次，基于层次聚类分析进行时间尺度分类分析；再次，利用后退式判别分析验证聚类分析结果和识别表征时间分异性的显著性指标。

相关分析用来说明指标相互间关系在统计上的密切程度。用以识别各输入指标的相关性，实现指标分类，从而构成评价指标体系。

3.4　指标体系结构

3.4.1　指标体系构成

（1）目标层

以生态环境综合程度作为目标层的综合指标，用以衡量城市生态发展水平、能力与协调度。评价生态环境综合程度，需要选择动态指标、静态指标、存量指标与流量指标等不同类型，使其在时间尺度上反映城市生态系统的现状和变化态势，在空间尺度上反映整体布局和结构优化特征，在数量尺度上反映其总体规模和现代化水平，在质量尺度上反映城市的综合素质、能力潜力以及后劲。

（2）中间层

中间层是反映在目标与指标之间建立的联系，主要用于将目标分解到指标并确定指标权重。为了达到城市生态、环境、资源的协调发展的目的，它分别由空间格局指标体系、人口、资源、环境指标体系及生态服务指标体系来反映；中间层旨在反映城市典型的空间布局、社会发展与环境污染、生态恶化之间的矛盾，同时反映城市化发展所带来的社会生态问题，突出人工生态结构的内容。

（3）指标层

指标层是用来反映各中间层的具体内容。它是由各单项指标来体现的，这些指标的设计不仅要静态反映城市现有的生态环境情况，而且还要动态反映其变化程度；可以通过存量指标、质量指标、结构指标和变动度指标四个方面的指标组合来进行。为了反映全面性与可操作性原则，指标体系可更多地选择平均指标和相对指标，这不仅可与同一大区域城市之间共性的指标进行对比，也可以反映典型城市特殊的城市化进展与生态、环境的关系。

通过指标筛选，构建了涵盖城市空间格局、环境特性、生物特征、服务功能四大要素和人工、水域、陆域三域生态子系统的由 60 个指标组成的城市生态环境质量评价指标体系（表 3-4）。指标体系除了能反映城市生态环境质量现状外，还综合考虑了引起城市生态环境变化的影响因素，以及由于城市生态环境变化而给人类自身及整个城市生态系统造成的影响、社会对此采取的措施等因素，因此该体系能进行回顾性评价及变化趋势预测，在一定程度上反映城市生态环境变化的趋势。

表 3-4　城市生态环境质量指标体系

要素	人工生态子系统（建筑、房屋、工矿、道路和绿地等）	水域生态子系统（河流水面、湖泊水面、水库水面、坑塘水面、沟渠、近岸海域、苇地、滩涂、湿地等）	陆域生态子系统（自然保护区、风景名胜区、郊野公园、森林公园、水源地保护区、耕地、园地、林地（苗圃）、风景林地、牧草地等）
空间格局	●人口密度	●水面覆盖率	●生态用地比率
	●人均建设用地	●水网密度	●人均生态用地
	●建成区扩展强度	◗湿地面积率	◗景观多样性指数
	●交通便利度	●人均水域面积	◗景观破碎度指数

空间格局	◐建成区容积率		
	●透水面积率		
	●绿地覆盖率		
环境特性	◐空气质量指数	●水质综合污染指数	◐空气优良区域比率
	●安静度指数	●优良水体面积率	●土地退化指数
	●酸雨频率	◐河流污径比	◐臭氧浓度指数
	◐人均碳排放量	◐水体营养状况指数	⊖土壤环境质量综合指数
	◐灰霾天气发生率	●COD 排放强度	⑦负离子浓度指数
	◐热岛强度	◐水体优控污染物指数	
	◐极端天气发生率	⊖水产品重金属污染指数	
	⊖空气优控污染物指数		
	⑦电磁污染指数		
生物特征	◐植物丰富度	●鱼类	◐野生高等动物丰富度
	●本地植物指数	◐底栖动物丰富度	◐野生陆生植物丰富度
	◐生物入侵风险度	◐水生维管束植物丰富度	◐本地濒危物种指数
		◐水岸绿化率	◐鸟类丰富度
服务功能	●经济密度	●水资源承载力	◐水源涵养量价值
	◐人均公用休憩用地	◐娱乐水体利用率	●农林产品产值
	●清洁能源使用率	◐人均水产品产量	◐生态旅游功能
	●垃圾无害化处理率		
	●生活污水集中处理率		
	◐绿地释氧固碳功能		
	⑦可再生能源利用率		

注：●提供所有必要数据；◐提供部分数据；⊖数据不足以支持评价报告；⑦需要发展的指标：目前没有条件使用，将来应作为评价指标。

3.4.2　数据可得性分析

开展评估我国城市生态环境质量的状况以及为未来的发展奠定基础，需要获得长期的数据记录以揭示其发展的趋势。数据主要来源于政府相关部门、高校及研究所等。这些数据是通过建立的监测网络收集的，质量较高、较权威，从而确保对生态系统状况的描述更为科学、可信；数据能覆盖足够大的地理范围，能了解大尺度的生态系统状况。

然而，由于我国开展城市生态环境质量监测尚处于起步阶段，各级监测部门还不能提供完整的生态系统状况信息，因此，评估中在生态特征方面的数据非常欠缺。为满足决策者和公众从不同角度了解城市生态系统状况，以便科学、客观、有效地评估城市生态环境质量，通过调查数据获取、公开数据获取，对于较发达城市可得的数据如图 3-1所示。

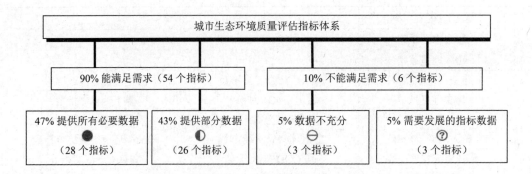

图 3-1　城市生态环境质量指标体系数据状况

注：●提供所有必要数据；◑提供部分数据；⊖数据不足以支持评估；⑦需要发展的指标数据：根据发展需要，评估生态系统的特征时还需要增加一些额外的测量值。

3.5　指标含义及计算

3.5.1　空间格局

空间格局是指特定区域内一定空间范围内的形态与布局。

随着我国城镇化进程的加快，越来越多的城市居民生活在城市和郊区，城市的空间布局是影响日常生活质量的主要因素之一。空间格局要素层下的相关指标因子，是与人工生态子系统、水域生态子系统和陆域生态子系统自身相关的特性。对于指标体系中所选择的用于空间格局要素层的 15 个指标，其中人工生态子系统包括：人口密度、人均建设用地、建成区扩展强度、交通便利度、建成区容积率、透水面积率、绿地覆盖率 7 个指标；水域生态子系统包括水面覆盖率、水网密度、湿地面积率、人均水域面积四个指标；陆域生态子系统包括生态用地比率、人均生态用地、景观多样性指数、景观破碎度指数四个指标。选取的指标力求能够代表城市生态环境的空间格局诸多方面，做到客观、公正、准确、可靠地反映城市生态系统的质量状况。

（1）人口密度（D1）

人口密度是单位土地面积上居住的人口数，人口密度反映人口在地域分布的疏密程度。基础数据：常住人口、市辖区面积，来源于城市统计年鉴。

$$D1 = 常住人口 / 市辖区面积（人 /km^2）$$

（2）人均建设用地（D2）

建设用地是城市利用土地的承载能力或建筑空间，不以取得生物产品为主要目的的用地；人均建设用地体现了城市建设的承载能力。城市建设用地包括土地分类中的居住用地、公共设施用地、工业用地、仓储用地、对外交通用地、道路广场用地、市政公用设施用地、绿地和特殊用地九大类用地，不包括水域和其他用地。

基础数据：市辖区建设用地面积、市区总人口。资料来源于市建委、城市规划部门、国土资源部门、城市统计年鉴。

$$D2 = 市辖区建设用地面积 / 市区总人口（m^2/人）$$

（3）建成区扩展强度（D3）

指城市年均增加建成区面积与基年面积的比值。通过城市扩展强度，可比较不同时期扩展强弱和快慢，研究城市扩展规模特征。

基础数据：现状年建成区面积、基年建成区面积，来源于城市统计年鉴。

$$D3 = \frac{(UA_{n+i} - UA_i)}{nUA_i} \times 100\%$$

式中，UA_{n+i}——n+i 年的城市建成区面积；

$\quad UA_i$——i 年的城市建成区面积；

$\quad n$——以年为单位的时间。

（4）交通便利度（D4）

指城市人口平均拥有的交通用地面积，是反映城市建成区内城市道路拥有量的重要经济技术指标。

基础数据：市区道路面积、常住人口。资料来源于市交通部门、国土资源部门、城市统计年鉴。

$$D4 = 市区道路面积 / 常住人口（m^2/人）$$

（5）建成区容积率（D5）

容积率是指单位面积用地上的建筑面积，是城市发展容量的重要判断指标，也是反映城市土地利用强度的重要指标。该指标越大说明用地集约度越高。适当的容积率是宜居城市的基本条件，该指标直接关系到居住的舒适度。

基础数据：城市建成区面积、建筑面积，数据资料来源于城市建设局、城市统计年鉴。

$$D5 = 城市建成区建筑面积 / 建成区面积$$

（6）透水面积率（D6）

透水面积是指除被建筑物、混凝土所覆盖的地区，以及其他不透水的地面以外的地区的面积，可直接衡量城市化程度和影响到城市和郊区水质量及地下水补给。

基础数据：城市建成区面积、建筑面积。数据资料来源于规划、市政建设部门。

$$D6 = 1 - 不透水面积 / 建成区面积$$

（7）绿地覆盖率（D7）

绿地覆盖率是建成区各类型绿地（公共绿地、街道绿地、庭院绿地、专用绿地等）

合计面积占建成区面积的比率。其高低是衡量城市环境质量及居民生活福利水平的重要指标之一。

基础数据：城区绿地面积、建成区面积。数据资料来源于规划、园林部门。

$$D7 = 城区绿地面积 / 建成区面积 \times 100\%$$

（8）水面覆盖率（D8）

指水域面积占城市面积的比率，是衡量一个城市水资源量的重要指标。

基础数据：各类水域面积、城市面积。数据来源于遥感更新。

$$D8 = 城市水域面积 / 市域总面积 \times 100\%$$

（9）水网密度（D9）

指城市每平方千米陆域面积内拥有河流（或海岸线）的长度。它可以反映城市区域水资源状况及水对生态环境的调节功能。河流长度是特指空间高分辨率遥感影像能够分辨的天然形成或人工开挖的河流及主干渠。

基础数据：各类水域面积、长度。数据来源于遥感数据和城市 1：10 000 地形图数据。

$$D9 = (A_{riv} \times 河流长度 + A_{sea} \times 海岸线长度) / 陆域面积$$

式中，A_{riv}——河流长度的归一化系数；

A_{sea}——海岸线长度的归一化系数。

（10）湿地面积率（D10）

湿地是指天然或人工的沼泽地、泥炭地或水域地带，包括低潮时水深不超过 6 m 的浅海滩涂、河流、湖泊、水库、稻田等。湿地具有很高的生态价值和经济价值，能够带来巨大的环境效益和经济效益，是衡量城市生态环境的重要指标之一。

基础数据：湿地面积、市辖区面积。数据资料来源于林业局、农业局。

$$D10 = 湿地面积 / 市辖区面积 \times 100\%$$

（11）人均水域面积（D11）

城市每人平均占有的水域面积，反映城市化进展中水资源的承受力。

基础数据：水域面积、常住人口。数据来源于遥感更新。

$$D11 = 水域面积 / 常住人口 （m^2/人）$$

（12）生态用地比率（D12）

生态用地是除生产性用地和建设性用地以外，以提供环境调节和生物保育等生态服务功能为主要用途，对维持区域生态平衡和持续发展具有重要作用的土地利用类型，陆域生态用地比率指陆域生态用地占城市总面积的比率。

陆地生态用地包括自然保护区、风景名胜区、郊野公园、森林公园、水源地保护区、农田、园地、林地（苗圃）、风景林地、牧草地等一切生态功能显著的土地利用类型。

生态用地的变化影响到居民享受由陆地生态系统提供的商品和服务。

基础数据：自然保护区、风景名胜区、郊野公园、森林公园、水源地保护区、农田、园地、林地（苗圃）、风景林地、牧草地等面积，城市总面积。数据来源于园林局、林业局以及遥感更新图。

$$D12 = 生态用地面积 / 市区总面积 \times 100\%$$

（13）人均生态用地（D13）

人均生态用地面积体现了城市化进展的生态变化。

基础数据：生态用地面积、市区常住人口。数据来源于园林局、林业局以及遥感图。

$$D13 = 生态用地面积 / 常住人口（m^2/ 人）$$

（14）景观多样性指数（D14）

景观多样性是指不同类型的景观在空间结构，功能机制和时间动态方面的多样化和变异性。景观多样性指数是表示景观中各类镶嵌体的复杂性和变异性的指标，反映了景观类型的多少和所占比例的变化，揭示了景观的复杂程度。多样性指数上升说明城市景观格局多样化，各景观类型结构比以前更复杂，整个生态系统更趋于稳定。

基础数据：景观类型的面积、数目。数据来源于遥感图。

$$D14 = -\sum_{i=1}^{m} P_i \times \ln P_i$$

式中，P_i ——第 i 类景观类型的面积比例；

m ——景观类型的数目。

计算值越大，表示景观多样性程度越高。

（15）景观破碎度指数（D15）

景观的破碎化是指由于人类的干扰因素所导致的景观由简单趋向于复杂的过程，即景观由单一、均质和连续的整体趋向于复杂、异质和不连续的斑块镶嵌体的过程。

景观破碎度指数可表征景观里某一景观类型的破碎化程度。其程度与斑块数量 P_i 呈正相关，与平均斑块面积（Q）呈负相关。它能反映人类活动对景观的干扰程度。

基础数据：各类景观类型的斑块数、平均面积。数据来源于遥感图。

$$D15 = \sum_{i=1}^{n} w_i \times F_i$$

$$F_i = (P_i - 1) / Q$$

式中，F_i ——景观类型 i 的破碎度指数；

P_i ——景观类型 i 的斑块数；

Q ——区域所有景观类型的平均面积；

w_i——景观类型 i 的权重。

景观破碎度指数（F_i）越大表征景观越破碎。

根据区域内各类土地类型的景观破碎度指数，以面积为参数进行加权平均，得出整个区域的景观破碎度指数。

3.5.2 环境特性

环境特性主要指城市环境的物理化学要素。由于城市是人口最集中、社会经济活动最频繁的地方，也是人类对自然活动干预最强烈、自然环境变化最大的地方。并且城市的很多自然环境要素发生了不同程度的变化，有些变化是不可逆的过程，因此城市环境特征要素层选取的指标应当尽可能地反映出这种趋势及变化。

指标体系环境特征要素层选定了 21 个指标。其中，人工生态子系统包括空气质量指数、安静度指数、酸雨频率、人均碳排放量、灰霾天气发生率、热岛强度、极端天气发生率、空气优控污染物指数、电磁污染指数 9 个指标；水域生态子系统包括水质综合污染指数、优良水体面积率、河流污径比、水体营养状况指数、COD 排放强度、水体优控污染物、水产品重金属污染指数 7 个指标；陆域生态子系统包括空气优良区域比率、臭氧浓度指数、土地退化指数、土壤环境质量综合指数、负离子浓度指数 5 个指标。

（1）空气质量指数（D16）

空气污染指数（Air Pollution Index，API）是根据空气环境质量标准和各项污染物的生态环境效应及其对人体健康的影响来确定污染指数的分级数值及相应的污染物浓度限值。API 的取值范围定为 0 ～ 500，其中 0 ～ 50、51 ～ 100、101 ～ 200、201 ～ 300 和大于 300 分别对应于空气质量状况：优、良、轻污染、中污染、重污染 5 个类别。

空气质量指数是一种评价环境空气质量状况简单而直观的指标。指全年空气质量 API 指标≤ 100 的天数占全年天数（按 365d 计算）的比例。

基础数据：一年中每天的空气污染指数（API）。数据资料来源于环保部门。

$$D16 = 一年中空气污染指数（API）\leqslant 100 的天数 /365$$

（2）安静度指数（D17）

指建成区内能满足二类区环境噪声标准以上的区域面积占城市建成区总面积的比例。二类区噪声标准（昼间 60dB；夜间 50dB）适用于居住、商业、工业混杂区。

基础数据：各类功能区噪声达标面积，划定声环境功能区总面积。数据资料来源于环保部门。

$$D17 = 环境噪声达二级标准以上的面积 / 城市声环境功能区面积$$

（3）酸雨频率（D18）

酸雨是指 pH 值小于 5.65 的酸性降水。酸雨频率定义为一年出现酸雨的降水过程次数与全年降水过程总次数的比值。是判别某地区是否为酸雨区的重要指标。

基础数据：一年中出现酸雨（雪）的次数、全年降水总次数。数据资料来源于环保局、气象局。

$$D18 ＝ 一年中出现酸雨（雪）的次数 / 全年降水总次数 \times 100\%$$

（4）人均碳排放量（D19）

碳排放量是指在生产、运输、使用及回收该产品时所产生的平均温室气体排放量。人均碳排放量是衡量城市低碳生活的一个重要指标。

基础数据：城市碳总排放量、常住人口。数据资料来源于市发改委等。

$$D19 ＝ 城市碳总排放量 / 城市常住人口 [t / （人·a）]$$

根据文献，碳排放量的基本公式为

$$C = \sum_i C_i = \sum_i \frac{E_i}{E} \times \frac{C_i}{E_i} \times \frac{E}{Y} \times \frac{Y}{P} \times P$$

式中，C——碳排放量；

C_i——i 种能源的碳排放量；

E——一次能源的消费量；

E_i——i 种能源的消费量；

Y——国内生产总值（GDP）；

P——人口数量；

E_i/E——第 i 种能源在一次能源消费中的份额，称为能源结构因素；

C_i/E_i——消费单位 i 种能源的碳排放量，称为各类能源排放强度；

E/Y——单位 GDP 的能源消耗，称为能源效率因素；

Y/P——人均 GDP，称为经济发展因素。

（5）灰霾天气发生率（D20）

灰霾是指悬浮在空中肉眼无法分辨的大量微粒使水平能见度小于 10km 的天气现象。在中国气象局发布的《灰霾的观测和预报等级》中，灰霾预报等级被分为轻微、轻度、中度、重度四级：能见度 5～10km，为轻微灰霾；能见度 3～5km，为轻度灰霾；能见度 2～3km，为中度灰霾天气；能见度不足 2km，为重度灰霾天气。

灰霾天气发生率为一年当中灰霾天气出现的天数比例。

基础数据：灰霾天气天数，数据资料来源于气象部门。

$$D20 ＝ 一年中出现灰霾天气的总天数 /365$$

（6）热岛强度（D21）

指城市内一个区域的气温与郊区气象测点温度的差值，为城市热岛效应的表征参数。热岛是由于人们改变城市地表而引起小气候变化的综合现象，是城市气候最明显的特征之一，较高的温度可影响人类和生态系统的健康。

基础数据：城市密集区气温、城郊区气温。数据资料来源于相关研究结果、气象局。

$$D21 = 城市密集区气温 - 城郊区气温（℃）$$

（7）极端天气发生率（D22）

极端天气事件是指某一地区从统计分布的观点看不常或极少发生的天气事件。主要包括台风、暴雨/雪、寒潮、沙尘暴、低温、高温、干旱、雷电、冰雹、霜冻和大雾、水旱灾害等。国家气象部门规定，热带气旋中心持续风速达到12级（即32.7m/s或以上）称为台风；24小时内降水量大于/等于50mm的降雨称为"暴雨"；24小时内降雪量大于/等于50mm的降雪称为暴雪；强风把地面大量沙尘物质卷入空中，使空气特别混浊，水平能见度小于100m的严重风沙天气现象称为沙尘暴等。

基础数据：

①高温日天数：指日最高气温≥35℃的气象日天数。

②低温日天数：日最高气温≤0℃的天数。

③暴雨日天数：日降水量≥50mm的气象日天数。

④强降水日天数：日降水量≥38mm的气象日天数。

⑤暴雪：日降雪量≥50mm的降雪量的气象日天数。

⑥沙尘暴：水平能见度小于100m的风沙天气天数。

⑦台风：次数和天数。

数据资料来源于气象部门。

$$D22 = 年极端天气的总天数/365 \times 100\%$$

（8）空气优（首）控污染物指数（D23）

各地管理部门根据社会经济条件和环境管理的需要，有步骤地对一些最具代表性、对人体健康和生态平衡危害较大的环境空气污染物进行优先重点控制，这类污染物即为环境空气优控污染物。

基础数据：空气优控污染物浓度。数据资料来源于环保局。如无城市优控污染物的数据，则采用城市空气首控污染物的数据。

计算方法：优（首）控污染物与标准值比较，按达标率计，如有两个以上，加权计算。2个指标权重分别为0.6、0.4，3个指标权重分别为0.5、0.35、0.15。

$$D23 = \sum_{i=1}^{n} w_i \times F_i$$

式中，F_i——单因子达标率；

　　w_i——权重。

（9）电磁污染指数（D24）

电磁污染是城市化的产物，是继水、气、声、渣之后的又一种受关注的能量污染。电磁辐射污染，又称电磁波污染，是指相关设施在环境中所产生的电磁能量或强度超过国家规定的电磁环境质量标准，并影响他人身体健康或干扰他人正常生活、正常工作的现象。电磁污染产生的危害主要是对人体健康（如神经系统、内分泌系统、免疫系统、造血系统）产生影响。

《电磁辐射防护规定》（GB 8702—88）为总量标准，给出了职业照射和公众照射两种 SAR 限值；当辐射剂量低于公众照射限制值时，则不会对公众健康构成危害。《电磁辐射环境影响评价方法和标准》（HJ/T 10.3—1996）规定：公众总的受照射剂量包括各种电磁辐射对其影响的总和，限值不应大于国家标准《电磁辐射防护规定》（GB 8702—88）的要求。

基础数据：电磁辐射源周边公共区电磁场强度、区域环境电磁辐射强度。数据来源于环境监测部门。

D24 ＝环境电磁辐射达标率

（10）水质综合污染指数（D25）

水质综合污染指数（Comprehensive Pollution Index of Water Quality）是水域不同功能类别保护程度指数。城市地面水不同功能类别分别执行相应类别的标准值，按类别高低给出不同的分值加权平均占水域面积的比值，是衡量一个城市水质的重要指标。

基础数据：各水体的水质监测数据。数据资料来源于环保部门。

计算方法：采用综合平均指数法。根据《地表水环境质量标准》（GB 3838—2002）计算出单项污染指数均值。不同功能区水体以其面积比率为参数进行加权计算，得出城市水质综合状况指数。

城市水质综合状况指数（不同水体水质综合状况指数的加权平均值）：

$$D25 = \sum_{j=1}^{n} w_j \times P_j$$

式中，P_j——单个水体的水质综合污染指数；

　　w_j——各个水体权重（以水体面积率为参数）。

单个水体的综合污染指数计算公式如下：

$$P = \frac{1}{n}\sum_{i=1}^{n} P_i$$

$$P_i = C_i / S_i$$

式中，P——单个水体综合污染指数；

P_i—— i 污染物的污染指数；

n——污染物的种类；

C_i—— i 污染物实测浓度平均值，mg/L 或个 /L；

S_i—— i 污染物评价标准值，mg/L 或个 /L。

（11）优质水体面积率（D26）

指达到或优于《地表水环境质量标准》（GB 3838—2002）III类水质水体的面积占水域总面积的比率。优质水体面积率是表征水资源质量好坏程度的指数，是衡量一个城市水资源质量的重要指标。

基础数据：水环境功能区面积，水质常规监测。数据资料来源于环保监测部门。

D26 ＝满足 I 、II 、III类水质的水体面积 / 水域总面积 ×100%

（12）河流污径比（D27）

入河废污水排放总量占河流径流量的比例，表征河流自净潜力。

基础数据：入河废污水排放总量，河流径流量。数据来源于环保部门、水利部门。

$$D27 = \sum_{i=1}^{n} w_i \times P_i$$

$$P_i = 入河废污水排放量 / 河流径流量$$

式中，P_i——河流 i 的污径比；

w_i——以面积率为参数的权重。

（13）水体营养状况指数（湖泊和海洋）（D28）

水体富营养化（Eutrophication）是指在人类活动的影响下，生物所需的氮、磷等营养物质大量进入湖泊、河口、海湾等缓流水体，引起藻类及其他浮游生物迅速繁殖，水体溶解氧量下降，水质恶化，鱼类及其他生物大量死亡的现象，影响水体质量与用水安全。水体营养状况为衡量城市水体状况的重要指标。

基础数据：水体的总磷、总氮、叶绿素 a、高锰酸盐指数、透明度的监测数据。数据资料来源于环保部门。

计算方法：采用水体综合营养状态指数法。

采用线性插值法将水质项目浓度值转换为赋分值。

$$D28 = EI$$

$$EI = \sum_{n=1}^{N} E_n / N$$

式中，EI ——营养状态指数；

　　　E_n ——评价项目赋分值；

　　　N ——评价项目个数。

表 3-5 为根据营养状态指数确定营养状态分级。

表 3-5　湖泊（水库）营养状态评价标准及分级方法

营养状态分级 EI——营养状态指数		评价项目赋分值 E_n	总磷 / （mg/L）	总氮 / （mg/L）	叶绿素 a/ （mg/L）	高锰酸盐指数 / （mg/L）	透明度 / m
贫营养 $0 \leqslant \text{EI} \leqslant 20$		10	0.001	0.020	0.000 5	0.15	10
		20	0.004	0.050	0.001 0	0.4	5.0
中营养 $20 < \text{EI} \leqslant 50$		30	0.010	0.10	0.002 0	1.0	3.0
		40	0.025	0.30	0.004 0	2.0	1.5
		50	0.050	0.50	0.010	4.0	1.0
富营养	轻度富营养 $50 < \text{EI} \leqslant 60$	60	0.10	1.0	0.026	8.0	0.5
	中度富营养 $60 < \text{EI} \leqslant 80$	70	0.20	2.0	0.064	10	0.4
		80	0.60	6.0	0.16	25	0.3
	重度富营养 $80 < \text{EI} \leqslant 100$	90	0.90	9.0	0.40	40	0.2
		100	1.3	16.0	1.0	60	0.12

（14）COD 排放强度（D29）

指万元 GDP 的 COD 排放量，表征城市水污染物质排放状况。

基础数据：年 COD 排放总量、GDP。数据来自环保部门监测统计年鉴及城市年鉴。

$$\text{D29} ＝\text{年 COD 排放总量} /\text{GDP}（\text{t/ 万元}）$$

（15）水体优（首）控污染物指数（D30）

各地管理部门根据社会经济条件和环境管理的需要，有步骤地对一些最具代表性、对人体健康和生态平衡危害较大的水环境污染物进行优先重点控制，这类污染物即为水体优控污染物。

基础数据：水体优（首）控污染物浓度，数据资料来源于环保局。如无城市水体优控污染物的数据，则采用城市水体首控污染物的数据。

计算方法：优（首）控污染物与标准值比较，按达标率计；如有两个以上，加权计算。2 个指标权重分别为 0.6、0.4，3 个指标权重分别为 0.5、0.35、0.15。

$$\text{D30} = \sum_{i=1}^{n} w_i \times P_i$$

式中，P_i ——单因子达标率；

　　　w_i ——单因子权重。

（16）水产品重金属污染指数（D31）

指水产品重金属的含量与国家水产品重金属标准值的比值。

因水环境的污染，有害重金属如铅、汞、镉、铬、砷等可在水生生物体中经富集作用而蓄积，使其体内有害金属及其化合物的含量比水体浓度高几十倍甚至上千倍。通过生物体对某种重金属的富集系数来评价水产品对重金属的富集状况，由生物体内某种重金属含量除去水中对应重金属含量即得到生物体对该种重金属的富集系数。

基础数据：水产品重金属的含量。资料来源于水产局、环保局。

计算方法：单因子评价法，取最大指数。P 为水产品重金属中的单因子最大指数。

$$P_i = C_i / S_i$$

$$D31 = \max\ (P_i)\ \times 100\%$$

式中，P_i——某种重金属的单因子指数；

C_i——某种重金属在鱼类中的浓度；

S_i——海水中对应重金属含量。

（17）空气优良区域比率（D32）

空气优良区域比率指达到《环境空气质量标准》（GB 3095—1996）一类环境空气质量的面积占市域总面积的比例。空气质量是保证人体健康的重要指标，也是宜居城市的重要条件。

基础数据：各类环境空气功能区面积，达到一类环境空气质量区域面积。数据来源于环保部门。

$$D32 = 达到一类环境空气质量面积 / 功能区总面积$$

（18）臭氧浓度指数（D33）

指空气中臭氧浓度的小时平均值的达标率。

基础数据：臭氧浓度。数据来源于环保部门。

$$D33 = 臭氧浓度达标率$$

$$\overline{C_i} = \frac{1}{m} \sum_{j=1}^{m} \overline{C_j}$$

式中，$\overline{C_i}$——多个测点监测数据的小时平均值，mg/m^3；

$\overline{C_j}$——j 测点监测数据的小时平均值，mg/m^3；

m——监测点数目。

（19）土地退化指数（D34）

土壤侵蚀降低了土壤质量和水的质量，可采用土地退化指数表征城市的水土流失状况。土地退化指数指被评价区域内风蚀、水蚀、重力侵蚀、冻融侵蚀和工程侵蚀的面积占被评价区域面积的比例，用于反映被评价区域内土地退化程度。

土地轻度侵蚀，指评价区域内受自然营力（风力、水力、重力及冻融等）和人类活动综合作用下，土壤侵蚀模数≤ 2 500t/（km²·a），平均流失厚度≤ 1.9mm/a 的区域；土地中度侵蚀，指土壤侵蚀模数在 2 500～5 000t/（km²·a），平均流失厚度在 1.9～3.7mm/a 的区域；土地重度侵蚀，指土壤侵蚀模数＞ 5 000t/（km²·a），平均流失厚度＞ 3.7mm/a 的区域。

基础数据：土地轻度、中度、重度侵蚀面积。地面监测与遥感更新相结合。来源于环保部门、国土部门。

参考原国家环保总局《生态环境状况评价技术规范（试行）》（HJ/T 192—2006）计算公式。

D34 =（0.05× 轻度侵蚀面积＋ 0.25× 中度侵蚀面积＋ 0.7× 重度侵蚀面积）/ 市区面积

（20）土壤环境质量综合指数（D35）

土壤环境质量是指土壤容纳、吸收和降解各种环境污染物的能力。采用内梅罗指数反映各污染物对土壤的作用，同时突出高浓度污染物对土壤环境质量的影响，可按内梅罗污染指数，划定污染等级。

基础数据：土壤中 pH、镉、汞、砷、铅、铬等含量，数据来源于我国土壤质量普查及有关环境研究文献、环保部门等。

计算方法：采用内梅罗污染指数法。

选用 pH、镉、汞、砷、铅、铬等指标，依据《土壤环境质量标准》（GB 15618—1995）评价城市的土壤质量。

根据《土壤环境监测技术规范》，采用以下方法：

$$D35 = P$$

$$P = [(\overline{P_i}^2 + P_{max}^2) / 2]^{1/2}$$

式中，P ——内梅罗污染指数；

　　　P_i ——平均单项污染指数；

　　　P_{max} ——最大单项污染指数。

（21）负离子浓度指数（D36）

负离子是空气中一种带负电荷的气体离子。空气负离子的数量是评价空气污染状况的重要指标。空气负离子能促进人体新陈代谢，有益于人类健康长寿。

基础数据：负离子浓度监测数据，来源于环保部门、园林部门。

$$D36 = \sum_{i=1}^{n} w_i \times p_i$$

式中，p_i ——某区域监测的负离子浓度；

w_i ——各监测区域（按体积或面积比例）权重。

3.5.3 生物特征

生物特征主要指城市生态系统中生物组成的特征要素。城市生态环境质量很大程度上取决于生物特征的优劣程度。因此，要充分保护和利用城市环境各种自然要素，保护生物多样性，在城市发展和开发过程中保护和发展本土植物、野生动物，特别是珍稀生物的栖息、繁衍地和觅食通道，保证城市生物有良好的生境，促进物种多样性趋于丰富。

选取生物特征要素层下的指标 11 个。其中，人工生态子系统包括植物丰富度、本地植物指数、生物入侵风险度 3 个指标；水域生态子系统包括鱼类丰富度、底栖动物丰富度、水生维管束植物丰富度、水岸绿化率 4 个指标；陆域生态子系统包括野生高等动物丰富度、野生陆生植物丰富度、本地濒危物种指数、鸟类丰富度 4 个指标。

（1）植物丰富度（D37）

反映被评价区域内植物物种的丰贫程度，采用区域的植物物种数量表示。物种丰富程度是一个区域或一个生态系统可测定的生物学特征。物种丰富度也是认识群落组织水平、功能状态的基础，是生物多样性的重要组成部分，是衡量一个城市的生态保护、生态建设与生态恢复水平的重要指标。

基础数据：建成区植物物种，来源于园林部门等。

$$D37 = 植物物种数$$

（2）本地植物指数（D38）

本地植物指数指城市建成区内全部植物物种中本地植物物种所占的比例。

基础数据：本地植物种类、建成区植物种类。数据资料来源于园林部门、生物研究机构。

本地植物包括：

①在本地自然生长的野生植物；

②归化种（非本地原生，但已在本地宜生）；

③驯化种（非本地原生，但在本地正常生长，并且完成其生活史的植物种类）；

④在园林及农、林业中广泛应用的，能在陆地正常生长的植物种类（在标本园、种质资源圃、科研引种试验的植物种类除外）。

计算中，需要剔除变型、栽培变种的品种。

$$D38 ＝本地植物物种数 / 区域内全部植物物种数 ×100\%$$

（3）生物入侵风险度（D39）

生物入侵是指某一生物借助某种途径从原先的分布区域扩展到另一个新的（通常也是遥远的）区域，在新的区域中，其后代可以繁殖、扩展并维持下去，进而给该地的生态环境、经济发展以及人类的生命健康等构成威胁或造成危害的复杂的链式过程。生物入侵风险度就是用来判断生物入侵风险程度的一种度量方法，是对城市生态质量潜在危险的衡量指标。

基础数据：辖区发现的外来入侵物种种类、总生物种类。数据资料来源于林业局、农业局、生物研究机构。

$$D39 ＝外来入侵物种生物种类 / 总生物种类 ×100\%$$

式中，总生物种类＝动物种类＋植物种类。

（4）鱼类丰富度（D40）

指水生生态系统中鱼类物种数量上的差异，体现了水域生态系统内鱼类物种的丰贫程度。处于水域营养顶级的鱼类是水生态环境评价的重要指示生物。

基础数据：辖区水域鱼类种类，数据来源于农业、渔业部门。

$$D40 ＝鱼类物种数$$

（5）底栖动物丰富度（D41）

底栖动物丰富度是指水生底栖生态系统中动物物种数量上的差异，代表了水域生态系统的底栖动物物种的丰贫程度。

底栖动物长期生活在底泥中，具有区域性强、迁移能力弱等特点，对于环境污染及变化通常少有回避能力，其群落的破坏和重建需要相对较长的时间；且多数种类个体较大，易于辨认。同时，不同种类底栖动物对环境条件的适应性及对污染等不利因素的耐受力和敏感程度不同。根据上述特点，利用底栖动物的丰富度可以确切反映城市水体的质量状况。

基础数据：底栖动物种类、水域面积。数据资料来源于渔业、水利、环保部门。

$$D41 ＝大型底栖动物种类 / 水域面积（种 /km^2）$$

（6）水生维管束植物丰富度（D42）

表示水生生态系统当中维管束植物数量的多寡程度。水生维管束植物是生活在水体当中的维管束植物的总称，它包括水生蕨类植物和水生被子植物。水生维管束植物与水体具有密切的关系，其分布受水深、透明度的影响极大，同时受纬度、光照、水质、底质、其他生物等的影响也很大。水生维管束植物的地理分布，主要是由气候和地质两方面条件决定的。同一水体中的地区分布主要是由底质来决定的。因此，水生维管束植物丰富度作为衡量城市水域生态系统的重要指标。

基础数据：水生维管束植物种类，数据资料来源于林业管理部门。

$$D42 = 水生维管束植物物种数$$

（7）水岸绿化率（D43）

水岸绿化率是指近水陆地范围内的绿化面积与水岸占地面积之比。

基础数据：水岸绿化面积、水岸带面积，数据资料来源于水利部门。

$$D43 = 水岸绿化面积 / 水岸带面积 \times 100\%$$

（8）野生高等动物丰富度（D44）

指的是特定区域范围内自然状态下，非人工驯养的各种哺乳动物、鸟类、爬行动物、两栖动物等高等动物的种类。

通过城市区域范围内的野生动物丰度，能够较好地反映城市生态质量的优劣程度。

基础数据：辖区发现的陆地高等动物种数，生态用地面积。来源于林业、园林部门。

$$D44 = 野生高等动物物种数$$

（9）野生陆生植物丰富度（D45）

指在特定区域内，原生地天然生长的植物物种数。是反映城市自然生态质量的优劣程度的一个指标。

基础数据：辖区发现的野生植物物种数，数据来源于林业、园林部门。

$$D45 = 野生陆生植物物种数$$

（10）本地濒危物种指数（D46）

濒危物种指所有由于物种自身的原因或受到人类活动或自然灾害的影响而有灭绝危险的野生动植物。本地濒危物种指数是指在特定区域内，有灭绝危险的野生动植物数量。

人类活动的影响，特别是对野生动植物资源的掠夺式利用，是造成物种濒危乃至灭绝的重要因素。一个关键物种的灭绝可能破坏当地的食物链，造成生态系统的不稳定，并可能最终导致整个生态系统的崩解。因此，濒危物种指数是衡量城市生态系统完整性的基本指标之一。

基础数据：本地濒危动植物种数，数据资料来源于林业、农业部门及生物研究机构。

$$D46 = 本地濒危物种数 / 总生物种数 \times 100\%$$

式中，总生物种数＝野生动物物种数＋野生植物物种数

（11）鸟类丰富度（D47）

指特定区域内鸟类物种数量。鸟类群落是城市生态系统的重要组成部分，对维持城市生态平衡具有重要意义，也从另一个角度表征了人与自然的和谐。由于鸟类对环境变化非常敏感，许多国家都已将鸟类种类和数量作为评价城市环境好坏的一项重要指标。

基础数据：鸟类物种数，数据来源于林业、园林部门。

$$D47 ＝鸟类物种数$$

3.5.4　服务功能

城市生态系统服务功能是城市生态环境对人类贡献的根本所在，它的存在为人类生活提供了必需的经济、文化、休闲娱乐等诸多服务内容。对于城市生态环境质量而言，服务功能的划分，要把握满足需求、服务人类、可持续发展的生态理念。

服务功能要素层下的指标有 13 个，其中人工生态子系统部分包括经济密度、人均公用休憩用地、清洁能源使用率、垃圾无害化处理率、生活污水集中处理率、绿地释氧固碳功能、可再生能源利用率 7 个指标；水域生态子系统包括水资源承载力、娱乐水体利用率、人均水产品产量 3 个指标；陆域生态子系统包括水源涵养量价值、农林产品产值、生态旅游功能 3 个指标。

（1）经济密度（D48）

指当年单位土地面积上实现的经济产值，是衡量土地集约利用程度的重要指标。

单位面积的经济产出率，指城市的国内生产总值与区域面积之比，表征了城市单位面积上经济活动的效率和土地利用的集约程度，是衡量城市土地利用效率的主要指标之一。

基础数据：市区 GDP、市区面积，数据来源于统计部门以及《城市统计年鉴》。

$$D48 ＝市辖区 GDP/ 市辖区面积（万元 / km^2）$$

（2）人均公用休憩用地（D49）

指人均居民游乐、休憩用地面积。休憩用地以满足人口对动态和静态游乐活动的需要，如室外广场、绿地休憩用地、社区休憩用地、球场、游泳池、健身、舞蹈场地等。人均可使用的休憩用地面积可表征居民生活的舒适度和城市的宜居性。

基础数据：市区公共休憩用地，常住人口，数据来源于市政管理部门。

$$D49 ＝城市公共休憩用地 / 城市常住人口（m^2/ 人）$$

（3）清洁能源使用率（D50）

指城市地区清洁能源使用量与城市地区终端能源消费总量之比，能源使用量按标煤计。

城市清洁能源包括用作燃烧的天然气、焦炉煤气、其他煤气、炼厂干气、液化石油气等清洁燃气、电和低硫轻柴油等清洁燃油。

基础数据：城市清洁能源使用量、总能源供用量，来源于城市统计年鉴。

$$D50 ＝清洁能源使用量 / 城市总能源供用量 ×100\%$$

（4）垃圾无害化处理率（D51）

城市生活垃圾无害化处理量（焚烧、卫生填埋、堆肥等）占生活垃圾产生量的比例。

基础数据：城市生活垃圾无害化（焚烧、卫生填埋、堆肥等）处理量、垃圾产生量。数据来源于市政、环卫、环保部门、《城市统计年鉴》。

$$D51 = 生活垃圾无害化处理量 / 垃圾产生总量 \times 100\%$$

（5）生活污水集中处理率（D52）

指生活污水集中处理量占生活污水产生总量的比例。

基础数据：城市生活污水集中处理量、生活污水产生总量。数据来源于市政、环保部门以及《城市统计年鉴》。

$$D52 = 生活污水集中处理量 / 生活污水产生总量 \times 100\%$$

（6）绿地释氧固碳功能（D53）

绿色植物通过光合作用来固碳释氧，吸收 CO_2 的同时释放 O_2。城市绿地保证了城市碳氧平衡，对缓解大气 CO_2 浓度升高有重要作用，是维护城市生态系统稳定的重要因素，在改善城市环境、保障人体健康等方面起着重要的作用。

基础数据：城市绿地面积、单位面积绿地每年吸碳量、碳税率、单位绿地每年释放氧气量、工业氧气价格。数据来源于园林局、研究文献。

计算方法：

绿地释氧固碳功能价值计算方法采用碳税法，分别计算城市绿地的固定二氧化碳的价值和释放氧气的价值。

$$D53 = CV + OV$$

式中，CV ——固定 CO_2 的价值，亿元；

OV ——释放氧气的价值，亿元。

①固定二氧化碳的价值

碳税法是评估生态系统固定 CO_2 经济价值常用方法。碳税率是在根据减少排放 CO_2 技术所需成本的基础上设定的，可以通过不同技术的减排成本设定不同的碳税率。

$$CV = S \times Q_e \times T_e$$

式中，CV ——固定二氧化碳的价值；

S ——城市绿地面积；

Q_e ——单位面积绿地每年吸碳量；

T_e ——二氧化碳税率。

②释放氧气的价值

释放氧气的价值使用工业制氧影子价格法计算。

$$OV = S \times Q_0 \times P_0$$

式中，OV ——绿地释氧价值；

　　S——城市绿地面积;

　　Q_0——单位绿地每年释放氧气量;

　　P_0——工业氧气价格。

　　（7）可再生能源利用率（D54）

　　指城市太阳能、风能、沼气等可再生能源占总能源的比重。这是表征城市向低碳经济发展的指标,属于未来发展的指标。

　　基础数据: 城市使用太阳能、风能、沼气等能源利用量。数据来源于发改委、电力部门。

$$D54 = 可再生能源利用量 / 城市总能源量 \times 100\%$$

　　（8）水资源承载力（D55）

　　指城市年用水量占年水资源可利用量的比率。反映在某一历史发展阶段,以技术、经济和社会发展水平为依据,以可持续发展为原则,以维护生态环境良性发展为条件,在水资源得到合理开发利用前提下,区域人口增长与经济发展的最大容量。

　　基础数据: 年用水量、年水资源可利用量,数据资料来源于水利部门。

$$D55 = 年用水量 / 年水资源可利用量 \times 100\%$$

　　（9）娱乐水体利用率（D56）

　　指城市水体中达到Ⅲ、Ⅳ类水质功能区的水体面积占城市水体总面积的比例。用于反映城市水体景观的休闲娱乐功能,如游泳、垂钓、划船等。

　　基础数据: 各类水质达标面积,水体总面积,数据资料来源于环保局、园林局、旅游局。

$$D56 = 达到Ⅲ、Ⅳ类水质功能区的水体面积 / 水体总面积$$

　　（10）人均水产品产量（D57）

　　水产品年捕捞总产量（包括海水产品、淡水产品等）与常住人口之比值。

　　基础数据: 水产年捕捞量,常住人口数据资料来源于渔业、水产部门。

$$D57 = 水产品总产量 / 常住人口（kg/ 人）$$

　　（11）水源涵养量价值（D58）

　　这是自然生态系统重要的服务功能之一。能起到涵养水源作用的有森林、草原、湿地等,其中以森林为主。森林生态系统的水源涵养功能是指森林拦蓄降水、涵养土壤水分和补充地下水、调节河川流量的功能。

　　森林生态系统水源涵养的价值是指单位森林面积的年水资源涵养量的经济价值,是森林通过截留降雨、阻拦和含蓄径流后而产生的水资源的经济价值。

　　基础数据: 森林面积,年降雨量。数据来源于林业、气象部门。

计算方法：

采用森林年涵养水水资源量乘以水价来获得，即影子工程价格。

$$D58 = W_t \times F$$

$$W_t = \sum PS_i(1 - I_i) \times 10$$

式中，F——水价，元 / m³，水价的标准以各市现时取原水水价为准；

W_t——研究区域的森林水源涵养量，m³；

P——研究区域的年降雨量，mm；

S_i——第 i 类森林类型的面积，hm²；

I_i——第 i 类森林的林冠截留率（表 3-6）。

表 3-6　不同类型林木的林冠截留率

林木类型	暗针叶林	其他针叶林	阔叶林	经济林	竹林	灌木林	冷铁杉	落叶松杉木	油松	柏树	桦类
林冠截留率 / %	29.9	27.8	31.2	26.1	21.6	19.6	29.9	27.8	22.3	26.1	31.2

（12）农林产品产值（D59）

自然生态系统重要的服务功能之一。

基础数据：农产品产值、林产品产值。数据资料来源于统计、林业、农业部门。

D59 ＝农产品产值＋林产品产值（亿元）

（13）生态旅游功能（D60）

自然生态系统重要的服务功能之一，生态旅游是人类利用陆地生态区域（自然保护区、风景名胜区、郊野公园、森林公园、风景林地）的一项重要功能。

基础数据：生态休闲旅游折合价值，数据来源于城市统计年鉴、旅游部门。

D60 ＝生态休闲旅游折合价值（亿元）

3.6　小结

本章首先从城市土地利用类型分类和表征特性角度详细说明城市生态环境指标体系构建基础。

①确定基于城市土地利用类型分类方法建立城市生态环境质量综合评价指标体系。

重点关注城市三个主要生态类型：人工生态系统、水生生态系统、陆域自然生态系统。

②表征城市生态环境质量状况的指标分为以下四类：空间范围和模式、化学和物理特性、生物组成、服务功能。

然后，对评价指标进行筛选，构建了涵盖城市空间格局、环境特性、生物特征、服务功能四大要素和人工、水域、陆域三个生态子系统包括由 60 个指标组成的城市生态环境质量评价指标体系。

进一步说明要素及包含各指标的含义，给出各指标的计算方式，并分析指标计算数据的可得性。

第 4 章　城市生态环境质量评价方法

4.1　城市生态环境质量的评价方法

4.1.1　评价方法的选择

　　生态环境质量评价是按照一定的原则和方法，对生态环境的优劣程度进行定量描述。生态环境质量评价研究的内容十分广泛，涉及的学科很多。目前，国内外常用的生态环境质量评价方法很多，主要有综合指数评价法、德尔菲法、模糊数学评价法、层次分析法、人工神经网络法、主分量法、聚类分析法、景观生态学法、生态图法、生物生产力评价法、灰色系统评价法及多级关联评价法等。

　　美国著名运筹学家萨迪（T.L. Saaty）教授于 20 世纪 70 年代创立的层次分析法（AHP）是一种能用来处理复杂的社会、政治、经济、科学技术等决策问题的新方法。层次分析法本质上是一种决策思维方式，它具有人的思维分析、判断和综合特征，能把复杂的决策问题层次化，并将引导决策者通过一系列成对比较的评判来得到各方案在某一准则之下的相对重要程度的量度；然后通过层次的递阶关系归结为最低层（供选择的方案、指标、措施等）相对于最高层（目标）的相对重要性权值或相对优劣次序的总排序问题，从而使决策者可进行评价、选择和计算决策等活动。生态环境分析与评价实际上是一个多因素综合决策过程，因而将 AHP 应用于生态环境质量评价具有简便、有效、实用的特点。

4.1.2　层次分析法步骤

　　层次分析法的本质在于对复杂系统进行分析和综合评价，对评价的元素进行数学化和计算机化。层次分析的基本原理包括递阶层次结构原理、标度原理和排序原理。应用层次分析法对城市生态环境质量进行评价，一般分以下几个步骤。

　　（1）建立递阶层次结构模型

　　首先分析能够表征城市生态系统主要特征的因素及其相互关系，将系统按目标、准则、方案、指标层次化，把各因素按属性的不同分层排列。同一层次的因素对下一层次的某些因素起支配作用，同时它又受上一层次因素的支配，形成了一个自上而下的递阶层次。

（2）构造判断矩阵

针对上一层次某因素，对本层有关因素就相对重要性进行两两比较。通过引入适当的标度，用数值表示出来，构成上层某因素对下层相关因素的判断矩阵；对于判断矩阵的元素 b_{ij}，具有性质：$b_{ij}>0$；$b_{ii}=1$；$b_{ji}=1/b_{ij}$。构成的判断矩阵如下列形式：

A	B_1	B_2	…	B_n
B_1	b_{11}	b_{12}	…	b_{1n}
B_2	b_{21}	b_{22}	…	b_{2n}
…	…	…	…	…
B_n	B_{n1}	B_{n2}	…	B_{nn}

矩阵中 b_{ij} 表示对 A 矩阵而言，B_i 与 B_j 优劣或重要性比的标值。表 4-1 即为判断矩阵中取值的标度。

表 4-1　比较标度及其含义

相对重要程度 b_{ij}	定义	解释
1	同等重要	目标 i 和 j 同样重要
3	略微重要	目标 i 比 j 略微重要
5	相当重要	目标 i 比 j 重要
7	明显重要	目标 i 比 j 明显重要
9	绝对重要	目标 i 比 j 绝对重要
2,4,6,8	介于相邻重要程度之间	

（3）判断矩阵的一致性检验和排序

在满足一致性检验原则前提下，进行目标下的因素单排序，最后将各子目标下因素的排序逐层汇总后，给出总目标下因素的总排序，即确定每个特征因子的权重系数。

①将判断矩阵 $A=(b_{ij})_{n\times n}$ 的每一列向量归一化

$$\bar{b}_{ij}=\frac{b_{ij}}{\sum_{k=1}^{n}b_{kj}} \tag{4-1}$$

②对 $\bar{b}_{ij}$ 按行求和

$$\bar{w}_i=\sum_{j=1}^{n}\bar{b}_{ij} \qquad (i=1,2,\cdots,m;j=1,2,\cdots,n) \tag{4-2}$$

③计算判断矩阵的特征向量（权重）$w_i=\dfrac{\bar{w}_i}{\sum_{i=1}^{n}\bar{w}_i}$ $\tag{4-3}$

所得到的 w_i 即特征向量 w 的第 i 个分量。

④求最大特征根 $\lambda_{\max}$

$$\lambda_{\max} = \sum_{i=1}^{n} \frac{\sum_{j=1}^{n} a_{ij}w_j}{nw_i} \qquad (4\text{-}4)$$

⑤层次单排序的一致性检验

在得到判断矩阵 A 时，有时免不了出现判断上的不一致性。因而还需利用随机一致性比率指标 CR 进行检验，计算公式为

$$CR = \frac{CI}{RI} \qquad (4\text{-}5)$$

$$CI = \frac{\lambda_{\max} - n}{n-1} \qquad (4\text{-}6)$$

式中，CI——单排序的一致性指标；

RI——平均随机一致性指标。

若有 CR ≤ 0.1，就可认为判断矩阵 A 是满意的；否则，需要从头调整、计算。

⑥层次单排序

把本层所有因素针对上层某因素通过判断矩阵计算排出优劣顺序。

$$BW = \lambda_{\max}W \qquad (4\text{-}7)$$

实际上是求出满足上式的特征向量 W 的分量值，并将特征向量进行归一化处理，即得出层次单排序的权重。

⑦层次总排序

利用层次单排序结果，综合得出本层次各因素对更上一层次的优劣顺序，最终得出最底层（指标层）对于最顶层（目标层）的优劣顺序。总排序可按表 4-2 进行。

表 4-2　层次总排序

层次 A 层次 B	A_1	A_2	$\cdots$	A_m	B 层次总排序
	w_1	w_2	$\cdots$	w_m	
B_1	b_1^1	b_2^1	$\cdots$	b_1^m	$\sum_{i=1}^{m} w_i b_1^i$
B_2	b_2^1	b_2^2	$\cdots$	b_2^m	$\sum_{i=1}^{m} w_i b_2^i$
$\cdots$	$\cdots$	$\cdots$	$\cdots$	$\cdots$	$\cdots$
B_n	b_n^1	b_n^2	$\cdots$	b_n^m	$\sum_{i=1}^{m} w_i b_n^i$

（4）确立每个指标的评价标准及采用的评分计算方法

（5）通过加权计算得出综合评价指数

4.2　指标权重的确定

4.2.1　递阶层次结构模型的建立

城市生态系统作为一个具有整体性、动态性的复杂系统，其中任一影响因子的变化都将影响其生态环境质量。在参考国内外关于生态环境质量评估指标的基础上，依据层次分析法的多元定量化方式，采用城市生态系统考虑的内容和目标，经实际调查分析和专家咨询，选取四大要素共 60 个指标来反映城市生态环境状况（表 3-4）。将该体系划分为目标层（A）、准则层（B）、方案层（C）、指标层（D）四个层次结构。目标层是最上面的层次，只有一个因素——城市生态环境质量，是系统的目标；中间的层次是准则层，其中排列了衡量城市生态环境质量的四大要素——空间格局、环境特性、生物特征、服务功能；下一层是方案层，选取了城市具有的三个子系统——人工生态子系统、水域生态子系统、陆域生态子系统；最低层是指标层，表示选取能反映城市生态环境三个子系统的四大要素的指标。见图 4-1。

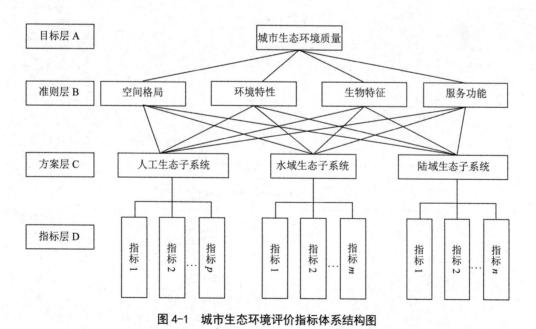

图 4-1　城市生态环境评价指标体系结构图

4.2.2　咨询专家

根据递阶层次结构模型及评价指标体系设计出专家咨询表，分发给在相关学术领域颇有建树的专家们。为了使咨询调查结果更具有代表性和可信度,被咨询的专家的选择范围比较宽,他们有的在科学院/科研所从事科研工作,有的在高等院校从事教学工作,有的在政府部门就职,并分布于各城市,业务专长涉及面宽、经验丰富。向100名专家寄发了咨询表,专家的分布情况见表4-3;其中有78名专家回复了合乎评价要求的咨询表(表4-4)。

专家根据自身的经验和判断对影响因素的重要性做出了标度判断。其中直接给出准则层权重,四个指标权重之和为100%;直接给出方案层权重,三个指标权重之和为100%;并分别对指标层的指标重要性程度用1~9打分,分数越高表示重要性越大,9表示重要性最大。

表4-3   选择专家分布情况

序号	专业	分布					人数
		东部	南部	西部	北部	中部	
1	水利、水保	2	2	2	2	2	10
2	环保	2	2	2	2	2	10
3	生态	2	2	2	2	2	10
4	国土资源、能源	2	2	2	2	2	10
5	社会经济	2	2	0	2	0	6
6	市政、城建	2	2	2	2	2	10
7	规划	2	2	2	2	0	8
8	园林、旅游	2	2	2	2	2	10
9	卫生、保健及社保	2	2	0	2	0	6
10	农/林业	2	2	2	2	2	10
11	渔业、水产	2	2	0	0	2	6
12	海洋	2	2	0	0	0	4
	合计	24	24	16	20	16	100

表4-4   回复的咨询专家情况

序号	工作单位	专长	专家数量
1	高校	区域、流域可持续发展研究	4
2	高校	生态学研究	5
3	高校	环境污染控制研究	5
4	高校	环境污染控制与生态修复研究	4
5	高校	区域、流域可持续发展研究,环境污染控制	4
6	规划部门	城市环境问题研究	4
7	规划部门	环境战略与环境规划	4
8	环保部门	环境管理	4

序号	工作单位	专长	专家数量
9	科研单位	土壤生态	4
10	科研单位	区域、流域可持续发展研究	4
11	科研单位	环境战略与环境规划，生态规划建设	4
12	科研单位	环境科学研究	4
13	科研单位	环境战略与环境规划，环境污染控制与生态研究	4
14	科研单位	环境污染控制研究	4
15	科研单位	生态研究	4
16	科研单位	水环境研究，区域、流域可持续发展研究	4
17	科研单位	区域环境研究和城市环境问题研究	5
18	科研单位	水环境污染控制与生态修复研究	3
19	科研单位	环境战略与环境规划	3
20	科研单位	社会经济	2
21	政府部门	区域环境研究和城市环境问题研究	4
		合计	83

4.2.3　构造判断矩阵

AHP 应用的关键是构造者（专家、决策者）在对指标进行两两比较判断的基础上构造出具有一致性的判断矩阵。现广泛采用的是美国 Saaty 教授提出 1～9 标度法，用 Delphi 法逐项就任意两个指标进行比较。但层次分析法基本模型中的确定各因素权重的方法，是以专家的主观判断为基础的，而有些专家难以适应和熟悉 1～9 分的比较标度，可能给出一致性差的判断矩阵。为了克服这一缺陷，邱菀华、丁树良、丁俭等提出了群体决策 AHP 模型，使参评专家只需按习惯方式打分即可得到群体对目标的最优排序结果。结合以上方法，采取以下步骤构造判断矩阵。

①设由 S_1，S_2，…，S_m 组成的 m 个专家群组决策系统 G，评价 n 个对象 B_1，B_2，…，B_n，第 i 个专家 S_i 对第 j 个被评目标 B_j 的评分值记为 $x_{ij} \in [i, j]$（$i = 1, 2, …, m$；$j = 1, 2, …, n$），x_{ij} 的值按 1～9 分等级打分，值越大，目标 B_j 重要度级别越高。

②取各专家的算术平均数，$\overline{x}_j = \dfrac{1}{m}\sum_{i=1}^{m} x_{ij}$，得到 n 维综合评分向量 $\boldsymbol{x} = (x_1, x_2, …, x_n)$。

③取 $A = (a_{ij})$ 为专家组的判断矩阵，其中 $a_{ij} = x_i / x_j$，$i, j \in \{1, 2, …, n\}$。

4.2.4　层次单排序及一致性检验

根据图 4-1 的层次结构，先计算 **C-D** 层的单排序。

按以上判断矩阵构造步骤，**C-D** 判断矩阵，然后利用 MATLAB 软件中的 eig 函数可快速解出矩阵最大特征值和特征向量。

$$由（\textbf{C1-D}）=\begin{bmatrix} 1 & 1.000 & 2.667 & 1.600 & 1.333 & 1.143 & 0.889 \\ 1.000 & 1 & 2.667 & 1.600 & 1.333 & 1.143 & 0.889 \\ 0.375 & 0.375 & 1 & 0.600 & 0.500 & 0.429 & 0.333 \\ 0.625 & 0.625 & 1.667 & 1 & 0.833 & 0.714 & 0.556 \\ 0.750 & 0.750 & 2.000 & 1.200 & 1 & 0.857 & 0.667 \\ 0.875 & 0.875 & 2.333 & 1.400 & 1.167 & 1 & 0.778 \\ 1.125 & 1.125 & 3.000 & 1.800 & 1.500 & 1.286 & 1 \end{bmatrix}$$

得出特征向量 $\textbf{W}$ 和最大特征值 λ_{max}，

$$\textbf{W}=\begin{bmatrix} -0.4417 \\ -0.4417 \\ -0.1656 \\ -0.2761 \\ -0.3313 \\ -0.3865 \\ -0.4969 \end{bmatrix} \quad 经正规化处理后得特征向量 \ \textbf{W}=\begin{bmatrix} 0.174 \\ 0.174 \\ 0.065 \\ 0.109 \\ 0.130 \\ 0.152 \\ 0.196 \end{bmatrix}$$

则为 $\textbf{C1-D}$ 权重向量，$\lambda_{max}=7.0002$；

$$由（\textbf{C2-D}）=\begin{bmatrix} 1 & 1.800 & 1.286 & 2.250 \\ 0.556 & 1 & 0.714 & 1.250 \\ 0.778 & 1.400 & 1 & 1.750 \\ 0.444 & 0.800 & 0.571 & 1 \end{bmatrix}$$

$$得出 \ \textbf{W}=\begin{bmatrix} -0.6883 \\ -0.3824 \\ -0.5353 \\ -0.3057 \end{bmatrix} \quad 经正规化处理后得特征向量 \ \textbf{W}=\begin{bmatrix} 0.360 \\ 0.200 \\ 0.280 \\ 0.160 \end{bmatrix}$$

则为 $\textbf{C2-D}$ 权重向量，$\lambda_{max}=3.9998$；

由（**C3-D**）$=\begin{bmatrix} 1 & 0.889 & 1.600 & 4.000 \\ 1.125 & 1 & 1.800 & 4.500 \\ 0.625 & 0.556 & 1 & 2.500 \\ 0.250 & 0.222 & 0.400 & 1 \end{bmatrix}$

得出 $\boldsymbol{W} = \begin{bmatrix} -0.6065 \\ -0.6823 \\ -0.3791 \\ -0.1516 \end{bmatrix}$ 经正规化处理后得特征向量 $\boldsymbol{W} = \begin{bmatrix} 0.333 \\ 0.375 \\ 0.208 \\ 0.083 \end{bmatrix}$

则为 **C3-D** 权重向量，$\lambda_{max} = 4.0000$；

由（**C4-D**）$=\begin{bmatrix} 1 & 1.125 & 1.500 & 4.500 & 2.250 & 1.800 & 3.000 & 9.000 & 1.800 \\ 0.889 & 1 & 1.333 & 4.000 & 2.000 & 1.600 & 2.667 & 8.000 & 1.600 \\ 0.667 & 0.750 & 1 & 3.000 & 1.500 & 1.200 & 2.000 & 6.000 & 1.200 \\ 0.222 & 0.250 & 0.333 & 1 & 0.500 & 0.400 & 0.667 & 2.000 & 0.400 \\ 0.444 & 0.500 & 0.667 & 2.000 & 1 & 0.800 & 1.333 & 4.000 & 0.800 \\ 0.556 & 0.625 & 0.833 & 2.500 & 1.250 & 1 & 1.667 & 5.000 & 1.000 \\ 0.333 & 0.375 & 0.500 & 1.500 & 0.750 & 0.600 & 1 & 3.000 & 0.600 \\ 0.111 & 0.125 & 0.167 & 0.500 & 0.250 & 0.200 & 0.333 & 1 & 0.200 \\ 0.556 & 0.625 & 0.833 & 2.500 & 1.250 & 1.000 & 1.667 & 5.000 & 1 \end{bmatrix}$

得出 $\boldsymbol{W} = \begin{bmatrix} -0.5571 \\ -0.4952 \\ -0.3714 \\ -0.1238 \\ -0.2476 \\ -0.3095 \\ -0.1857 \\ -0.0619 \\ -0.3095 \end{bmatrix}$ 经正规化处理后得特征向量 $\boldsymbol{W} = \begin{bmatrix} 0.209 \\ 0.186 \\ 0.140 \\ 0.047 \\ 0.093 \\ 0.116 \\ 0.070 \\ 0.023 \\ 0.116 \end{bmatrix}$

则为 **C4-D** 权重向量，$\lambda_{max} = 8.9998$；

由（**C5-D**）＝
$$
\begin{bmatrix}
1 & 1.500 & 2.250 & 1.125 & 1.286 & 9.000 & 3.000 \\
0.667 & 1 & 1.500 & 0.750 & 0.857 & 6.000 & 2.000 \\
0.444 & 0.667 & 1 & 0.500 & 0.571 & 4.000 & 1.333 \\
0.889 & 1.333 & 2.000 & 1 & 1.143 & 8.000 & 2.667 \\
0.778 & 1.167 & 1.750 & 0.875 & 1 & 7.000 & 2.333 \\
0.111 & 0.167 & 0.250 & 0.125 & 0.143 & 1 & 0.333 \\
0.333 & 0.500 & 0.750 & 0.375 & 0.429 & 3.000 & 1
\end{bmatrix}
$$

得出 $\boldsymbol{W}$ ＝
$$
\begin{bmatrix}
-0.5625 \\
-0.3750 \\
-0.2499 \\
-0.5000 \\
-0.4375 \\
-0.0625 \\
-0.1875
\end{bmatrix}
$$
经正规化处理后得特征向量 $\boldsymbol{W}$ ＝
$$
\begin{bmatrix}
0.237 \\
0.158 \\
0.105 \\
0.211 \\
0.184 \\
0.026 \\
0.079
\end{bmatrix}
$$

则为 **C5-D** 权重向量，$\lambda_{max} = 7.0001$；

由（**C6-D**）＝
$$
\begin{bmatrix}
1 & 4.000 & 1.333 & 1.143 & 8.000 \\
0.250 & 1 & 0.333 & 0.286 & 2.000 \\
0.750 & 3.000 & 1 & 0.857 & 6.000 \\
0.875 & 3.500 & 1.167 & 1 & 7.000 \\
0.125 & 0.500 & 0.167 & 0.143 & 1
\end{bmatrix}
$$

得出 $\boldsymbol{W}$ ＝
$$
\begin{bmatrix}
-0.6446 \\
-0.1612 \\
-0.4835 \\
-0.5641 \\
-0.0806
\end{bmatrix}
$$
经正规化处理后得特征向量 $\boldsymbol{W}$ ＝
$$
\begin{bmatrix}
0.333 \\
0.083 \\
0.250 \\
0.292 \\
0.042
\end{bmatrix}
$$

则为 **C6-D** 权重向量，$\lambda_{max} = 5.0006$；

由（**C7-D**）＝
$$
\begin{bmatrix}
1 & 1.333 & 1.600 \\
0.750 & 1 & 1.200 \\
0.625 & 0.833 & 1
\end{bmatrix}
$$

得出 $W = \begin{bmatrix} -0.7155 \\ -0.5367 \\ -0.4472 \end{bmatrix}$ 经正规化处理后得特征向量 $W = \begin{bmatrix} 0.421 \\ 0.316 \\ 0.263 \end{bmatrix}$

则为 **C7-D** 权重向量，$\lambda_{max} = 2.9998$；

由（**C8-D**）$= \begin{bmatrix} 1 & 1.600 & 2.000 & 1.143 \\ 0.625 & 1 & 1.250 & 0.714 \\ 0.500 & 0.800 & 1 & 0.571 \\ 0.875 & 1.400 & 1.750 & 1 \end{bmatrix}$

得出 $W = \begin{bmatrix} -0.6447 \\ -0.4029 \\ -0.3223 \\ -0.5641 \end{bmatrix}$ 经正规化处理后得特征向量 $W = \begin{bmatrix} 0.333 \\ 0.208 \\ 0.167 \\ 0.292 \end{bmatrix}$

则为 **C8-D** 权重向量，$\lambda_{max} = 3.9997$；

由（**C9-D**）$= \begin{bmatrix} 1 & 0.750 & 2.000 & 0.750 \\ 1.333 & 1 & 2.667 & 1.000 \\ 0.500 & 0.375 & 1 & 0.375 \\ 1.333 & 1.000 & 2.667 & 1 \end{bmatrix}$

得出 $W = \begin{bmatrix} -0.4562 \\ -0.6082 \\ -0.2281 \\ -0.6082 \end{bmatrix}$ 经正规化处理后得特征向量 $W = \begin{bmatrix} 0.240 \\ 0.320 \\ 0.120 \\ 0.320 \end{bmatrix}$

则为 **C9-D** 权重向量，$\lambda_{max} = 3.9999$；

由（**C10-D**）$= \begin{bmatrix} 1 & 0.750 & 0.857 & 0.857 & 0.750 & 1.200 & 6.000 \\ 1.333 & 1 & 1.143 & 1.143 & 1.000 & 1.600 & 8.000 \\ 1.167 & 0.875 & 1 & 1.000 & 0.875 & 1.400 & 7.000 \\ 1.167 & 0.875 & 1.000 & 1 & 0.875 & 1.400 & 7.000 \\ 1.333 & 1.000 & 1.143 & 1.143 & 1 & 1.600 & 8.000 \\ 0.833 & 0.625 & 0.714 & 0.714 & 0.625 & 1 & 5.000 \\ 0.167 & 0.125 & 0.143 & 0.143 & 0.125 & 0.200 & 1 \end{bmatrix}$

得出 $W = \begin{bmatrix} -0.3535 \\ -0.4714 \\ -0.4125 \\ -0.4125 \\ -0.4714 \\ -0.2946 \\ -0.0590 \end{bmatrix}$ 经正规化处理后得特征向量 $W = \begin{bmatrix} 0.143 \\ 0.190 \\ 0.167 \\ 0.167 \\ 0.190 \\ 0.119 \\ 0.024 \end{bmatrix}$

则为 *C10-D* 权重向量，$\lambda_{\max} = 7.0004$；

由（*C11-D*）$= \begin{bmatrix} 1 & 1.333 & 1.600 \\ 0.750 & 1 & 1.200 \\ 0.625 & 0.833 & 1 \end{bmatrix}$

得出 $W = \begin{bmatrix} -0.7155 \\ -0.5367 \\ -0.4472 \end{bmatrix}$ 经正规化处理后得特征向量 $W = \begin{bmatrix} 0.421 \\ 0.316 \\ 0.263 \end{bmatrix}$

则为 *C11-D* 权重向量，$\lambda_{\max} = 2.9998$；

由（*C12-D*）$= \begin{bmatrix} 1 & 0.875 & 1.167 \\ 1.143 & 1 & 1.333 \\ 0.857 & 0.750 & 1 \end{bmatrix}$

得出 $W = \begin{bmatrix} 0.5735 \\ 0.6554 \\ 0.4915 \end{bmatrix}$ 经正规化处理后得特征向量 $W = \begin{bmatrix} 0.333 \\ 0.381 \\ 0.286 \end{bmatrix}$

则为 *C12-D* 权重向量，$\lambda_{\max} = 3.0000$。

对判断矩阵进行一致性检验，随机一致性比率 CR 按 CR = CI/RI 计算，其中：矩阵一致性指标 CI = $(\lambda_{\max}-n)/(n-1)$；n 为判断矩阵阶数；$\lambda_{\max}$ 为最大特征值；RI 为对应 n 的平均随机一致性指标，可通过查表 4-5 得出。当 CR < 0.1 时，则认为判断矩阵具有满意的一致性，否则重新调整矩阵元素值。经计算 CI 均小于 0.1 且很接近于 0，结果列于表 4-6，具有满意的一致性。可见，采用改进的群组决策方法比原 1～9 标度法大大地改善了判断矩阵的性能，也排除了个别专家判断失误的干扰。

表 4-5　平均随机一致性指标 RI

n	1	2	3	4	5	6	7	8	9	10	11
RI	0.00	0.00	0.58	0.90	1.12	1.24	1.32	1.41	1.45	1.49	1.51

表 4-6　判断矩阵一致性验证

判断矩阵	最大特征根 λ_{max}	矩阵阶数 n	一致性指标 CI	随机一致性比率 CR
C1-D	7.0002	7	0.00003	0.00003
C2-D	3.9998	4	0.00007	0.00007
C3-D	4.0000	4	0.00000	0
C4-D	8.9998	9	0.00002	0.00002
C5-D	7.0001	7	0.00002	0.00001
C6-D	5.0006	5	0.00015	0.00014
C7-D	2.9998	3	0.00010	0.00017
C8-D	3.9997	4	0.00010	0.00011
C9-D	3.9999	4	0.00003	0.00004
C10-D	7.0004	7	0.00007	0.00005
C11-D	2.9998	3	0.00010	0.00009
C12-D	3.0000	3	0.00000	0

判断矩阵通过一致性检验，则最大的特征值 λ_{max} 对应的特征向量 w 即为对应指标的权重。将特征向量进行归一化处理，即得出各层次单排序的权重，见表 4-7。

表 4-7　各层次影响因素的单排序权重

要素层 B		方案层 C		指标层 D	
因素	权重	因素	权重	因素	权重
B1 空间格局	0.30	C1 人工生态子系统	0.50	D1 人口密度	0.174
				D2 人均建设用地	0.174
				D3 建成区扩展强度	0.065
				D4 交通便利度	0.109
				D5 建成区容积率	0.130
				D6 透水面积率	0.152
				D7 绿地覆盖率	0.196
		C2 水域生态子系统	0.25	D8 水面覆盖率	0.360
				D9 水网密度	0.200
				D10 湿地面积率	0.280
				D11 人均水域面积	0.160
		C3 陆域生态子系统	0.25	D12 生态用地比率	0.333
				D13 人均生态用地	0.375
				D14 景观多样性指数	0.208
				D15 景观破碎度指数	0.084

要素层 B		方案层 C		指标层 D	
因素	权重	因素	权重	因素	权重
B2 环境 特性	0.30	C4 人工生态 子系统	0.45	D16 空气质量指数	0.209
				D17 安静度指数	0.186
				D18 酸雨频率	0.140
				D19 人均碳排放量	0.047
				D20 灰霾天气发生率	0.093
				D21 热岛强度	0.116
				D22 极端天气发生率	0.070
				D23 空气优（首）控污染物指数	0.023
				D24 电磁污染指数	0.116
		C5 水域生态 子系统	0.35	D25 水质综合污染指数	0.237
				D26 优质水体面积率	0.158
				D27 河流污径比	0.105
				D28 水体营养状况指数（湖泊和海洋）	0.211
				D29 COD 排放强度	0.184
				D30 水体优（首）控污染物指数	0.026
				D31 水产品重金属污染指数	0.079
		C6 陆域生态 子系统	0.20	D32 空气优良区域比率	0.333
				D33 臭氧浓度指数	0.083
				D34 土地退化指数	0.250
				D35 土壤环境质量综合指数	0.292
				D36 负离子浓度指数	0.042
B3 生物 特征	0.20	C7 人工生态 子系统	0.20	D37 植物丰富度	0.421
				D38 本地植物指数	0.316
				D39 生物入侵风险度	0.263
		C8 水域生态 子系统	0.40	D40 鱼类丰富度	0.333
				D41 底栖动物丰富度	0.208
				D42 水生维管束植物丰富度	0.167
				D43 水岸绿化率	0.292
		C9 陆域生态 子系统	0.40	D44 野生高等动物丰富度	0.240
				D45 野生陆生植物丰富度	0.320
				D46 本地濒危物种指数	0.120
				D47 鸟类物种丰富度	0.320
B4 服务 功能	0.20	C10 人工生态 子系统	0.50	D48 经济密度	0.143
				D49 人均公用休憩用地	0.190
				D50 清洁能源使用率	0.167
				D51 垃圾无害化处理率	0.167
				D52 生活污水集中处理率	0.190
				D53 绿地释氧固碳功能	0.119
				D54 可再生能源利用率	0.024

要素层 B		方案层 C		指标层 D	
因素	权重	因素	权重	因素	权重
B4 服务 功能	0.20	C11 水域生态 子系统	0.25	D55 水资源承载力	0.421
				D56 娱乐水体利用率	0.316
				D57 人均水产品产量	0.263
		C12 陆域生态 子系统	0.25	D58 水源涵养量价值	0.333
				D59 农林产品产值	0.381
				D60 生态旅游功能	0.286

4.2.5 层次总排序及一致性检验

层次总排序权重（A-D）按下式计算

$$w_i = w_{bi} \cdot w_{ci} \cdot w_{di} \tag{4-8}$$

其中，w_{bi}、w_{ci}、w_{di} 分别表示 B、C、D 层的单排序权重。

结果如表 4-8 所示。

表 4-8　各层次影响因素的总排序权重

目标层 A		要素层 B		方案层 C		指标层 D	
因素	权重	因素	权重	因素	总排序权重	因素	总排序权重
城市生态 环境质量 指数	1	B1 空间 格局	0.30	C1 人工生态 子系统	0.150	D1 人口密度	0.0261
						D2 人均建设用地	0.0261
						D3 建成区扩展强度	0.0098
						D4 交通便利度	0.0163
						D5 建成区容积率	0.0196
						D6 透水面积率	0.0228
						D7 绿地覆盖率	0.0293
				C2 水域生态 子系统	0.075	D8 水面覆盖率	0.0270
						D9 水网密度	0.0150
						D10 湿地面积率	0.0210
						D11 人均水域面积	0.0120
				C3 陆域生态 子系统	0.075	D12 生态用地比率	0.0250
						D13 人均生态用地	0.0281
						D14 景观多样性指数	0.0156
						D15 景观破碎度指数	0.0063
		B2 环境 特性	0.30	C4 人工生态 子系统	0.135	D16 空气质量指数	0.0283
						D17 安静度指数	0.0251
						D18 酸雨频率	0.0188
						D19 人均碳排放量	0.0063
						D20 灰霾天气发生率	0.0126

目标层 A		要素层 B		方案层 C		指标层 D	
因素	权重	因素	权重	因素	总排序权重	因素	总排序权重
城市生态环境质量指数	1	B2 环境特性	0.30	C4 人工生态子系统	0.135	D21 热岛强度	0.0157
						D22 极端天气发生率	0.0094
						D23 空气优（首）控污染物指数	0.0031
						D24 电磁污染指数	0.0157
				C5 水域生态子系统	0.105	D25 水质综合污染指数	0.0249
						D26 优质水体面积率	0.0166
						D27 河流污径比	0.0110
						D28 水体营养状况指数（湖泊和海洋）	0.0221
						D29 COD 排放强度	0.0193
						D30 水体优（首）控污染物指数	0.0028
						D31 水产品重金属污染指数	0.0083
				C6 陆域生态子系统	0.060	D32 空气优良区域比率	0.0200
						D33 臭氧浓度指数	0.0050
						D34 土地退化指数	0.0150
						D35 土壤环境质量综合指数	0.0175
						D36 负离子浓度指数	0.0025
		B3 生物特征	0.20	C7 人工生态子系统	0.040	D37 植物丰富度	0.0168
						D38 本地植物指数	0.0126
						D39 生物入侵风险度	0.0105
				C8 水域生态子系统	0.080	D40 鱼类丰富度	0.0267
						D41 底栖动物丰富度	0.0167
						D42 水生维管束植物丰富度	0.0133
						D43 水岸绿化率	0.0233
				C9 陆域生态子系统	0.080	D44 野生高等动物丰富度	0.0192
						D45 野生陆生植物丰富度	0.0256
						D46 本地濒危种指数	0.0096
						D47 鸟类物种丰富度	0.0256
		B4 服务功能	0.20	C10 人工生态子系统	0.100	D48 经济密度	0.0143
						D49 人均公用休憩用地	0.0190
						D50 清洁能源使用率	0.0167
						D51 垃圾无害化处理率	0.0167
						D52 生活污水集中处理率	0.0190
						D53 绿地释氧固碳功能	0.0119
						D54 可再生能源利用率	0.0024

目标层 A		要素层 B		方案层 C		指标层 D	
因素	权重	因素	权重	因素	总排序权重	因素	总排序权重
城市生态环境质量指数	1	B4 服务功能	0.20	C11 水域生态子系统	0.050	D55 水资源承载力	0.0211
						D56 娱乐水体利用率	0.0158
						D57 人均水产品产量	0.0132
				C12 陆域生态子系统	0.050	D58 水源涵养量价值	0.0167
						D59 农林产品产值	0.0190
						D60 生态旅游功能	0.0143

利用同一层次中所有层次单排序的结果，可以计算针对上一层次而言的本层次所有元素的重要性权重值，这就是层次总排序。按以下公式对层次总排序进行一致性检验。

对 B 层：
$$\text{CI} = \sum_{i=1}^{3} C_i(\text{CI})_i \qquad \text{RI} = \sum_{i=1}^{3} C_i(\text{RI})_i \qquad (4\text{-}9)$$

对 A 层：
$$\text{CI} = \sum_{i=1}^{4} B_i(\text{CI})_i \qquad \text{RI} = \sum_{i=1}^{4} B_i(\text{RI})_i \qquad (4\text{-}10)$$

其中 C_i、B_i 表示 C 层、B 层的单排序权重。

经过一致性检验结果见表 4-9，B 层总排序 CR 均小于 0.1，A 层总排序 CR = 0.00005 < 0.1，因此层次总排序具有满意的一致性。

表 4-9　层次总排序一致性验证

序号	C_i	CI	RI	序号	B 层 CR	B_i	A 层 CR
C1	0.50	0.00003	1.32	B1	0.00004	0.30	0.00005
C2	0.25	0.00007	0.9				
C3	0.25	0.00000	0.9				
C4	0.45	0.00002	1.45	B2	0.00006	0.30	
C5	0.35	0.00002	1.32				
C6	0.20	0.00015	1.1				
C7	0.20	0.00010	0.58	B3	0.00006	0.20	
C8	0.40	0.00010	0.9				
C9	0.40	0.00003	0.9				
C10	0.50	0.00007	1.32	B4	0.00006	0.20	
C11	0.25	0.00010	0.58				
C12	0.25	0.00000	0.58				

4.3 城市生态环境质量评价标准

4.3.1 评价标准建立的要求

城市生态环境评价指标体系确定后，需要明确各项指标的评价标准，才能对城市生态环境系统的状况进行综合评价。在确定城市生态环境系统评价标准时，参照国家对生态城市的要求和国家环保部门对生态城市及生态文明建设等标准进行确定。

我国环保部门于 2006 年颁布了《生态环境状况评价技术规范（试行）》，它是国家环境保护部门在严峻的生态环境形势下，为加强我国生态环境保护，充分发挥环保部门统一监督管理职能，综合评价我国生态环境现状及动态变化趋势而提出的评价标准。通过该技术规范可以量度出我国县级以上行政区域的生态环境状况，同时也反映了我国生态环境保护从定性分析到定量分析的过程。根据这个试行规范，原国家环境保护总局从 2005 年开始对全国各省（自治区、直辖市）的生态环境状况进行了评价。有些学者也使用该标准对某些地区的生态环境状况进行评价，或者根据中国环境监测中心发布的《生态环境质量评价技术规定》对生态环境进行了综合评价，并得出了一些有意义的结论。但该规范的评价指数设置主要针对于全国县级以上尺度的生态环境状况，而不是在城市尺度上对城市化进展及其所辖范围的生态环境状况的影响进行评估。

由于城市生态环境质量具有地域性、复杂性、综合性和动态性等特征，因此很难建立一套具有普适性的评估标准体系，而指标评价标准直接影响评价结果的合理性。从宏观上看有下列几点定性的标准要求。

①是否保持城市生态系统及其功能；

②自然资源的开发利用是否可持续；

③是否保持城市的生物多样性、景观多样性等；

④生态环境退化是否在临界范围内；

⑤是否能保持生态环境对生命系统的自然支持能力；

⑥有没有污染或是否有最小的环境污染；

⑦是否投入少产出多，保证生态环境的服务功能。

4.3.2 评价标准的来源

具体的标准来源有三个方面。

①国家、地方、行业标准及规定：国家已颁布的地表水、海水水质标准，环境空气质量标准，土壤环境质量标准、声环境质量标准、城市绿化指标、城市用地标准等；行业发布的环境评价规范、规定等；地方政府颁布的标准和规划区目标，河流水系保

护目标，特别区域保护要求等。

人均建设用地：《城市用地分类与建设用地标准》（GBJ 137—1990），确定了适合国情的人均建设用地标准幅度为 60 ～ 120m²/ 人。

交通便利度：《城市道路交通规划设计规范》（GB 50220—1995），城市道路用地面积应占城市建设用地 8% ～ 15%，对规划在 200 万人以上的大城市，宜为 15% ～ 20%；人均占有道路用地面积 7 ～ 15m²/ 人。

透水面积率：《国家生态园林城市标准》，要求城市建成区道路广场用地中透水面积的比例≥ 50%。

绿地覆盖率：《国家环境保护模范城市考核指标》，规定城区绿地覆盖率≥ 35%。

空气质量指数：根据《国家环境保护模范城市考核指标》规定：全年 API 指数 ≤ 100 的天数占全年天数比例≥ 85%。

安静度指数：参照城市声环境功能区规划规范。

②参照国际或国家城市年鉴历史数据：将某年份各城市的极值或均值作为阈值进行比较。

湿地面积率：以当年全国各地级市中城市湿地面积率最大值为限值，参考《中国统计年鉴》中全国各省市湿地面积比率。

酸雨频率：根据《中国环境状况公报》的统计分级：0，0 ～ 25%，25% ～ 50%，50% ～ 75%，≥ 75%。

生活污水处理率：根据《中国城市统计年鉴》，全国各地级市的生活污水处理率最高值为 100%。

③科学研究判定的标准：采用相关科研项目或学术论文等文献资料的研究结果数据。

如人均碳排放量：世界资源研究所（WRI）评估了 2005 年 186 个主要碳排放国家：中国名列第一，排放量占全球 19.12%，人均碳排放量 5.5t；根据世界银行的报告，2009年我国人均碳排放量为 4.1t，根据联合国开发计划署在北京发布的 2007/2008 年度人类发展报告，预测我国在 2015 年，人均碳排放量为 5.2t。以联合国开发计划署在北京发布的 2007/2008 年度人类发展报告的预测值为阈值。

负离子浓度：根据文献，森林环境中的空气负离子浓度可分为 6 级：Ⅰ级＞ 3000 个 / cm³；Ⅱ级 2000 ～ 3000 个 /cm³；Ⅲ级 1500 ～ 2000 个 /cm³；Ⅳ级 1000 ～ 1500 个 /cm³；Ⅴ级 400 ～ 1000 个 /cm³；Ⅵ级＜ 400 个 /cm³。根据负离子浓度 6 级别评分，Ⅰ级 90 ～ 100，Ⅱ级 80 ～ 90，Ⅲ级 70 ～ 80，Ⅳ级 60 ～ 70，Ⅴ级 30 ～ 60，Ⅵ级 0 ～ 30。中间数据采用插值法。

4.3.3 评价标准的建立方法

对事物优劣进行量化评价通常可采用两种方法，即相对评价方法与绝对评价方法。相对评价方法是将若干个待评价对象数量结果进行互相比较，然后根据评价结果排出优劣次序；绝对评价方法则是根据评价对象本身的要求评价其达到的水平。

考虑到生态系统大多数指标的绝对值研究目前尚不成熟，同时为了保证所有指标评价标准的一致性，因此以相对评价的方法为主。但对具有绝对标准的指标因子进行相对评价时，可用其"标准"和"阈值"对其相对量化值做相应的修正和调整。

（1）评价因子的不可比性和因子的标准化

评价指标确定以后，直接用它们的直观数据去进行评价是非常困难的，因为各参数之间的量纲不统一，没有可比性。即使对于同一个参数，尽管可以根据它们实测数值的大小来判断它们对环境影响的程度，但也常因缺少一个可作比较的环境标准而无法较确切地反映其对环境的影响。为此，必须对参评因子进行量化处理，用标准化方法来解决参数间不可比性的难题。量化处理方法多种多样，比较简明实用的做法是将其量化分级，从低到高若干级，以反映环境状况从劣到优的变化。只有这样，才能最终进行比较。可采用下列方法进行标准化。

（2）标准化处理方法

环境与生态的质量—效应变化常符合 Weber-Fishna 定律（李祚泳等，2004），即当环境与生态质量指标成等比变化时，环境与生态效应成等差变化。

根据这一定律，研究将现状值与标准值比较得到指标值进入评估模型计算：

①越大越好型的指标：指标值＝现状值 / 标准值；

②越小越好型的指标：指标值＝标准值 / 现状值；

③分段指标：分段选择标准值进行①和②的转换；

④有阈值指标：在阈值内以阈值为标准值根据①～③进行转换，阈值外作 0 处理。

对于不符合 Weber-Fishna 定律的指标，应当借鉴该定律从质量—效应变化分析确定转换方法。

影响城市生态环境的多个评价因子，无论从指标的分级值还是从计量单位上看，都不具备可比性，因此，需要对指标进行标准化处理。推荐采用级差标准化的方法对指标进行标准化，根据指标的不同特点，正相关指标（例如绿地覆盖率）采用式（4-11）进行处理；负相关指标（例如热岛强度）采用式（4-12）进行处理。

$$(X_{ij} - X_{\min}) / (X_{\max} - X_{\min}) \times 100 \qquad (4\text{-}11)$$

$$(X_{\max} - X_{ij}) / (X_{\max} - X_{\min}) \times 100 \qquad (4\text{-}12)$$

另外，还有定级量化标准化方法，是采用专家意见，按照专家经验对指标因子直接赋值分级。

参照《生态环境状况评价技术规范（试行）》及国内外标准及文献等，结合我国城市的实际情况，各个指标按 0 ～ 100 评定，把指标值进行标准化换算。大于 100，按 100 分计，小于 0 的，按 0 分计。

通过指标标准化计算，所有的指标都具有无量纲化、越大越好，以 100 为满分、0 为最低分基准的特点，便于指标体系的进一步计算和模型应用。

（3）建立标准化值与评判等级之间的关联

由于计算所得的综合指数值往往不符合人们判断"好"和"差"的习惯，因此还需要将指标的标准化值和综合指数值转换为等级值，即建立评判集与标准化值的概念关联。

按照人们对分级优劣档次的认知习惯，采用等距或非等间距方法，同时考虑到标准的先进性与超前性的要求，将标准化值与评判集的等级关系做出概念关联，如表 4-10 所示。

表 4-10　标准化值与评判集的等级关系的概念关联

评价指标标准化值	综合判别等级
[80，100]	I
[65，80)	II
[40，65)	III
[20，40)	IV
[0，20)	V

4.4　城市生态环境质量指数计算方法及评价分级

4.4.1　生态环境质量指数计算方法

城市生态环境质量评价体系中的每一个单项指标都是从不同侧面来反映城市生态环境的状况，要反映整体情况还需进行综合评价。

一般情况下综合指数模型如下：

$$U = \sum_{i=1}^{m} W_i \times P_i + \sum_{j=1}^{n} (1 - P_j) W_j \qquad (4\text{-}13)$$

式中，U——综合评价指数；

　　W_i——第 i 个正指标的权重；

　　P_i——第 i 个正指标的标准化值；

　　W_j——第 j 个逆指标的权重；

P_j——第 j 个逆指标的标准化值。

在指标标准化处理时已将逆指标转换为正指标，因此，综合指数计算模型简化如下：

$$U = \sum_{i=1}^{m} W_i \times P_i \tag{4-14}$$

式中，U——综合评价指数；

$\quad\quad W_i$——第 i 个指标的权重；

$\quad\quad P_i$——第 i 指标的标准化值。

4.4.2 生态环境质量分级

（1）城市生态环境质量分级

生态环境质量是一个动态变化过程，生态系统各个组成部分所处的水平都有可能导致生态质量的改变，并影响其评估结果。研究选择各组成部分的指示性指标建立分级标准，根据分级标准的计算结果建立生态环境质量指数的评价标准。

用上述综合指数评价模型可以计算出城市生态环境质量指数，城市生态环境质量综合评价指数越接近 100，城市生态质量就越好；越接近 0，就越差。根据生态环境质量指数，将生态环境分为五级，即理想、良好、一般、较差和恶劣，见表 4-11。

表 4-11　生态环境质量分级

综合评价标准化指数	判别等级	状态
[80，100]	理想	城市生态要素构成合理，城市绿化率高且充分利用本地植物种资源进行城市绿化，城市生产布局合理；城市生态系统物流、能流顺畅、协调，城市生态系统自维持能力较强，城市区域环境状况宜人
[65，80)	良好	城市生态要素构成合理，城市绿化率较高，城市利用本地植物资源进行城市绿化较高，城市生产布局较合理；城市生态系统物流、能源较顺畅、协调，城市区域环境状况处于良好水平，但存在影响城市生态环境质量状况的限制性因子，需要进一步有针对性地加强城市生态环境质量与区域协调发展的调控
[50，65)	一般	城市生态要素构成存在一定的结构性问题，城市绿化率、城市利用本地植物资源情况一般，城市生产结构合理性一般，城市生态系统自维持能力一般，需要进行城市区域结构或布局的改善或增强城市生态系统的自维持能力
[30，50)	较差	城市生态要素构成存在结构性问题，城市绿化率、城市利用本地植物资源情况一般，或城市生产结构不合理，城市生态系统自维持能力较差，需要从宏观结构上进行城市生态改造，加大城市生态环境的综合整治措施，提高城市生态系统生产与自净能力
[0，30)	恶劣	城市生态要素构成存在结构性问题，或城市生产结构不合理，城市生态系统自维持能力差，条件较恶劣，人类生存环境恶劣

（2）准则层和方案层指数分级

同样，将准则层和方案层指数分为五级，即理想、良好、一般、较差和恶劣，按表 4-12

分级进行评判。

表 4-12　准则层及方案层指数分级

序号	I	II	III	IV	V
等级	理想	良好	一般	较差	恶劣
综合指数	$100 \geqslant EI \geqslant 80$	$80 > EI \geqslant 65$	$65 > EI \geqslant 50$	$50 > EI \geqslant 30$	$30 > EI \geqslant 0$

（3）生态环境质量变化幅度分级

生态环境质量变化幅度分为五级，即无明显变化、略有变化（好或差）、较明显变化（好或差）、明显变化（好或差）、显著变化（好或差），见表 4-13。

表 4-13　生态环境质量变化度分级

指数变化值	级别	描述
$\mid\Delta\mid \leqslant 2$	无明显变化	生态环境质量无明显变化
$2 < \mid\Delta\mid \leqslant 5$	略有变化	如为正值，则生态环境质量略微变好；如为负值，则生态环境状况略微变差
$5 < \mid\Delta\mid \leqslant 7$	较明显变化	如为正值，则生态环境质量变好较为明显；如为负值，则生态环境状况变差较为明显
$7 < \mid\Delta\mid \leqslant 10$	明显变化	如为正值，则生态环境质量明显变好；如为负值，则生态环境质量明显变差
$\mid\Delta\mid > 10$	显著变化	如为正值，则生态环境质量显著变好；如为负值，则生态环境质量显著变差

4.4.3　结果表达方法

评估通过模型建立与计算方法，最后得到一个目标指数——生态质量指数（EQI）和四个准则层指数。综合各典型城市的研究，结果可以通过多种形式进行表达。

①城市生态环境质量评估计算结果；

②空间格局、环境特性、生物特征、服务功能四大要素评估结果；

③雷达图、直方图等，建立以空间格局、环境特性、生物特征、服务功能为 4 坐标的雷达图或直方图，通过图形面积大小、图形分布状况直观表现不同城市的生态环境质量；以四大要素的各指标为坐标的雷达图或直方图，通过图形面积大小、图形分布状况直观表现不同要素质量指数，便于识别影响城市生态环境的限制因子。

4.5　小结

本章主要详述采用群组决策—层次分析法对城市生态环境质量指标体系进行评价。

①建立四层递阶层次结构模型。经实际调查分析和专家咨询，将城市生态环境质量评价体系划分为目标层（A）、准则层（B）、方案层（C）、指标层（D）四个层次结构。

②采用群组决策法构造判断矩阵。

③判断矩阵的一致性检验和权重计算。

④指标评价标准及数据标准化。采用级差标准化的方法，各个指标按 0～100 评定，把指标值进行标准化换算。

⑤城市生态环境质量指数计算方法及评价分级。按权重法计算综合指数；根据生态环境质量指数，将生态环境分为五级：理想、良好、一般、较差和恶劣；生态环境质量变化幅度分为五级：无明显变化、略有变化（好或差）、较明显变化（好或差）、明显变化（好或差）、显著变化（好或差）。

第5章 城市生态环境质量数据的可视化系统设计

5.1 系统总体结构

根据城市生态环境质量综合评价技术研究内容，结合系统工程的设计思想，系统信息内容和应用功能必须突出生态环境质量评价成果与管理需求，为相关人员提供基础地理数据支持。本系统遵循综合性、实用性、动态性、开放性、安全性、实时化、可视化、网络化的原则进行设计。

5.1.1 系统设计技术选择

（1）系统结构

B/S（Browser/Server）结构即浏览器 / 服务器结构。它是随着 Internet 技术的兴起和全球网络互联与信息共享的要求发展起来的，是对传统的 C/S（Client/Server）结构的一种变化或者改进的结构。本系统基于 B/S 结构，通过四个层次的框架结构搭建软件系统，如图 5-1 所示。

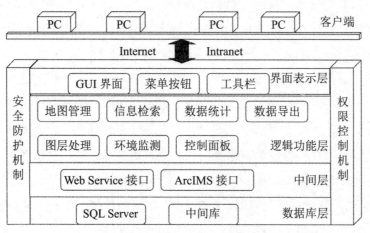

图 5-1　系统结构示意图

客户端：用户通过 WWW 浏览器可以方便地访问 Internet 上的文本、图片、视频和声音等信息，一般不需要安装其他用户程序。

界面表示层：网页组件设计，通过图片、菜单、表格等方式表现人机交互界面，实现数据的录入、输出和结果显示。

业务逻辑层：负责处理服务器与客户端之间的业务逻辑请求与响应，如程序监控、安全管理、数据处理、数据分析、信息计算等。

网络组件层：Web 服务器的部署、ArcIMS 系统的融合，负责对网络数据的发布和地图信息的驱动处理。

数据库服务器层：是大量数据的存储仓库，主要负责解释执行 Web 服务器发出所有数据管理相关的处理。

与 C/S 结构相比，B/S 结构具有以下优势。

①就系统性能而言，传统的 C/S 为双层结构，客户端执行数据计算、分析和处理等任务，一方面，对客户端的要求非常高；另一方面，因为每位用户都要与数据库服务器连接，所以加重了系统的网络负荷。当许多用户同时对数据库进行访问时，有可能发生访问冲突，影响业务处理速度，严重时会导致系统堵塞。因此，这种结构不适合多用户的需求。B/S 架构增加了中间层，数据计算和处理等功能集中在此完成，从而减轻了客户端电脑载荷；同时，在客户端和服务器之间筑起了一道天然屏障，客户端只负责发出用户请求，无需与数据库直接相连，最大限度地保障了数据的安全。另外，用户无论置身何时何地，只要能够使用浏览器上网，都能通过 B/S 系统的终端，完成浏览、查询、数据输入等操作功能，系统浏览和信息采集的灵活性可见一斑。

②从系统管理与维护角度讲，C/S 结构下，客户端和服务器程序模块中如果有一处改动，其他相关联的模块也要随之改动，系统升级成本大。相比较而言，B/S 结构由于系统开发、维护、升级等几乎所有工作都在服务器端完成，客户端不需要任何改动，实现"客户端零维护"，减轻了用户异地维护和升级的成本。

③从软件产品的商业运营考虑，B/S 结构的产品，只需要在初期建设时，一次性投入成本。如果企业扩张迅速，也无须建设机房、增加系统维护管理人员，不仅减少了开销，还有利于软件控制，避免 IT 黑洞，可谓"一次投资，长期适用"。而对于 C/S 结构的产品，当用户增多，用户不得不放弃原来的服务器，更换高级的中央服务器，以解决系统负载过大的问题，而且客户终端的加大投入也会导致成本的提高。

此外，B/S 结构还具有开发简单、共享性强、可伸缩性好、业务扩展方便等诸多优势，尤其是结合 Java 语言开发的管理软件，更是方便、速度快、效果优。

（2）软件平台选择及应用

本系统根据城市生态环境质量综合评估的内容和功能需求，选择 ArcIMS 为软件开发平台。ArcIMS 属 ArcGIS 软件家族中的一员，是一个在互联网上分发地理信息的通用平台。围绕以 ArcXML 为基础的地理信息表达和交换机制，ArcIMS 提供了一个开放而可伸缩的互联网地理信息系统架构。作为世界上第一款通过简单的操作和快捷的开发就可以让用户在互联网浏览器中方便访问地理数据的 GIS 软件，ArcIMS 一直以来受到WebGIS 开发者的青睐。

ArcIMS 具有功能强大、易于应用的特点。在网页发布、ArcGIS 集成、多元数据集成与应用等方面具有快速、开放、先进等特点。ArcIMS 支持多种客户端，允许用户在多种客户端上提供数据和制图功能，包括 lightweight、基于浏览器的客户端以及含有全部功能的 GIS 桌面系统，可在线发布和浏览元数据，能提供标准化自定义、集成和通信功能。

目前，ArcIMS 已经是互联网地理信息系统开发的标准平台，开发者可以在 NET 或者 Java 平台下以更高的质量和更快的速度开发基于 ArcIMS 的互联网地理信息系统，为实现"城市生态环境质量综合评估与管理信息系统"的可视化提供了保障。

（3）编程语言

系统软件开发语言选用 Java 面向对象编程语言。Java 是一种很好的程序设计语言，它最大的优点就是与操作系统无关，在 Windows、UNIX、Linux 以及 MacOS 等多种操作系统上，都可以使用相同的代码。"一次编写，到处运行"（write once，run anywhere）是 Java 的特色所在，这使得 Java 在互联网上被广泛采用。因此，本系统选用 Java 语言作为系统二次开发语言。

（4）地图发布与共享技术选择

ArcIMS 是在 Internet 上发布地理信息的标准平台。它以 ArcXML 作为交换和表达的机制，因此，任何通过 Internet 发出 ArcXML 请求并接受 ArcXML 响应的程序都可以是它的客户端，如 JavaViewer 和利用 ADF 创建的 Web 应用等。它提供了一个开放而可伸缩的互联网地理信息系统架构，通过浏览器，用户方便、快捷地访问各种地理信息资源。它具有简单易用、网页发布、ArcGIS 集成、分层体系结构、多客户端支持、多元数据集成与应用、在线传输元数据及标准化等功能特征，所以一直受到 WebGIS 开发者的普遍欢迎。

随着 ArcGIS9.X 的发布，ArcGIS 软件的体系结构也略有变化。ArcIMS 是 ArcGIS9. X Server 的有力补充，与 ArcGIS Server 共享一套开发组件：Application Developer Framework(ADF)，包括一整套 Web 控件、任务条以及包含 ArcXML 功能的 API。开发者能在 NET 或者 Java 平台下高效、快速、高质量地开发基于 ArcIMS 的互联网地理信息系统，为实现城市电子地图发布与共享提供了技术保障。

（5）数据图像化技术选择

JFreeChart 是开放源代码站点 SourceForge.net 上的一个 Java 项目，它主要用来显示各种各样的图表，包括饼图、条形图（普通条形图和堆栈条形图）、线图、区域图、分布图、混合图、甘特图以及一些仪表盘等，这些不同式样的图表，可以应用在 C/S 或是 B/S 软件产品中，基本能够满足用户数据可视化方面的需求。

用 JFreeChart 绘制统计图的优势显而易见：首先，它是开放源码，依据用户需求可以灵活地扩展。其次，它使用许多工厂化方法即将图表作为一个整体，而不是将其拆分成矩形条、扇形片等基本图元，所以不用计算各个图元的大小和位置，只要获得了数据集对象，再调用工厂化方法，就可以创建一个图表。再次，JFreeChart 在服务器端生成图像文件，然后将其发送给浏览器显示。在页面中使用 Servlet 和 Image 标签，将图片显示到浏览器。不需要安装额外的浏览器插件，可以适应各种各样的浏览器，并且可以方便地对其进行存储和打印。为此，本系统选用 JFreeChart 开源组件实现历史数据前端界面统计图表展示功能。

5.1.2 系统总体架构

城市生态环境质量可视化软件的设计集成了 RS 技术、GIS 技术、数据库技术、Html 技术、Java 及其相关其他技术（Servlet、JSP 和 JavaBeans、JSF 和 JDBC），系统总体架构见图 5-2。

本系统基于 MyEclipse 企业级工作平台进行程序代码编写、配置、测试以及除错，使用 SQLserver2000 数据库作为平台数据库，以 ArcGIS Desktop9.3 作为电子地图制作工具，通过 ArcIMS9.3 最终实现城市生态环境信息的网络化共享。

系统采用浏览器/服务器（Browse/Server，B/S）结构，通过网页界面提供人机交互界面、将应用程序的逻辑处理放逻辑功能层、通过中间层实现地图处理和网络发布，将数据库的管理和维护放在数据库服务器上，从而形成一个由表示层（客户层）、业务逻辑层、插件中间层和数据服务器层组成的四层体系结构。

B/S 模式的使用，简化了客户端，摆脱了系统升级维护的巨大成本，可以较好地满足用户对信息的共享需求，并且具有效率高、成本低的优点。

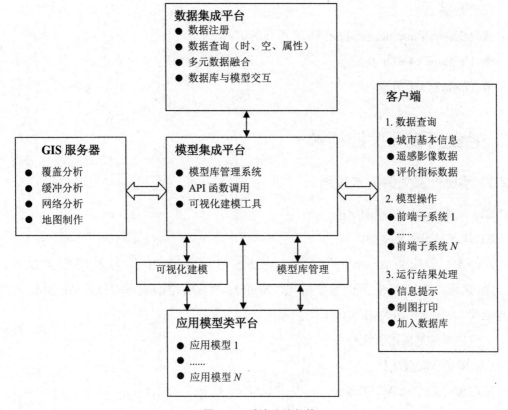

图 5-2　系统总体架构

5.1.3　软件开发平台和系统运行环境

（1）软件开发平台

Myeclipse6.0

Dreamweaver 8

（2）系统运行环境

①服务器端

◆　操作系统：WindowsNT/Windows2000 XP/Windows2003Server

◆　数据库：Microsoft SQL Server 2000

◆　桌 面 GIS 软 件：ArcGIS Desktop9.3（ 包 括 ArcMap、ArcCatalog、ArcGlobe、ArcScene 等组件）

◆　WebGIS 平台：ArcIMS9.3

◆　Web 服务器：BEA WebLogic/Apache Tomcat5.0 以上 /Jrun/WebSphere/IIS5.1 或以上

◆　Java 虚拟机：JDK1.5 以上

②客户端

◆ Microsoft Internet Explorer v6 或更高的版本

◆ Netscape v4 或更高版本

◆ Opera7 以上版本

5.2 系统可视化关键技术

5.2.1 系统开发关键技术应用

（1）加载 ArcIMS 地图服务

1）地图显示配置文件

ArcXML 是应用 ArcIMS 的关键。ArcIMS 使用 ArcXML 作为地图配置文件、ArcIMS 请求、ArcIMS 响应的数据格式。ArcIMS 的核心空间服务器接收 ArcXML 请求进行处理，并返回 ArcXML 响应。

一个典型的地图配置文件如下：

```
// 地图显示配置文件
Map Service Web App Tune
<?xml version = "1.0" encoding = "UTF-8"?>
<ARCXML version = "1.1">
    <CONFIG>
    <MAP>
    <PROPERTIES>
    <ENVELOPE
    minx = "470697.125"miny = "316776.84375" maxx = "602869.875"maxy = "471302.46875"name = "Initial_Extent" />
    <MAPUNITS units = "decimal_degrees" />
    </PROPERTIES>
    <WORKSPACES>
    <IMAGESERVERWORKSPACE
    name = "mapper_ws-0"
    url = "http：//pc-200911191042/servlet/com.esri.esrimap.Esrimap"service = "wuhan" />
    </WORKSPACES>
    <LAYER type = "image"name = "wuhan" visible = "true" id = "0">
```

```
<DATASET name = "wuhan"type = "image"workspace = "mapper_ws-0" />
</LAYER>
</MAP>
<SCALEBAR
backcolor = "236，233，216"
fontcolor = "0，0，0"
mapunits = "decimal_degrees"
scaleunits = "feet"
screenunits = "inches" />
    </CONFIG>
    </ARCXML>
```

2）地图的可视化技术的实现

利用 ArcIMS 提供的接口函数，结合信息可视化系统的逻辑处理，利用 ArcIMS 的平台地图技术实现可视化的各种功能。例如利用 ArcIMS 的放大缩小功能实现视图的缩放，利用 bind 方法把可视化的工具栏和地图处理的各种技术绑定起来，这些基本功能包括：控件添加、标示、查询、测量、IO 处理、地图缩放、旋转等功能。

（2）基于 JFreeChart 的分析模型实现

系统在进行根据数据生成相关性模型分析时，使用了开源项目组的 JFreeChart 组件。通过在关联数据库的表中提取数据，导入到相应的 Dataset 里，实现柱状图和曲线图。在进行模型分析时用户可以根据自己的需要选择需要的图形，及相关性分析项。

1）JFreeChart 开源项目

JFreeChar 是 JFreeChart 公司在开源网站 SourceForge.net 上的一个项目。它主要用来开发各种各样的图表，这些图表包括：饼图、柱状图（普通柱状图以及堆栈柱状图）、线图、区域图、分布图、混合图、甘特图以及一些仪表盘等。在这些不同式样的图表上可以满足目前商业系统的要求，JFreeChart 是一种基于 Java 语言的图表开发技术，JFreeChart 可用于 Servlet、JSP、Applet、JavaAppication 环境中，通过 JDBC 可动态显示任何数据库数据，结合 Itext 可以输出至 PDF 文件。

2）通过调用相应类实现分析模型

需要用到的 jar 有 jfreechart-1.0.9.jar、jfreechart-1.0.9-swt.jar，在生成相应分析模型是主要用到的包有 org.jfree.chart.* 和 org.jfree.data.*。在实现分析模型中主要的问题在于运用好 dataset 来实现自己所需的图形。

在生成分类或是数据点的柱状图和曲线图时用到的 dataset 包括两种情况：

DefaultCategoryDataset dataset 和 TimeSeriesCollection。

下面以 TimeSeriesCollection 为例。

```
/* 取得数据点的 dataset*/
// 时间曲线数据集合
TimeSeriesCollection lineDataset = new TimeSeriesCollection（）；
<%
// 访问量统计时间线
TimeSeries timeSeries = new TimeSeries（str+"（"+y1+"-"+y2+"）", Year.class）；
// 时间曲线数据集合
TimeSeriesCollection lineDataset = new TimeSeriesCollection（）；
// 根据指标和年份从数据库中拿到指标的标准值
String sql  = "select * from info where zbtz = "+str+" and year between "+ y1+" and "+y2+"";
//out.print（sql）；
at = ibp.find（sql）；
k = at.size（）；
// 记录标准值和等级
String[] level = new String[k];
Float[] value = new Float[k];
for（int i = 0；i<k；i++）{
ib = at.get（i）；
value[i] = ib.getBzz（）；
level[i] = ib.getGrade（）；
}
//out.print（"y1 = "+y1）；
// 构造数据集合
for（int i = 0；i<k；i++）{
timeSeries.add（new Year（y1+i）, value[i]）；
}
lineDataset.addSeries（timeSeries）；
JFreeChart chart = ChartFactory.createTimeSeriesChart（"曲线图"，"年份"，"指标值"，lineDataset，true，true，false）；
```

// 保存图片并显示出来

// 注意与 web.xml 里的配置一致

String filename = ServletUtilities.saveChartAsPNG（chart，500，300，null，session）；

String graphURL = request.getContextPath（）+ "/servlet/DisplayChart?filename = " + filename；

```
%>
<table width = '200px'>
<tr ><% = str %></tr>
<tr> 最新状况：</tr>
<tr><td> 年份 </td>
<td> 指标等级 </td>
<%
for（int i = 0；i<k；i++）{
%>
<tr><td>
<% = y1+i%> 年 </td><td><% = level[i] %></td></tr>
<%} %>
</table>
```

（3）基于 Ajax 实现异步相关性计算

Ajax 是异步的 javascript 和 XML（Asynchronous Java ScriptandXML）的英文缩写。Ajax 的核心技术理念在于使用 XMLHttp Request 对象发送异步请求。Ajax 采用了异步交互的方式。它在用户和服务器之间引入了一个中间媒介，从而改变了同步交互过程中的"处理—等待—处理—等待"模式。用户的浏览器在执行任务时即装载了 Ajax 引擎，该引擎是用 JavaScript 语言编写的，通常位于一个隐藏的框架中，负责转发用户界面和服务器之间的交互。Ajax 引擎允许用户和应用系统之间的交互以异步的方式进行，独立于用户与 Web 服务器之间的交互。

在实现模型相关性分析计算时，本系统也采用了 Ajax 进行异步交互，当用户输入相应的指标值时，能够在页面不刷新的情况下得出对应结果，消除了用户在提交后"等待"的过程。

（4）模型与 GIS 系统的集成方式与实现

评价模型与 GIS 的集成方法和集成程度取决于评价模型的目标性和复杂性、评价模型对基础数据和 GIS 功能的要求、界面的实用性以及数据模型的兼容性、硬件环境、GIS 模型软件的系统结构等。具体实现上通常将 GIS 与城市生态环境质量模型的集成方式分为分离应用、松散集成、紧密集成、完全集成四类。从实际应用中来看，前两种方式看到的比较多，尤其是紧密集成的方式，是目前 GIS 和城市生态环境质量模型集成应用的主流，所以本系统采用紧密方式来实现城市生态环境质量模型与 GIS 的集成。

评价模型以 Java 语言和 JSP 语言编写，利用 Java 和 ArcGIS 提供的控件，把模型程序化。本系统可以对所建立的模型库进行管理和使用，并且具有数据输入、模型调用、模型结果显示等功能，为城市生态环境管理提供具体的丰富的决策支持。

5.2.2 数据图像化发布技术

指标层评价数据图像化显示是系统的关键技术所在，经过二次开发，使指标层评价结果数据图形化和网络化。

（1）网站环境配置与软件资源获取

实现 JFreeChart 图表及其网络化首先必须搭建好开发环境，因为是基于 Web 浏览器的图表展示，所以需要一个 Servlet 引擎或是 J2EE 应用服务器，本系统的 JSP 环境配置是：

Microsoft SQL 2000 Server + SUN JAVA2 jdkl.6.0_07 + Apache Tomcat6.0

其次，导入 JFreeChart 图表库。从 http://www.jfrorg/jfreechart/ 站点下载 JfreeChartl.0.13 压缩包，解压文件后，将 JfreeChartl.0.13 解压包中的根目录下的 JfreeChartl.0.13.jar 和子目录 bin 下的 gnujaxp.jar、junit.jar、servlet.jar、jcommonl.0.13.jar 拷贝到 Tomcat 的 lib 目录下。

最后，在 Web.xml 文件中配置以下内容：

<Servlet>

<Servlet-name>Display Chart</servlet-name>

<Servlet-class>org.jfree.chart.servlet.DisPlay-Chart<Servlet-class>

<Servlet>

安装配置完成，可以编写程序来生成所需统计图。系统中用到部分类或子类如表 5-1 所示。

表 5-1 JFreeChart 图表生成过程中用到的部分类或子类名称及作用表

类或子类名	类或子类作用
org.jfree.chart.JFreeChart	图表对象，任何类型的图表的最终表现形式都是在该对象进行一些属性的定制。JFreeChart 引擎本身提供了一个工厂类用于创建不同类型的图表对象

类或子类名	类或子类作用
org.jfree.chart.ChartFactory	产生 JFreeChart 对象
org.jfree.chart.render.XXXRender	负责如何显示一个图表对象
XY Series Collection	*XY* 坐标搜集类，获取 *XY* 轴坐标
XY Series	存放 *XY* 轴坐标
Text Title	图表的标签和脚标

（2）数据图像化过程部分代码

Name = city name+"：　"+name;// 城市名及指标名称

JFreeChart chart = ChartFactory.createBarChart(name, " 指标名称 "," 分值 ",dataset,

PlotOrientation.VERTICAL, false, false, false);

chart.setTitle(new Text Title(name, new Font(" 黑体 ",Font.BOLD,22)));

// 设置总的背景颜色

chart.setBackgroundPaint (new Color (0xC9E4D6));

// 获得图表对象

Category Plot p = chart.getCategoryPlot ();

// 横坐标网格线白色

p.setDomainGridlinePaint (Color. white);

// 设置网格线可见

p.setDomainGridlinesVisible (true);

// 纵坐标网格线白色

p.setRangeGridlinePaint (Color. white);

// 获取横坐标

CategoryAxis domain Axis = p.getDomainAxis ();

// 设置横坐标垂直显示

domainAxis.SetCategoryLabelPositions

(CategoryLabelPositions.createUpRotationLabelPositions (0.6));

domainAxis.setTickMarksVisible (true);

domainAxis.setCategoryLabelPositionOffset (10);

// 图表横轴与标签的距离 (10 像素)

domainAxis.setCategoryMargin (0.5);

// 横轴标签之间的距离 20%

Number Axis number axis = (Number Axis) p.getRangeAxis ();

// 将纵坐标间距设置为 20

numberaxis.setTickUnit (new NumberTickUnit (20));

// 设置横坐标的标题字体和大小, 此处是 " 宋体 13 号 "

numberaxis.setLabelFont(new Font(" 宋体 ",Font.BOLD,20));

// 设置纵坐标的最大范围

numberaxis.setUpperBound (100);

// 设置纵坐标的最小范围

numberaxis.setLowerBound (0);

numberaxis.setTickLabelFont(new Font(" 宋体 ",Font.BOLD,20));

// 设置横坐标轴标尺值字体和大小, 此处是 "宋体 13 号"

domainAxis.setLabelFont(new Font(" 宋体 ",Font.BOLD,20));

// 设置距离图片左端距离, 参数为图片的百分比

domainAxis.setLowerMargin (0.2);

// 生成图片

String filename = ServletUtilities.saveChartAsPNG (chart, 800, 700, null, session);

（3）数据图形化显示

为了使城市生态环境质量评价结果综合指数分级所代表的抽象概念具体化，系统采用两种方式进行创造性地表达：一种方式是用褐色、蓝色、绿色、红色、紫色分别代表空间格局指数、环境特性指数、生物特征指数、服务功能指数、综合评价指数，并用颜色深浅，来表示评价等级的高低，以此反映城市生态环境质量的情况。颜色渐变的方式表达等级分级在指标层评价结果的显示上，效果更加明显。另一种方式是利用寓意标识。系统设计了一个简明的"四片叶"标识，绿色洋溢盎然生机，没有枯萎的叶子代表评价结果为优，全部枯萎则表示生态环境质量差，每枯萎一片叶子，等级下降一级。综合指数分级表变换为如图 5-3 所示（见文后彩插）。

寓意标识对于目标层和准则层的表示效果略逊于方案层，为弥补单一表达的不足，系统采用雷达图 (Microsoft Office Excel 制得) 来加强目标层和方案层的评价结果可视化显示效果。雷达图不仅能够使用户一目了然指标大致得分情况，还能推测出下层指标对上层指标贡献率的大小。如图 5-4 所示（见文后彩插），对目标层得分贡献率由高到低的顺序为：环境特性＞空间格局＞服务功能＞生物特征。

如图 5-5 所示（见文后彩插），三大土地类型生态系统对准则层空间格局指数的贡献率大小顺序为：水域生态子系统＞人工生态子系统＞陆域生态子系统。

总之，可视化后的数据图形可以更直观地反映城市生态环境质量状况，有助于通过有目的地控制影响该层指标变动的因素，改变指标值，进而改善城市生态环境质量。

5.2.3　地图及多媒体数据发布与共享

（1）ArcIMS 地图发布

ArcIMS 创作流程（图 5-6）分为创建地图配置文件、配置地图服务、生成网络地图应用、配置调整四个环节。

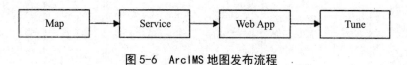

图 5-6　ArcIMS 地图发布流程

ArcIMS 的三个组件：Author、Administrator 和 Designer，对应上述四个环节，并且每个组件又分别对应一种地理信息资源：Author 对应地图配置文件，Administrator 对应地图服务，Designer 对应 Viewer。建立一个 ArcIMS 网站需要三个主要程序之间分工协作，具体实现过程如下。

① Author。用于创作在互联网上发布的地图内容。加载图层数据，即基于城市不同土地利用类型的 shapefile 文件，程序员可以操作工具栏中的相关工具进行图层修改、属性设置等。如可以在 Layer 面板中完成图层属性单一符号化或是复合符号化；也可以设置参考比例尺、字体、颜色、标注、样式、位置等属性。最后，地图配置文件以 AXL 格式存储。

② Administrator。主要作用是管理地图服务（ArcIMS Image Service）。首次登录时，会提醒设置管理员账号。依据上一步生成的地图配置文件 .AXL，在虚拟服务器上创建地图服务（Image Service），用户同时可以通过工具条上的属性按钮查看地图服务配置信息。

③ Designer。是一个快速建立 ArcIMS Web 应用的向导程序，它允许程序员根据 Administrator 中创建的地图服务设计网站。Designer 提供了一个 HTML Viewer 网站模板，它允许地图影像在客户和服务器之间传输，而 Java 浏览器还可以传输矢量要素。最后，定制客户端工具条，也可以改变比例尺栏、导航窗口、各元素的颜色以及显示范围等。

（2）城市生态环境多媒体数据发布

系统所存储的多媒体数据包括大量反映城市生态环境质量现状的图片、Flash、视频资料（城市土地利用动态变迁视频等）、文本资料。这些数据是通过 Html 技术、Flash 技术，以网页链接的形式直接显示在 Web 界面前端。

5.3 系统数据库设计

5.3.1 数据库总体结构

数据库的建立是系统运行的基础，本系统将数据库分为四类：用户数据库、空间数据库（基础地图数据库）、属性数据库（城市生态环境质量评价结果数据库与城市生态环境基础信息库）和多媒体数据库。系统的数据库流程如图 5-7 所示。

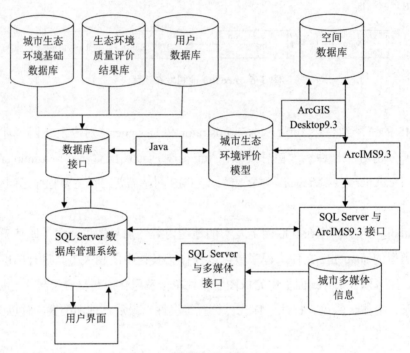

图 5-7　系统数据库设计示意图

5.3.2 数据库技术

城市生态环境数据比较复杂、数据量大，具有时间与空间双重特性，又因为数据库及其管理系统是城市生态环境质量评价及管理信息系统建设的基础，所以它也就成为系统各部分间信息传递的中转站，因此，建立城市生态环境数据库是系统开发的重点和难点。目前在地理信息系统中空间数据库大多数采用的是混合式数据库结构，并正向一体化数据库结构发展。

（1）数据库开发

SQL Server 是一个关系数据库管理系统，SQL Server 2000 是 Microsoft 公司推出的 SQL Server 数据库管理系统的最新版本。该产品具有使用方便、可伸缩性好与相关软件集成程度高等优点，可跨越从运行 Microsoft Windows98 的个人电脑到运行 Microsoft

Windows 2000 的大型多处理器的服务器等多种平台使用。

系统利用 Java 中的 bean 模型实现数据库的各类基本操作，包括：数据表的映射、数据的增加、修改、删除、数据查询、表记录数的统计、数据库连接的打开、关闭等。

（2）ArcIMS 数据存储与地图服务发布

利用 ArcIMS 的三个组件：Author、Administrator 和 Designer，实现地图配置文件的创建、配置地图服务、生成网络地图应用、配置调整等功能。其中，利用 Author 技术，进行地图文件的配置，允许网站开发人员确定使用哪些数据以及如何显示这些数据，允许定义在互联网网站上发布地图的内容；通过 Administrator 技术配置、创建和启动地图服务，控制网站如何运行；利用 Designer 组件构建网站模板、实现视图和信息的显示。

（3）空间数据库设计与建立

空间数据库由 ArcGIS 软件用图层的概念来组织和管理数据。图上所有要素抽象为点、线、面三种实体要素类型，每一个图层就是一个含有特定图形对象的数据库表。

系统采用层的概念来组织和管理数据，根据不同的专题分成不同的图层，一个图层就是一个含有特定图形对象的数据库表。

根据现有的空间数据源及数据的保密性需求，数据库设计如表 5-2 所示，仅以某城市作为空间数据库及属性数据库构建的实例。

表 5-2　主要图层空间数据存储与录入

图层名称	文件类型	录入方式
河流监测点位	点	坐标值或数据文件
湖泊监测点位	点	坐标值或数据文件
自动监测点位	点	坐标值或数据文件
乡镇与村落	点	图形录入或生成
乡村道路	线	图形录入或生成
国道	线	图形录入或生成
铁路	线	图形录入或生成
河流功能区划	面	图形录入或生成
湖泊功能区划	面	图形录入或生成
噪声功能区划	面	图形录入或生成
城市土地利用现状	面	图形录入或生成
城市行政边界	面	图形录入或生成
地点名称	文本	录入

其中，河流监测点位等点文件主要属性数据表结构如表 5-3 所示。

表 5-3　点文件的属性数据表结构

字段名	字段类型	字段长度	小数位数
ID	长整型	10	—
名称	字符型	20	—

而道路等线文件的主要属性数据表结构如表 5-4 所示。

表 5-4　线文件的属性数据表结构

字段名	字段类型	字段长度	小数位数
ID	字符型	10	—
道路名称	字符型	20	—
Length	浮点型	10	2

河流功能区划、湖泊功能、噪声功能区划主要属性数据表结构如表 5-5 所示。

表 5-5　面文件的属性数据表结构

字段名	字段类型	字段长度	小数位数
ID	字符型	10	—
名称	字符型	20	—
Area	浮点型	14	2
Perimeter	浮点型	14	2
监测断面名称	字符型	20	—
断面水质	字符型	10	—
目标水质	字符型	10	—

城市行政边界面文件的图形主要属性数据表结构如表 5-6 所示。

表 5-6　面文件的属性数据表结构

字段名	字段类型	字段长度	小数位数
ID	字符型	10	—
名称	字符型	20	—
Area	浮点型	14	2
Perimeter	浮点型	14	2

城市空间数据库建立过程见图 5-8。

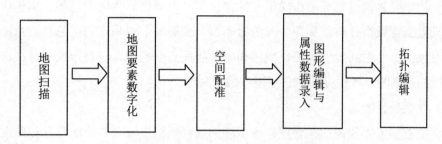

图 5-8　空间数据库建立的一般流程

系统的空间数据库包括地图的空间数据和属性数据，它是在 GIS 软件 ArcGIS Desktop 平台支持下建立的。系统的地理实体数据是通过扫描矢量化方式获取。设置扫描仪分辨率为 500dpi，将城市地图扫描，获得 tiff 格式图像文件；应用图像处理软件对得到的图像文件检查纠正，然后应用地理信息系统软件 ArcGIS Desktop9.3 矢量化，在 ArcGIS Desktop9.3 中对城市行政区图进行四点二项式配准使用空间参考信息如下所示。

投影坐标系：Krasovsky_1940_Albers

投影：Albers

伪东移：0.00000000

伪北移：0.00000000

中央经线：110.00000000

Standard_Parallel_1:　　　25.00000000

Standard_Parallel_2:　　　47.00000000

Latitude_Of_Origin:　　　12.00000000

线性单位：Meter

地理坐标系：GCS_Krasovsky_1940

基准面：D_Krasovsky_1940

本初子午线：Greenwich

角单位：Degree

空间配准方法。配准方法有矩形配准（2 个控制点）、线性配准（4 个控制点）、二项式配准（7 个控制点）三种。选用 4 个控制点的配准方法，确定要配准的已知点的坐标作为源点，输入图上标注的经纬度坐标作为目标点进行配准。计算原图和目标图上相对应点的配准误差计算，在配准数据显示条上列出了各点的误差，结果显示误差小于 0.03%。在误差允许范围之内，开始配准，图形配准完成。配准后进行数据编辑、修饰，完成空间数据的录入。

常用的空间数据模型有栅格模型、矢量模型、不规则三角网模型等。本模块涉及的矢量格式数据有城市行政边界图、湖泊分布图、交通图、水系图、湖泊监测点位图、河流监测点位图、土地利用现状图、城镇和农村居民点分布图、植被覆盖图等；栅格格式数据有扫描后底图、各种城市生态环境专题地图等。

（4）属性数据的建立

城市生态环境质量评价与管理信息系统的属性数据主要是与空间信息相匹配的相关信息和基础数据包括城市基本信息、城市生态环境质量评价结果数据、城市环境要素监测数据和多媒体数据。属性数据库的建立与录入可独立于空间数据库和地理信息系统，可以在 Excel、Access 等建立后再保存入库。属性数据库的结构采用关系数据库结构，通过 SQL Server2000 数据库对数据进行管理和维护。

根据城市生态环境管理的需求，系统属性数据库包括以下内容。

●用户信息数据库：包括用户名、注册 ID、密码、权限、邮箱地址等。

●城市基本信息数据：包括各城区代码、乡镇名称、邮政编码、道路、人口、历时沿革等。

●城市生态环境质量评价结果数据：包括年份、指标名称、原始值、标准值、指标定义、指标解释、计算公式、评价标准、评价等级等。

●城市生态环境质量基础数据：城市水环境监测点位名称、监测断面名称、水质现状值、水质目标值、湖泊监测点位名称、湖泊水质现状值、湖泊水质目标、土地利用现状等。

●城市生态建设多媒体数据：城市土地利用变迁展示、城市生态建设成果展示等。

（5）空间数据与属性数据关联

只有建立了拓扑关系，实现几何数据和属性数据的连接，空间数据库才可用于地理分析，生成地图产品。修改空间数据错误时，会改变拓扑关系，在修改后必须重新建立拓扑关系，以确保 Coverage 中的空间数据和特征属性表中的拓扑数据一致。

本系统涉及矢量数据与属性数据拓扑关系的编辑工作，主要在 ArcMap 中进行。在进行拓扑编辑之前，首先需要进行拓扑数据的集成（Integration），以便具有共享边或点的要素，按照拓扑关系共享（Share）边或点，为拓扑关联的保持和维护做准备。

当开始拓扑编辑时，如果拓扑数据还没有集成，必须手动进行拓扑数据集成，包括检查数据集中的所有要素类型，并使一定距离范围内的边线和节点具有一致性（Coincident），这个距离范围叫做聚类误差（Cluster Tolerance），它决定着在多大范围内要素必须具有一致性。建立拓扑关系的具体操作如下。

●加载需要集成的空间数据集（Dataset）或 Shapefile。

●单击 Editor 右侧的下三角按钮，打开 Editor 下拉菜单，在其中选择 StartEditing 命令，进入编辑状态，这时 Topology 工具栏的 Map Topology 按钮成为可用状态。

● 在 Topology 工具栏中单击 Map Topology 按钮，打开 Map Topology 对话框。

● 在对话框的 Layer 选项组的列表框中选择要进行拓扑数据集成的数据层。

● 在 Cluster Tolerance 数值框中，按照地图单位输入聚类误差。

● 单击 OK 按钮，完成数据集成设置，退出 Map Topology 对话框。

● 当前地图范围内的数据被集成。

5.3.3　数据库管理

系统采用 Microsoft SQL Server 2000 数据库。系统涉及的数据包括反映城市生态环境质量现状的大量多媒体数据 (图片、视频、文本)，用户数据，城市生态环境质量评价结果数据，基于不同土地利用方式的城市电子地图，共四部分。其中，多媒体数据采用页面链接方式显示，也就是数据存在客户端服务器硬盘上，数据库只记录文件的路径及其他相关信息；而电子地图又是通过 Shapefile 文件存储，同样文件路径及相关信息存储在数据表中；而用户数据及城市生态环境质量评价结果数据则全部信息保存在数据库中。因此，需要建立表格对文件信息和地图文件的信息进行存储和维护，通过表格存储用户及权限信息、各类评估结果。下面是几个重要数据表的基本设计。

（1）多媒体管理库

主要数据信息如表 5-7 所示。

数据表名：MediaInfo。

信息包括的数据项有：文件 ID、所属模块、存储文件路径、文件类型、文件大小。

表 5-7　用户数据表

列名	数据类型	长度	允许空
文件 ID	Int	自增	否
所属模块	Varchar(60)	20	否
存储文件路径	Varchar(200)	20	否
文件类型	Varchar(20)	30	否
文件大小	int	自增	否

（2）电子地图信息库

主要数据信息如表 5-8 所示。

数据表名：MapDataInfo。

信息包括的数据项有：MapID、所属模块、经纬度、存储文件路径、文件类型、文件大小。

表 5-8　用户数据表

列名	数据类型	长度	允许空
MapID	Int	自增	否
所属模块	Varchar(60)	20	否
经纬度	Varchar(60)	20	否
存储文件路径	Varchar(200)	20	否
文件类型	Varchar(20)	30	否
文件大小	int	自增	否

（3）用户登录信息表

主要数据信息如表 5-9 所示。

数据表名：Users。

用户登录信息包括的数据项有：用户 ID、用户名、用户密码、用户级别、上次登录时间、上次登录 IP。

表 5-9　用户登录数据表

列名	数据类型	长度	允许空
用户 ID	Int	自增	否
用户名	Varchar(60)	20	否
用户密码	Varchar(60)	20	否
用户级别	int	自增	否
上次登录时间	Date(12)	12	是
上次登录 IP	Varchar(20)	20	是

（4）用户详细信息表

主要数据信息如表 5-10 所示。

数据表名：UserDetailInfo。

用户详细信息包括的数据项有：用户 ID、姓名、性别、所属部门、用户邮箱、联系电话、备注信息等。

表 5-10　用户登录数据表

列名	数据类型	长度	允许空
用户 ID	Int	自增	否
姓名	Varchar(60)	20	否
性别	Varchar(10)	10	否
所属部门	Varchar(60)	20	否

列名	数据类型	长度	允许空
用户邮箱	Varchar(200)	30	是
联系电话	Varchar(60)	20	是
备注信息	Varchar(200)	20	是

（5）环境信息数据表

主要数据信息如表 5-11 所示。

数据表名：EnvironmentInfo。

环境信息包括的数据项有：记录 ID、指标特征、城市名称、年份、标准值、等级。

表 5-11　环境信息数据表

列名	数据类型	长度	允许空
记录 ID	Int	自增	否
指标特征	varchar(60)	20	是
城市名称	varchar(30)	20	是
年份	Int	20	是
标准值	Numeric(5,2)	30	是
等级	varchar(10)	自增	是

5.4　系统功能设计

5.4.1　系统功能

依据用户需求，系统主要功能包括五个方面：用户注册、登录功能；城市基本信息查询功能；地图数据发布与共享功能；数据图像化显示功能；数据库管理功能，见图 5-9。

用户可以采用普通 IE 浏览器通过 Internet 访问城市生态环境质量评价与管理信息系统的空间数据和属性数据，在系统界面上操作可以实现数据浏览、编辑、查询、维护、统计报表、多媒体展示、城市生态环境质量评价、城市生态环境质量评价指标体系及其评价结果可视化等具体功能。

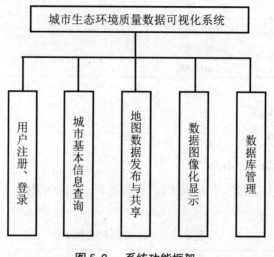

图 5-9   系统功能框架

5.4.2　系统界面设计

根据网页设计原则，结合系统功能设计要求和城市生态环境质量评价体系特征，系统界面设计主要包括系统登录界面设计、首页（城市基本信息查询）、评价系统界面设计（地图信息发布与共享界面、数据图像化显示界面）、数据管理界面设计以及系统帮助界面设计。

（1）用户登录与管理

进入系统的登录界面（图 5-10，见文后彩插）可以进行新用户的注册。若以管理员身份登录，可直接访问用户数据库并对其实现管理，诸如对会员的增删、对用户权限的设置、对用户注册信息的修改等操作，见图 5-11（见文后彩插）。

（2）城市基本信息

系统登录成功后会加载主页面，系统界面采用可以灵活改变窗口大小和布局的多窗口主界面。

城市基本信息板块主要用于提供客户浏览和查询被评估城市的基础资料，其中以可视化特点突出的图片、视频等资料为主。如图 5-12 所示（见文后彩插）。

（3）城市地图发布与共享

包括了一般 GIS 系统都具有的基本功能，如地图输出、视图管理、图层管理、基本空间分析工具功能。

①地图输出：将分析或查询后显示的地图进行输出，可将地图以位图文件、打印等方式输出。

②视图管理：提供全景、放大、缩小、快速放大、快速缩小、漫游、量算地图中元

素的距离与面积等基本地图操作，同时提供了鹰眼功能使用户能随时了解当前图形缩放的区域在整个地图中的位置，工具栏使用说明如图 5-13 所示（见文后彩插）。

③图层管理：主要完成对组成地图的各地理要素的管理，包括图层的新建、添加、保存以及隐藏和显示图层等功能。

④基本空间分析工具：距离量算、面积量算和角度量算。

（4）评价结果数据图像化显示

评价系统板块是本系统的核心部分，用于城市生态环境质量评价可视化结果的浏览和查询。本系统提供了 60 个具体指标评估城市各类生态系统的状况和主要特点。指标体系除了能反映城市生态环境质量现状外，还综合考虑了引起城市生态环境变化的影响因素，以及由于城市生态环境变化而给人类自身及整个城市生态系统造成的影响、社会对此采取的措施等因素，因此该体系还能在一定程度上反映城市生态环境变化的趋势，方便进行回顾性评价以及变化趋势预测。

鉴于采用层次分析法进行城市生态环境质量评价，各层次指标都有一个评价结果，将所有评价结果按照年份、指标名称、原始值、标准化值和等级编写成数据库文件，前台根据指标名称调用结果数据，由此统计生成柱状图，并在电子地图上相应可视化显示，如图 5-14 所示（见文后彩插）。

（5）生态环境数据管理

单击环境数据管理，进入评价结果数据库管理界面如图 5-15 所示（见文后彩插），可对数据进行"增、改、删、查"四项操作。

（6）其他数据可视化应用

城市基本信息查询功能模块如图 5-16 所示（见文后彩插），包括城市区划图、城市地理位置图、城市形象宣传片及主要旅游景区视频宣传资料。

如前所述，这部分数据包括大量反映城市生态环境质量现状的图片、视频和文本数据，显示方式是通过 html 技术，链接到网页直接显示和共享，如图 5-17 所示（见文后彩插）。

（7）系统帮助

本模块主要用于介绍系统的基本特色、功能介绍和操作说明，解决用户使用中可能遇到的技术问题。

5.5 小结

本章主要讲述了城市生态环境质量数据可视化系统的设计。

本软件系统主要包括五个方面功能：用户注册、登录功能；城市基本信息查询功能；地图数据发布与共享功能；数据图像化显示功能；数据库管理功能。将 WebGIS 技术应用于城市生态环境质量综合评价结果的可视化软件中，构建了基于不同土地利用方式的结果可视化展示平台，突破一般软件中信息管理与可视化操作表达之间相互隔离的状态；同时，使用 html 语言静态布局网页格式和内容，通过 Javascript 对其进行动态操作，提高了访问系统时的用户主导性，实现了城市生态环境质量评价系统可视化软件的开发与应用。

第6章　城市生态环境质量评估的应用实例

根据我国不同区域的城市在自然状况和城市生态方面的差异状况,分别在中部地区、西部地区、东南部沿海地区及北部地区选择了武汉市、重庆市、珠海市和北京市朝阳区进行城市生态环境评价指标体系及评估方法应用,以验证其适用性及可操作性。

6.1　评价范围和数据来源

6.1.1　评价范围

评价区域以城市市辖区为范围,不包括市辖县、县级市。以 2008 年作为评价基准年。

6.1.2　基础数据来源

采用的基础数据主要有遥感数据和监测、统计数据。其中,遥感数据来源于各城市的卫星遥感图像解译。监测、统计数据来源包括如下。

①例行环境监测数据及专项环境监测数据:由城市环境监测站、城市气象台、园林局、农业局渔业监测站等单位提供;

②各类统计年鉴:各城市统计年鉴、环境统计年鉴、中国统计年鉴、中国城市统计年鉴、中国城市建设统计年鉴、中国区域经济统计年鉴等;

③文献期刊、研究报告:正式出版的专著、公开发表的论文、科考报告、项目研究报告等;

④政府管理部门提供的统计数据:如各城市环境质量报告书、水务局水资源公报等。

6.1.3　数据质量及解决办法

综合评估方法的指标选择注重于反映城市生态系统的土地、水、生物资源及其质量和服务,采用以图形数据和环境生态监测手段为主的客观数据,所需的指标现状值均能够在调查和监测中得到。考虑到数据搜集过程中的质量控制误差,可能会出现少部分数据存在质量缺陷。针对这些情况,研究根据评估模型特点提出了如下解决方法。

（1）数据值缺失

数据值缺失包括单一数据的缺失和数据类的缺失。对于这类问题首先应考虑补取数据，其次考虑通过统计分析假定一个数值。

单一数据的缺失的原因可能是没有测量或产生了明显的异常值。可以通过两个方法进行假定：

①假设该值为该类所有数据的数学期望值，如算术平均数或集合平均数；

②如果这类数据与另一类数据有显著相关性，通过回归分析计算该值。

数据类的缺失主要由于统计口径不同造成。缺失的数据类应当从指标体系中剔除，或选择类似指标代替。

（2）特殊数据值处理（零值或极小值）

计算模型大量采用乘法运算，因此零值或极小值将会对模型结果产生显著影响。模型需要分析可能出现零值的指标，进行灵敏度分析，选择模型可接受灵敏度下的最低阈值。对于出现零值或极小值的指标取最低阈值代替。

（3）数据缺少时间序列

数据缺少时间序列主要由于统计口径或统计数据不可得造成。模型不依赖于时间序列，因此只要有某一年的统计数据即可给出年度生态质量评估结果。

（4）标准值缺失

通过全国城市的平均值、最大值或文献研究模拟标准值的，给出参考类比的文献研究出处。如果标准值仍不可得，需要调整或剔除指标或作为发展指标。

6.2　武汉市生态环境质量评估

6.2.1　武汉市生态环境概况与特征

6.2.1.1　自然环境概况

（1）地理地貌

武汉市位于中国腹地、湖北省东部、长江与汉水交汇处，是全国特大城市和交通枢纽，也是华中地区和长江中游的经济、科技、教育和文化中心。长江、汉江纵横交汇通过市区，形成武昌、汉口、汉阳三镇鼎立的格局。全市土地面积 8 494.41km²；其中城区面积 3 963.6km²，市区建成区 242km²。

（2）气候特征

武汉市地处北亚热带季风区，属亚热带湿润季风气候。雨量充沛，年平均降水量达 1 180mm，年平均降雨日数为 124.9 天。夏热冬冷，四季分明，年均气温 17.7℃，1 月最低，月平均气温 3.0℃，7 月最高，月均达 28.8℃。年平均日照 1 752 小时，年平均无霜期 249 天。冬季风向以北风和东北、偏北风为主，夏季风向多东南风，全年主导风向为东北偏北。年平均风速为 2.7m/s，最大风速 19.1m/s（北风），静风频率为 10%。

（3）河流水文

武汉水资源充足，水域面积 2 205.06 km²，占总面积的 25.79%。江河纵横、河港沟渠交汇，湖泊库塘星罗棋布。拥有长江、汉江两大水系和东荆河、滠水河、界河、府河、朱家河、沙河、倒水河和举水河等多条长江支流。以城区为中心，以长江为主构成了庞大水网，形成了良好的水生态环境。长江在市内流程 150.5km，年平均流量 7 100 亿 m³。武汉有"百湖之城"的美誉，现有大小湖泊 166 个。在正常水位时，湖泊水面面积为 942.8km²，湖泊水面率为 11.11%，居国内首位。

6.2.1.2　社会经济概况

（1）行政建制及人口概况

武汉市现辖江岸、江汉、硚口、汉阳、武昌、青山、洪山、蔡甸、江夏、黄陂、新洲、东西湖、汉南 13 个行政区。全市总人口 804.55 万人，城镇人口 666.64 万人，人口出生率为 7.1‰，死亡率为 5.1‰。全市人口密度为 947 人／km²，其中 7 个中心城区人口为 481.22 万人，人口密度为 5 417 人／km²。

（2）经济与产业

针对城市区域经济建设、社会发展和环境条件的不同特点，将市域分为主城区、发展区、农业及生态保护区三个区域，分别确定生态环境保护与建设的重点。

主城区为江岸区、江汉区、硚口区、汉阳区、武昌区、青山区、洪山区七个中心城区。

发展区为主城区周边正在开发建设和即将开发建设的区域，包括东湖高新技术开发区、武汉经济技术开发区、阳逻经济开发区、东西湖吴家山海峡两岸科技产业园，规划建设中的化工新城以及蔡甸、常福、纸坊、前川、邾城、纱帽等卫星城镇。

生态保护区及农业区主要分布在远城区，包括基本农田保护区、自然保护区、森林公园、风景名胜区、文物保护区、河流、湖泊湿地等区域。

武汉市 2008 年市辖区国内生产总值为 3 392 亿元，GDP 总量在中部六省省会城市中持续保持第一。武汉是华中地区最大的工商业城市，拥有钢铁、汽车、光电子、化工、冶金、纺织、造船、制造、医药等完整的工业体系。

6.2.1.3　生态系统结构与基本特征

（1）生物多样性分析

①植物多样性

武汉市植物区系属中亚热带常绿阔叶林向北亚热带落叶阔叶林过渡的类型。全市的蕨类和种子植物有 106 科、1 066 种。常绿阔叶林和落叶阔叶林组成的混交林，是该地区典型的植被类型。在长江、汉水以南，以樟树、楠竹、杉木、茶叶、油茶、女贞、柑橘为代表；长江、汉水以北，以马尾松、水杉、法桐、落羽松、栎、柿、栗等树种为主；蔡甸区南泛洪区为主的湖沼地区仍保留着天然的水生植被，以苔草、芦苇、菰莲、蕨类为代表植物群落，反映了隐域性土壤的草甸沼泽过程。另外，还有从国外引进的油橄榄、湿地松、樱花等。

武汉市主要湖泊里的浮游植物共 8 门 96 属 192 种，其中以绿藻为主，占总数的 44.79%，次为蓝藻和硅藻，分别占 21.88% 和 18.23%，是其优势种，另外还有裸藻、隐藻、金藻、甲藻、黄藻等。各个湖泊生物量较大，其范围为 5.7 ～ 116mg/L，浮游植物总密度从 2.5×10^6 个细胞 /L 到 6 176.1 $\times 10^6$ 个细胞 /L，浮游植物叶绿素 a 含量变幅大，为 4.5 ～ 278μg/L，在第一区域湖泊生态系统 70% 以上湖泊叶绿素 a 含量高于 65μg/ L，整体呈现藻型富营养化。水生高等植物共 23 种，以凤眼莲、莲菱、满江红等浮水植物和黄丝藻、黄花狸藻等沉水植物为主。除城郊的汤逊湖和梁子湖外，武汉市湖泊的大型水生高等植物数量较少。

②动物多样性

鱼类主要为养殖鱼类，据武汉市水产局资料统计，主要种类有青鱼、鲢鱼、草鱼、鳙鱼、鲤鱼、鲫鱼、黄鳝、鲈鱼、鳜鱼、乌鳢、鲟鱼、泥鳅、鲶鱼、黄颡鱼、罗非鱼、长春鳊、三角鲂、团头鲂、长吻鮠。

水禽有雁、鹳、鹈等隶属于 8 目、14 科、54 种。

其他生物还包括两栖类、爬行类和鸟类，主要分布在远郊的湖泊、水库。如夏家寺水库、梅店水库、梁子湖和沉湖，而夏家寺水库由于近年来库区周边建筑物的大量兴建，鸟类已呈减少趋势。

武汉市主要湖泊里的浮游动物包括原生动物、轮虫、枝角类和桡足类，共 85 属 140 种。其中原生动物种数最多，占浮游动物种类总数的 37.86%；轮虫次之。各个湖泊生物量变化较大，其范围为 2.3 ～ 644.4mg/L。

底栖动物共 16 属 22 种，以重污染和富营养水体指示种寡毛类的水丝蚓最为常见和分布最广的种类。

（2）自然生态系统

武汉市域面积 8 494km²，森林覆盖率 25%，湿地面积占 26.1%。

①水域生态系统

水域生态系统主要包括河流、湖泊、水库、沟渠、鱼池及塘堰等，以湖泊生态系统为主。武汉市现共有 166 个湖泊，水面总面积 2 205.06km²，占全市国土面积 25.79%。

湖泊常水位一般在 18.6～20.0m，调蓄水深一般在 0.5～1.0m，湖水通过排水渠、涵闸、泵站排入长江或其他支流。湖泊对调蓄城区雨水、接纳城镇污水、丰富城市景观等发挥了多种作用，对武汉市环境、经济、社会能否可持续发展有着重要的影响，是水环境治理与保护的重点目标。

湖泊生态系统是由湖泊内生物群落及其水生环境共同组成的动态平衡系统。湖泊生态系统是重要的水生生物资源栖息地，孕育着丰富的生物资源，湖泊内的生物群落同其生存环境之间，以及生物群落内不同种群生物之间不断进行着物质交换和能量流动，并处于互相作用和互相影响的动态平衡之中，维持着水生态系统平衡。

郊区受人类活动影响较小，湖泊生态系统生物群落结构均衡，生物多样性较高。作为初级生产者的各种藻类均有出现；高等水生植物以沉水植物居多，如黄丝草、金鱼藻、聚草、轮叶黑藻、菹草等；消费者中浮游动物各门生物量分布均匀。

②森林生态系统

城市森林在保护人体健康、调节生态平衡、改善环境质量、美化景观等方面的重要作用使城市森林建设成为人与自然和谐的重要内容之一。随着我国城镇化建设的快速发展，城市森林已成为我国森林的重要组成部分，并且对城市生态系统起到了重要且直接的调节作用。武汉正在探索走出一条有别于传统模式的工业化、城市化、生态化的发展新路，以中心城区为核心，以长江干流和蛇山—龟山—九峰山为十字形，构筑起两轴两带，三环六楔，多廊多核的环形，网状，放射式城市森林体系。建成汉口、武昌、汉阳、青山、汉江江滩公园，形成全场 26km、总面积 290 万 m² 的江滩森林景观带。汉口江滩面积 150 万 m²，背枕青山、坐拥两江，园内林木郁郁葱葱，再现了"晴川历历汉阳树，芳草萋萋鹦鹉洲"的诗意画境。汉阳江滩面积 135 万 m²，投资 20 多亿元，建成国内城市主城区中面积最大的九峰城市森林公园，公园占地 30km²，森林面积达到 27km²，栽种各种乔灌木 2 万余棵、铺设草坪 20 万 m²，绿化率达到 70%，平均每年吸引 10 万人入园健身休闲。全市已建成九峰、东湖磨山等一批景区，总面积超过 200km²，年接待游客 400 万人次。

来自武汉市国家森林城市创建办的资料显示，2007 年森林覆盖率为 22%；2008 年森林覆盖率 26.48%；2010 年 4 月武汉市已获"国家森林城市"称号，全市森林覆盖率达 35.56%，超过国家森林城市规定的 35% 的指标。

6.2.2　武汉市生态环境变化分析

6.2.2.1　大气环境质量变化分析

（1）环境特征

①空气污染指数

2001—2008 年空气污染指数见图 6.2-1，其中年均值最高为 2001 年的 101，空气质量状况达到轻微污染，其余年份空气质量为良，空气污染指数年均值最低为 2008 年的 81。空气质量优良率最低的年度为 2001 年；空气质量优良率最高的年度为 2008 年。2001—2008 年，污染指数逐年降低，同时空气质量优良率逐年的上升，从这两个指标中可以看出武汉市空气质量在逐步改善。

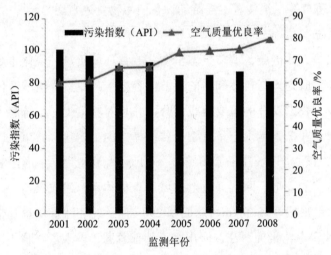

图 6.2-1　武汉市 2001—2008 年 API 指数与空气质量优良率

②环境空气优良区域比率

根据《环境空气质量监测规范》中对于环境空气质量监测网点位的设置的要求，环境空气质量评价点应符合位于各城市的建成区内，并相对均匀分布，覆盖全部建成区，环境空气优良区域比率见图 6.2-2 和图 6.2-3。

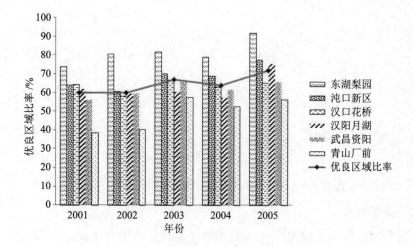

图 6.2-2　2001—2005 年武汉市优良区域比率

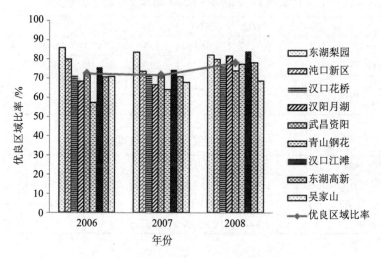

图 6.2-3　2006—2008 年武汉市优良区域比率

从图 6.2-1 ～图 6.2-3 中可以看出，城区的优良区域面积比率有明显的提高，API 指数逐年有所下降。

③臭氧

2001—2005 年武汉市东湖梨园监测点进行了臭氧的监测，2006 年对东湖梨园与汉口江滩进行臭氧监测，2007 年和 2008 年在全市 5 个环境空气自动监测站进行了监测，各年臭氧均值见图 6.2-4。

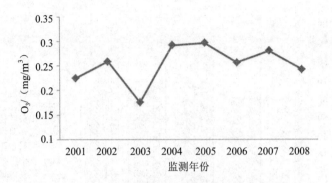

图 6.2-4　2001—2008 年武汉市环境空气中 O_3 小时均值

④人均碳排放量

武汉市资源使用量见表 6.2-1，人均碳排放量计算结果见表 6.2-2。

表 6.2-1　2001—2008 年武汉市资源使用量

年份	2001	2002	2003	2004	2005	2006	2007	2008
煤炭 / 万 t	863.67	950.27	1 084.5	1 435.1	1 742.1	1 891.6	1 863.9	1 793.92
石油 / 万 t	365.58	412.45	435.27	530.24	584.18	580.95	611.07	569.31
液化气 /t	117 423	92 620	87 516	82 804				
天然气 / 万 m³					8 234	18 020	28 469	40 859

表 6.2-2　武汉市人均碳排放量

年份	2001	2002	2003	2004	2005	2006	2007	2008
碳排放总量 / 万 t	1 660.19	1 726.82	1 917.02	2 399.87	2 386.22	2 806.43	2 847.81	2 870.50
武汉市人口数量 / 万	758.23	768.10	781.19	785.9	801.36	818.84	828.21	833.24
人均碳排放量 /t	2.189 5	2.248 1	2.453 9	3.053 6	2.977 7	3.427 3	3.4385	3.444 9

（2）生物组分

武汉市生物组分指标统计见表 6.2-3。

武汉市林业局对武汉鸟类的调查时间和区域：从 2008 年 10 月—2009 年 6 月，选取了武汉市内的重要湖泊湿地、市内公园及大专院校等环境比较好的区域进行鸟类观测。

表 6.2-3　武汉市生物组分指标 (2004—2008 年)

年份 指标名称	2004	2005	2006	2007	2008
植物多样性指数	0.90	0.90	0.90	0.91	0.92
本地植物指数	0.62	0.62	0.62	0.62	0.62
综合物种指数					0.14
鸟类种类					鸟类 15 目 168 种

数据来源：武汉市园林局、武汉市林业局。

（3）利用与服务

城市生态系统利用与服务的 6 个指标统计见表 6.2-4。

表 6.2-4　武汉市生态系统利用与服务指标（2001—2008 年）

指标名称 ＼ 年份	2001	2002	2003	2004	2005	2006	2007	2008
城市人口密度 /（人 /km²）	893	904	920	925	943	964	947	981
经济密度 /（亿元 /km²）	5.46	6.00	6.60	7.40	8.76	10.14	12.3	15.50
人均期望寿命 / 岁						78.23	78.23	78.88
清洁能源使用率 /%	65.56	58.63	56.65	56.65	58.65	61.65	63.65	68.65
城市居民公用休憩用地 /km²	66.81	49.91	63.98	78.45	79.11	81.46	81.62	82.97

数据来源：武汉市统计年鉴、武汉市城市规划部门、武汉市卫生局。

6.2.2.2　水环境质量变化分析

武汉市淡水生态系统非常多样，包括河流、湖泊、水库、坑塘（鱼塘）、苇地、滩涂、湿地、沟渠、水工建筑物等。

（1）空间形态

①城市水域面积率

武汉市现有水面总面积 2 117.6km²，全市国土面积 8 494.41km²，水面总面积占全市国土面积约 25.0%。武汉市内 5km 以上的河流有 165 条；境内共有大小湖泊 166 个，水面面积 779.6km²，湖泊总容积为 19.5 亿 m³；全市有各型水库 272 座，其中大型水库 3 座、中型水库 6 座。数据来源水务局水资源公报。

②城市水网密度

武汉市水网有关数据来源于卫片，从表 6.2-5 可看出 2008 年水面覆盖指数比 2007 年水面覆盖指数有明显下降，一年内湖泊面积减少了 86.83km²；武汉市水务局最新的调查数据显示，近 30 年武汉湖泊面积减少了 228.9km²。武汉湖泊数量减少、面积锐减，既有特殊历史背景下围湖造地、围湖养鱼的"历史之殇"，也有因城市建设需要而填湖占湖的"发展之殇"，更有屡禁不止的违法填湖的"现实之殇"。

表 6.2-5　武汉市 2007 年与 2008 年水面覆盖指数

年份	A_{riv}	河流长度 /km	A_{lak}	湖库坑塘面积 /km²	区域面积 /km²	水面覆盖指数
2007	71.768 1	212.11	8 523.09	905.08	8 523.09	43.47
2008	71.768 1	227.68	8 523.09	818.25	8 523.09	39.45

注：A_{riv} 为河流长度归一化系数；A_{lak} 为湖泊面积归一化系数。

③湿地面积比率

武汉市湿地总面积约 3 358.35km²，占国土面积的 39.54%，居全国同类城市之首，包括河流、湖泊、沼泽类型天然湿地和库塘、稻田类型人工湿地。武汉市已建立蔡甸沉湖、新洲涨渡湖、黄陂草湖和木兰湖、江夏上涉湖、汉南武湖 6 个湿地自然保护区，面积 3.38hm²，占天然湿地面积的 21%。2007 年武汉市已通过了《武汉市湿地保护总体规划》，按照规划，2030 年前，武汉市将斥资 7 亿元建设湿地保护区和湿地公园，使该市成为享誉全国的"湿地之城"。

武汉市水域子系统空间形态 3 个指标数据显示：武汉市属于水资源丰富的城市，丰富的水资源为武汉市经济社会可持续发展提供了可靠保障。武汉市人均淡水占有量约为 90 万 m³，为全国平均水平的 37 倍，是世界发达国家人均占有量的 10 倍；城市水域面积率、城市水网密度、湿地面积比率均高于全国平均水平，但也有湖泊数量减少、水面面积锐减的问题存在。缩减的湖泊面积有六成是由于 20 世纪五六十年代填湖造地造成的，随着城市化的进程和房地产的迅速发展，使武汉市面临更加严峻的湖泊保护形势。

（2）环境特征

①水域质量状况综合评价指数

武汉市湖泊众多、江河纵横，单一指标对水体的评价不易衡量整体水质。水域质量状况综合评价指数是使用水质现状类别面积占水域总面积的比值来综合评价该区域的水质状况。

数据来自市环保局常规监测的 70 个湖泊、11 条河流，湖泊总监测面积 675.05km²；河流总监测面积 264.9 km²。

2005—2009 年，其湖泊综合评价指数分别为 3.15、3.40、3.45、3.52、3.61；河流综合评价指数分别为 3.66、3.68、3.79、3.73、3.73；水域质量状况综合评价指数分别为 6.81、7.08、7.24、7.25、7.34。对以上 5 年的水域质量状况综合评价指数进行分析可看出：湖泊综合评价指数由 2005 年的 3.15 上升至 2009 年的 3.61；河流综合评价指数由 2005 年的 3.66 上升至 2009 年的 3.73；总水域质量状况综合评价指数由 2005 年的 6.81 上升至 2009 年的 7.34；表明武汉市的水域水质虽然个别水体受局部污染影响水质有所下降，但整体区域水质在近 5 年的经济建设高速发展的过程中还是保持了稳定，并有逐步好转的趋势。

②优良水体面积比率

计算武汉市达到或优于Ⅲ类水质水体的面积占水域总面积的比率。2005—2009 年，湖泊优良水体面积比率分别为 46.5%、41.1%、55.9%、52.3%、47.4%；河流优良水体面积比率分别为 82.50%、82.51%、87.37%、87.54%、87.54%。

对 5 年的水域质量状况综合评价指数进行分析可看出：湖泊优良水体面积比率基本保持在 50% 左右，在 2007 年达到最大的 55.9%，2009 年又下降为 47.4%，湖泊优良水体面积有下降趋势；而河流优良水体面积比率相对比较稳定一直保持在 80% 以上，并有上升趋势，由 2005 年的 82.5% 上升至 2009 年的 87.54%，河流水质状况较好。湖泊由于是相对封闭型的水体，对流能力差，自净能力较小，水质受人类社会生活活动影响较严重，是武汉市水质保护的重点目标。

③河流径流量年变化率

全市多年平均天然径流量为 43.71 亿 m³，径流年内来水分配不均，汛期、枯水期水量变化较大，多年平均 4—9 月径流量占全年径流总量的 70%～80%。径流年际水量相差悬殊，据金口、长轩岭、柳子港等水文站多年实测资料，最大丰水年来水量为最小枯水年的 5～7 倍。

全市多年平均径流深 450～600mm，高、低相差 150mm 左右。全市多年平均径流系数 0.42，即约 42% 的降水量形成径流。

2008 年全市地表水资源量 36.89 亿 m³，折合径流深 434.3mm。

以上数据显示：武汉市整体区域水质在近 5 年的经济高速发展的过程中保持了稳定，并有逐步好转的趋势。河流有 80% 以上面积处于Ⅲ类水质标准以上，水质较好；湖泊水质稍差，处于Ⅲ类水质标准以上的面积仅达到 50%，湖泊中主要超标因子为总氮、总磷。城市水环境建设和水质保护日益受到政府重视，武汉市把弘扬城市亲水特色与改善城市人居环境，提高城市品位有机结合起来，对长江、汉江的江滩开展了综合整治，突出了绿化、生态、观江、休闲、城市防洪的主题；并大力推进湖泊水质提档升级工程，对重点湖泊逐步进行了截污和综合整治。

（3）生物特性

①水体营养状况

武汉市境内共有大小湖泊 166 个，水面面积 779.6km²，武汉市环保局开展常规监测的 70 个湖泊总面积为 675.0449km²，占实际湖泊水面面积的 86.6%。现对已开展监测的 70 个湖泊进行富营养化评价，湖泊富营养化评价方法及分级标准执行中国环境监测总站生字 [2001]090 号文件。湖泊（水库）富营养化状况评价指标：叶绿素 a（chla）、总磷（TP）、总氮（TN）、透明度（SD）、高锰酸盐指数（COD_{Mn}）；湖泊（水库）营养状态分级：在同一营养状态下，指数值越高，其营养程度越重。

从 2004—2009 年的湖泊富营养状态评价结论分析：武汉市开展监测的 70 个湖泊有半数以上为富营养状态；2008 年，富营养状态湖泊的个数达到 6 年来的最高，占湖泊总数的 70%；中营养状态湖泊从 2004 年的 43.1% 下降到 2009 年的 31.4%，整体看来，武汉市湖泊富营养状态有加重趋势。

②河岸带状况

武汉市 5km 以上的河流有 165 条，长江在境内流程 145.5km；汉江在境内流程约 62km，河岸生态治理一直是水质保护的重点。2008 年"两江四岸"防洪及环境综合整治进一步推进，已形成长近 33km、面积约 300 万 m² 的江滩，实施明渠绿化面积达 1.83 万 m²。

③非本土水生生物种类

武汉市非本土水生生物为伊乐藻、小龙虾。伊乐藻雌雄异体，在水面上开花，20 世纪 80 年代由日本引入我国，具有较大的经济利用价值，在渔业生产中作为优质的饵料，并在水环境修复工程中被大量利用。欧洲、日本等许多国家引入后，它以其极强的入侵性迅速成为当地的优势种群。由此可见，伊乐藻作为一外来物种，已经对水生生态环境尤其是物种多样性造成了一定影响。

小龙虾学名克氏原螯虾，原产美洲，1918 年，日本从美国引进小龙虾作为饲养牛蛙的饵料。小龙虾从日本传入我国后，现已成为我国淡水虾类的重要资源，也是湖北水产品的支柱产业。由于螯虾的生存和繁殖能力都很强，分布范围日渐扩大，螯虾对堤坝造成的危害不容忽视。

④鱼类

武汉市有天然鱼类 70 余种，主要为鲤科 47 种，其余有：鲌科 6 种、鳅科 5 种、鲿科 3 种、鲶科 3 种，其他科 13 种。经济鱼类有 40 余种：鲤、鲫、草鱼、青鱼、鲢、鳙、长春鳊、团头鲂、鳜、乌鳢、黄颡鱼、赤眼鳟、鲶、红鳍鲌、蒙古红鲌、短尾鲌、短颌鲚、长颌鲚、戴氏鲌、翘嘴红鲌、斑鳜、银鲴、黄尾鲴、细鳞斜颌鲴、银鱼、长吻鮠、铜鱼、逆鱼、鲸、鳍、鳡、泥鳅、花鳅、花鱼骨、银飘鱼、油鲹、华鳈、沙塘鳢、黄鳝、鳗鲡。列入国家保护物种名录的鱼类有中华鲟、白鲟和胭脂鱼。

武汉市主要鱼类种数历年变化不大。

⑤底栖动物群落现状

2008 年 4—9 月三次对武汉东湖水网区 15 个水体的底栖动物进行调查，共采集到大型底栖动物 50 种，隶属于 16 科 41 属，其中严东湖底栖动物种数最多，有 28 种；北湖、青潭湖和杨春湖仅 2 ～ 3 种，其他水体介于以上两者之间。定量分析表明，在超富营养及富营养湖泊中，优势类群均为寡毛类和水生昆虫摇蚊科种类，只是所占比例有所差异；中营养湖泊严东湖，密度上水生昆虫占优势，为总量的 59.1%，生物量上软体动物占优势，为总量的 96.4%；青山港中，密度上寡毛类占优势，为总量的 63.6%，生物量上软体动物占绝对优势，为总量的 99.1%。

另外，据华中农业大学 2007 年研究报告《武汉南湖底栖动物时空分布》，南湖的底栖动物群落调查结果是：霍甫水丝蚓 3 802 ind./m^2、苏氏尾鳃蚓 270 ind./m^2、正颤蚓 716 ind./m^2、刺铗长足摇蚊 730 ind./m^2、红裸须摇蚊 50 ind./m^2。

以上数据显示：武汉市湖泊富营养状态有加重趋势，底栖动物群落现状也反映了湖泊富营养化的趋势。

（4）利用与服务

①水资源承载率

据武汉市水务局水资源公报，全市 2008 年水资源总量为 40.46 亿 m^3，全市过境水量 6 812 亿 m^3（其中长江、汉江武汉段水资源可利用量定为 300 亿 m^3，中小河流水资源可利用量 39 亿 m^3），总用水量 36.05 亿 m^3，年用水量占年水资源可供给量的 9.50%。从近 5 年来的数据分析可看出，武汉市水资源具有境内自产水有限、客水极为丰富的特点。武汉市多年平均降水量 105.94 亿 m^3，自产水资源总量 47.25 亿 m^3，人均水资源占有量 633 m^3，人均水资源量相当于全国平均值（2 200 m^3）的 1/3 稍多。但客水资源丰沛，入境客水多达 7 122 亿 m^3，是境内自产水的 148 倍，丰富的客水既为武汉市农业灌溉、城市生活和工业生产提供了充足的水源，同时也对城市防洪构成巨大压力。

武汉市 5 年来用水量有下降趋势，由于客水资源丰沛，虽然境内自产水有限，水资源承载率仍可以达到优的等级。

②景观娱乐水体面积比率

指标要求计算达到娱乐功能水质标准的水体面积占水域总面积的比率。武汉市评价数据来自环保局监测的 70 个湖泊、11 条河流，湖泊总监测面积 675.04km^2；河流监测面积 264.9km^2，Ⅳ类水质以上湖泊可定义为景观娱乐水体。

2005—2009 年的水体情况可以看出：河流景观娱乐水体面积比率没有明显变化，水质较稳定；湖泊景观娱乐水体面积比率有明显增加，从 2005 年的 68.5% 上升到 2009 年的 90.2%；近几年大型湖泊如东湖整体水质的好转，是达标湖泊的面积比率上升的主要原因。

③单位面积水源涵养量

来自武汉市国家森林城市创建办的资料显示，2008 年森林覆盖率 26.48%；森林、湿地面积已占该市国土总面积 50% 以上。

④水产捕捞量及产值

2004—2008 年水产捕捞量与产值见图 6.2-5；可见这 5 年水产捕捞量及产值保持稳定增长。

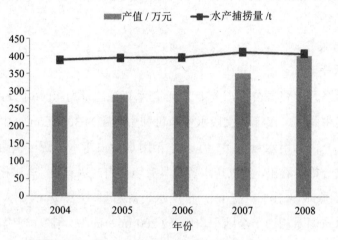

图 6.2-5　2004—2008 年武汉市水产捕捞量与产值

以上指标数据显示：武汉市丰富的水资源给农业灌溉，城市生活和工业生产提供了充足的来源；水域景观娱乐水体面积也可达到市民娱乐休闲需要；森林、湿地面积已占该市国土总面积 50% 以上；水产捕捞量及产值保持稳定增长；武汉市水资源可满足经济社会发展对水质和水量的需求。

6.2.2.3　土壤环境质量变化分析

生态用地比率、人均生态用地面积、景观多样性指数、景观破碎度指数等指标计算结果见表 6.2-6。

表 6.2-6　武汉市空间形态指标 (2008 年)

指标名称　　　　　　　　　　年份	2008
生态用地比率 /%	3.89
人均生态用地面积 /m^2	36.83
景观多样性指数	2.47
景观破碎度指数：耕地（p_1）	2.64
林地（p_2）	1.11
草地（p_3）	0.15
水域（p_4）	1.25
居民建设（p_5）	2.79
未利用（p_6）	0.17

数据来源：武汉市统计年鉴、遥感图。

土地退化指数，2006—2008 年均为 6.9。数据来自湖北省水利厅信息中心（对水土流失每 5 年统计一次，此处为 2006—2010 年的统计结果）。

土壤环境质量状况：目前未开展常规监测。

野生动物共 22 目 210 余种。

外来物种有 64 种；本地濒危物种数 10 种。

陆域生态子系统利用与服务指标见表 6.2-7。

表 6.2-7　武汉市陆域生态系统利用与服务指标统计（2006—2008 年）

指标名称 ＼ 年份	2006	2007	2008
主要农、林、果产品产量及产值 / 万元	71 798t，1 136 163	72 830t，1 226 557	76 707t，1 337 067
生态休闲旅游功能 / 亿元	250	297	356
城市绿地面积 /km²	草地 85、林地 348、农田 5 183	草地 75、林地 793、农田 5 183	草地 136、林地 498、农田 5 108

6.2.2.4　声环境质量变化分析

武汉市建成区区域环境噪声监测，在城区范围内，以 1 000m×1 000m 网格，共设测点 210 个，网格面积 210km²。

监测周期为秋季测量一次，每年 9—10 月昼间测量。因为都是昼间进行监测，按照二类区噪声标准，选择低于 60dB 的区域百分比。2001—2008 年武汉市区满足二类区声环境标准面积率在 88.5% ～ 91.5%。

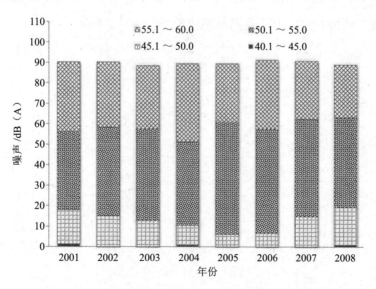

图 6.2-6　2001—2008 年武汉市区噪声各级分贝区域百分比

6.2.3 武汉市城市土地利用特征及其变化分析

武汉市近年城市规模和建设用地统计结果见表 6.2-8。城市道路密度、容积率、绿化覆盖率逐年增长。

表 6.2-8 武汉市近年城市规模和建设用地统计

指标名称＼年份	2001	2002	2003	2004	2005	2006	2007	2008
城市建设用地比率 /%	2.83	3.25	2.96	3.00	3.00	3.00	3.00	3.00
城镇建设用地扩展强度指数 /%	0.41	0.41	0.42	0.43	0.43	0.43	0.43	0.43
城市道路密度 /（km/km^2）	18.99	18.99	22	25	27	28	30	36
城市容积率 /%	1.40	1.90	1.90	2.00	2.10	2.20	2.30	2.30
城市透水面积率 /%	96.88	96.39	96.65	96.58	96.51	96.43	96.32	96.15
城市绿化覆盖率 /%	33.57	33.67	35.41	37.10	37.16	37.20	37.35	37.48

数据来源：武汉市统计年鉴、武汉市规划部门。

6.2.4 武汉市生态变化的环境效应研究

6.2.4.1 污染物排放和环境整治情况

（1）大气中可吸入颗粒物

大气中可吸入颗粒物年平均值从年均值角度来看，2001—2004 年的 4 年中颗粒物浓度差距不大，年均浓度值为 0.129mg/m^3；2005—2008 年这 4 年中，颗粒物浓度相对稳定，年均浓度值为 0.110mg/m^3，2005 年以后年均浓度值有一定的改善。

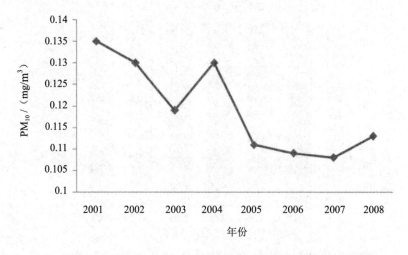

图 6.2-7 2001—2008 年武汉市大气中可吸入颗粒物年平均值

（2）城市空气优控污染物

2001—2008 年，武汉市建成区环境空气监测数据看来，主要以可吸入颗粒物污染（PM_{10}）为主，故影响建成区环境空气质量状况的首要污染物是可吸入颗粒物（PM_{10}）。

表 6.2-9　武汉市大气中主要污染物

年份	PM_{10}/d	SO_2/d	比率 /%	首要污染物浓度 /（mg/m³）
2001	365	0	100.00	0.135
2002	355	5	97.26	0.130
2003	342	4	93.70	0.119
2004	352	8	96.44	0.130
2005	340	5	93.15	0.111
2006	340	9	93.15	0.109
2007	348	2	95.34	0.108
2008	333	3	91.23	0.113

（3）酸雨

酸雨是指 pH 值小于 5.65 的酸性降水。酸雨频率是判别某地区是否为酸雨区的重要指标。

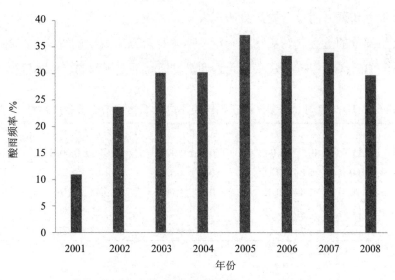

图 6.2-8　武汉市 2001—2008 年酸雨频率

全市共设置降水监测点 14 个，其中中心城区 8 个、远城区 6 个。武汉市酸雨污染呈加重趋势，出现这种情况的原因可能有以下几个方面：

●武汉市属亚热带季风气候，一年四季分明，冬季受东北季风控制，夏季受东南和西南季风控制，而我国西南地区为我国最严重的酸雨污染区之一，北方地区为我国二氧化硫高排放区，两者的酸性污染物的远距离输送对武汉市的降水酸度有很大影响。

●武汉市煤炭消费总量呈上升趋势，加上近年来燃煤供应紧张，不得不大量使用含硫量高的煤，直接导致了武汉市工业废气中二氧化硫排放总量的显著上升。

（4）水体优控污染物

对武汉市环保局开展常规监测的 70 个湖泊和 11 条河流进行评价的结果显示，武汉市水体的主要污染物为氮、磷。故选择氮、磷为武汉市地表水的优控污染物，并计算近 5 年来各水体中氮、磷超标水体个数占总监测水体个数比率。

根据 2004—2009 年的监测结果，武汉市湖泊污染呈营养化状态，平均氮、磷超标的湖泊占整体湖泊数的 70% 左右。随着湖泊外源污染的控制，2008 年、2009 年氮、磷超标的湖泊个数有所下降，从 2007 年的 78.6% 下降到 2008 年的 70.0% 直至 2009 年的 68.6%。但外源控制并没有实质性改变湖泊受污染的状况，仍有超过一半的湖泊主要超标项目为氮、磷。由于湖泊沉积物中污染物的不断释放，特别是内源磷释放造成的湖泊富营养化状态仍是武汉市湖泊治理中需要特别注意的问题。

（5）水产品重金属污染状况

对武汉市的几个具有代表性的城市湖泊（南湖、东湖、野芷湖和墨水湖）内的主要水产品（淡水鱼和藕）的重金属污染研究发现，根据评价标准，目前这四个湖泊生产的淡水鱼类食用部分的重金属污染均未超标，基本符合国家规定的食品卫生标准。但是墨水湖藕中 As、Hg、Cd、Ni、Pb、Zn 元素含量均远高于全国藕的自然含量。

表 6.2-10　南湖、东湖、野芷湖鱼类不同组织器官中的重金属含量　　单位：mg/kg

部位	Zn	Cu	Pb	Cr	Cd
肌肉	5.0±0.53	0.23±0.042	0.034±0.0084	0.076±0.0082	0.034±0.014
鳞	58.9±10.0	1.84±0.28	0.97±0.14	1.04±0.23	1.06±0.44
鳃	46.2±3.76	1.44±0.42	0.51±0.17	0.45±0.10	0.54±0.20
肝	31.4±12.8	2.40±1.52	0.62±0.26	0.57±0.12	0.74±0.26
肾	34.4±6.01	1.21±0.23	0.37±0.20	0.51±0.21	0.49±0.14

注：mg/kg 是以每 kg 净重含的重金属 mg 数计算。

表 6.2-11　墨水湖鱼肉内重金属元素含量　　单位：μg/g

鱼类	Hg	Cd	As	Cu	Pb	Zn	Cr	Ni
鲢鱼	0.169	0.006	0.072	2.459	0.118	5.434	0.353	0.085
鲫鱼	0.145	0.011	0.062	0.339	0.14	5.64	0.293	0.106
国家鱼肉标准	0.3	1	0.5	5	1.1	10	0.5	—
墨水湖藕带 *	40.2	1074	0.65	31.9	4.9	61	0.34	2.4

注：*μg/g 是以每 g 湿重的重金属 μg 数计算。

6.2.5　武汉市生态环境质量评估分析

6.2.5.1　武汉市生态环境质量评估结果

根据"城市生态环境质量评价指标体系"各指标的权重，以及武汉市 2008 年各指标数据，计算出 2008 年武汉市生态环境质量的评估值，具体见表 6.2-12。

表 6.2-12　武汉市生态环境质量评价指标及评价结果（2008 年）

目标层 A		准则层 B		方案层 C		指标层 D	
因素	分值	因素	分值	因素	分值	因素	加权分值
城市生态环境质量指数	69.72	B1 空间格局	75.69	C1 人工生态子系统	76.46	D1 人口密度	13.54
						D2 人均建设用地	9.56
						D3 建成区扩展强度	2.89
						D4 交通便利度	8.90
						D5 建成区容积率	12.48
						D6 透水面积率	10.75
						D7 绿地覆盖率	18.33
				C2 水域生态子系统	93.31	D8 水面覆盖率	29.92
						D9 水网密度	19.73
						D10 湿地面积率	27.67
						D11 人均水域面积	16.00
				C3 陆域生态子系统	56.46	D12 生态用地比率	23.22
						D13 人均生态用地	16.79
						D14 景观多样性指数	12.84
						D15 景观破碎度指数	3.60
		B2 环境特性	66.10	C4 人工生态子系统	73.44	D16 空气质量指数	16.78
						D17 安静度指数	12.32
						D18 酸雨频率	8.67
						D19 人均碳排放量	3.43
						D20 灰霾天气发生率	5.12
						D21 热岛强度	11.09
						D22 极端天气发生率	6.06
						D23 空气优（首）控污染物指数	1.85
						D24 电磁污染指数	8.12
				C5 水域生态子系统	61.14	D25 水质综合污染指数	21.18
						D26 优良水体面积率	8.73
						D27 河流污径比	10.04
						D28 水体营养状况指数	10.53
						D29 COD 排放总量控制指数	2.93
						D30 水体优（首）控污染物指数	1.10
						D31 水产品重金属污染指数	6.64

目标层 A		准则层 B		方案层 C		指标层 D	
因素	分值	因素	分值	因素	分值	因素	加权分值
城市生态环境质量指数	69.72	B2 环境特性	66.10	C6 陆域生态子系统	58.23	D32 空气优良区域比率	8.93
						D33 臭氧浓度指数	7.23
						D34 土地退化指数	23.28
						D35 土壤环境质量综合指数	16.06
						D36 负离子浓度指数	2.73
		B3 生物特征	63.49	C7 人工生态子系统	59.03	D37 植物丰富度	22.44
						D38 本地植物指数	24.49
						D39 生物入侵风险度	12.10
				C8 水域生态子系统	62.20	D40 鱼类丰富度	19.98
						D41 底栖动物丰富度	11.35
						D42 水生维管束植物丰富度	15.25
						D43 水岸绿化率	15.61
				C9 陆域生态子系统	67.04	D44 野生高等动物丰富度	16.80
						D45 野生陆生植物丰富度	12.37
						D46 本地濒危物种指数	10.99
						D47 鸟类丰富度	26.88
		B4 服务功能	72.47	C10 人工生态子系统	80.14	D48 经济密度	13.46
						D49 人均公用休憩用地	14.37
						D50 清洁能源使用率	11.68
						D51 垃圾无害化处理率	14.36
						D52 生活污水集中处理率	15.33
						D53 绿地释氧固碳功能	10.22
						D54 可再生能源利用率	0.72
				C11 水域生态子系统	66.04	D55 水资源承载力	39.07
						D56 娱乐水体利用率	13.77
						D57 人均水产品产量	13.20
				C12 陆域生态子系统	63.53	D58 水源涵养量价值	21.31
						D59 农林产品产值	23.15
						D60 生态旅游功能	19.07

6.2.5.2 结果解析

根据第 4 章提出的各层次计算分值和生态环境质量分级，武汉市生态环境质量和四大要素"空间格局、环境特性、生物特征、服务功能"状况的评判级别如表 6.2-13 所示。

表 6.2-13　武汉市生态环境质量评判级别

综合指数	分值	等级
空间格局	75.69	良好
环境特性	66.10	良好
生物特征	63.49	一般
服务功能	72.47	良好
城市生态环境质量	69.72	良好

武汉市生态系统的各要素层及各子系统的生态环境质量状况如下所述。

（1）空间格局状况

武汉市空间格局综合指数评价等级为"良好"。该城市空间布局构成相对合理，绿化率较高，水资源较为丰富；但生态用地面积偏低、景观破碎化情况较严重。其中三个子系统的空间格局状况从好到差的排序为：水域生态子系统＞人工生态子系统＞陆域生态子系统。

①人工生态子系统

人工生态子系统空间格局综合指数为 76.46，评价等级为"良好"。空间格局的各指标反映了城市人工生态子系统中建设用地布局及城市化建设进展状况。

从图 6.2-9 可看出，城市绿化覆盖率、建成区容积率的布局状况较好，但人均建设用地、建成区扩展强度两项指标状况较差。随着经济的增长和城镇化水平的提高，城市建设用地面积会相应逐渐增加。但是由于土地利用水平、土地政策、规划水平等多方面因素的影响，导致了城市建设用地的闲置和利用率低下。其中绿地覆盖率对人工生态子系统空间格局综合指数贡献率最大，而建成区扩展强度和人均建设用地是其限制因子。

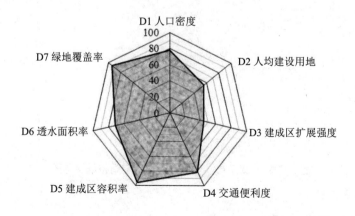

图 6.2-9　武汉市人工生态子系统空间格局雷达图

②水域生态子系统

水域生态子系统空间格局综合指数为83.91，评价等级为"理想"。该子系统各指标除了水面覆盖率外均达理想状况，真实体现了该城市淡水资源丰富，江河纵横，河港沟渠交织，湖泊、库、塘星罗棋布，人均水域面积率、水网密度、湿地面积率均位居全国前列的实际情况（图6.2-10）。

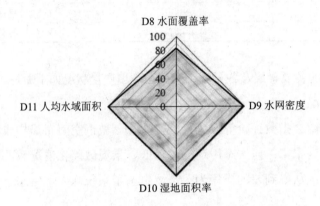

图6.2-10 武汉市水域生态子系统空间格局雷达图

③陆域生态子系统

陆域生态子系统空间格局综合指数为56.46，评价等级为"一般"。生态用地比例和景观多样性指数为"一般"，其余两个指标为"较差"。武汉市总体生态用地面积不大，由于近年来城市建设发展较快，修建了城际道路，对整个城市景观多样性有所影响，也导致生境破碎化程度的加大。

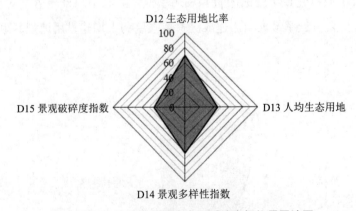

图6.2-11 武汉市陆域生态子系统空间格局雷达图

（2）环境特性状况

武汉市生态环境系统的环境特性综合指数为66.10，评价等级为"良好"。

表明武汉市区域环境状况处于良好水平，环境质量稍有好转。其中三个子系统的环境特性状况从好到差的排序为：人工生态子系统＞水域生态子系统＞陆域生态子系统。

①人工生态子系统

人工生态子系统环境特性综合指数为 73.44，质量状况评价等级为"良好"。近年来，城市的空气质量状况较好，但酸雨频率仍较高，城市化发展带来交通和基建噪声的增强，使城市安静度不容乐观，城市建设和机动车辆增加也引起了灰霾天气天数的增加。另外，城市广电通信的大力发展所造成的电磁污染影响亦不容忽视。城市总体空气质量较好，但存在灰霾天气发生率较高的问题（图 6.2-12）。

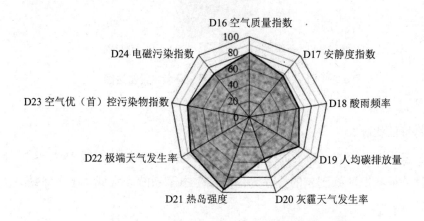

图 6.2-12　武汉市人工生态子系统环境特性雷达图

②水域生态子系统

水域生态子系统环境特性综合指数为 61.14，质量状况评价等级为"一般"。水质常规监测断面基本达标，水质综合情况较好，但 COD 排放强度较大；水资源丰富，河流污径比小，水体自净能力较强，说明近年来对河湖污染的整治收效明显；但水体呈富营养化状态。水体优控污染物氮、磷和 COD 排放强度是主要限制因素（图 6.2-13）。

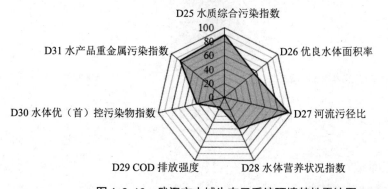

图 6.2-13　武汉市水域生态子系统环境特性雷达图

③陆域生态子系统

陆域生态子系统环境特性综合指数为58.23，质量状况评价等级为"一般"。水土流失控制较好，土地退化较缓慢，但土壤环境质量较差，空气优良区域的比例较低（图6.2-14）。

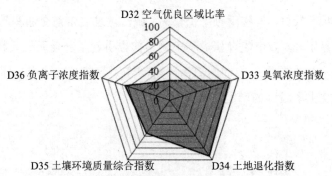

图 6.2-14　武汉市陆域生态子系统环境特性雷达图

（3）生物特征状况

武汉市生态环境系统的生物特征综合指数为63.49，对应评价等级为"一般"。三个子系统的生物特征状况从好到差的排序为：陆域生态子系统＞水域生态子系统＞人工生态子系统。

①人工生态子系统

人工生态子系统生物特征综合指数为59.03，评价等级为"一般"。

城市建设对建成区自然生态环境破坏较大，植物种类少，存在一定程度的生物入侵风险（图6.2-15）。

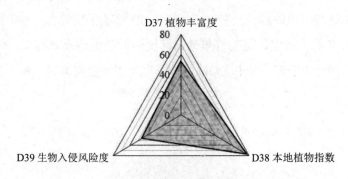

图 6.2-15　武汉市人工生态子系统生物特征雷达图

②水域生态子系统

水域生态子系统生物特征综合指数为62.20，评价等级为"一般"。

水生维管束植物丰度较高，鱼类和底栖动物种类水平一般，水岸绿化率不高。武汉的水域面积率很高，水环境质量良好，但其水生生物的丰度则不高，其原因在于近些年来由于不适当的农田水利和渔业环境建设、不合理的渔业方式和经营管理模式使许多湖泊的自然资源遭受较严重的破坏（图6.2-16）。

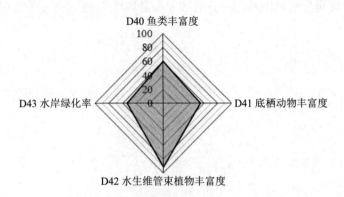

图 6.2-16　武汉市水域生态子系统生物特征雷达图

③陆域生态子系统

陆域生态子系统生物特征综合指数为67.04，质量状况评价等级为"良好"。本地濒危物种数较少，陆生野生植物丰度较差；陆生野生动物和鸟类物种较多。但其野生陆生高等植物的种类较少，成为其限制因子（图6.2-17）。

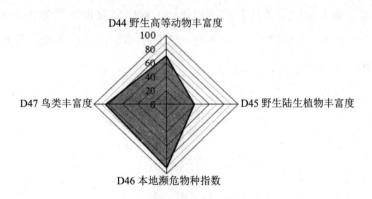

图 6.2-17　武汉市陆域生态子系统生物特征雷达图

（4）服务功能状况

武汉市生态环境系统的生物特征综合指数为72.47，评价等级为"良好"。

表明武汉市生态系统服务功能较好。其中三个子系统的服务功能状况从好到差的排序为：人工生态子系统＞水域生态子系统＞陆域生态子系统。

①人工生态子系统

人工生态子系统服务功能综合指数为 80.14，评价等级为"理想"。

城市人工生态子系统服务功能得到较好的利用，经济密度较高，人均公用休憩用地面积较大，城市绿地释氧固碳功能、清洁能源使用、垃圾无害化和生活污水集中处理等服务功能较好；可再生能源的利用刚刚起步，有较大的发展空间（图 6.2-18）。

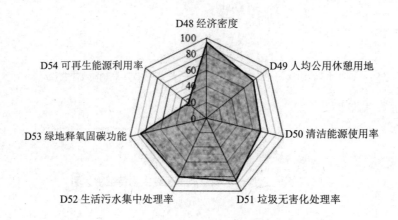

图 6.2-18　武汉市人工生态子系统服务功能雷达图

②水域生态子系统

水域生态子系统服务功能综合指数为 66.04，质量状况评价等级为"良好"。

说明水域生态子系统服务功能的利用接近一般，武汉市水资源非常丰富，城市水资源承载力强，然而其人均水产品产量不高，娱乐水体利用情况欠佳，存在发展和利用空间（图 6.2-19）。

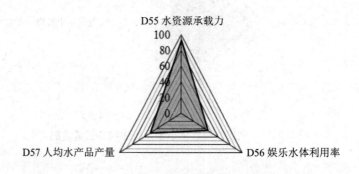

图 6.2-19　武汉市水域生态子系统服务功能雷达图

③陆域生态子系统

陆域生态子系统空间格局综合指数为 63.53，质量状况评价等级为"一般"。

说明城市陆域生态子系统服务功能有待进一步提升，水源涵养量价值、农林产品产值和生态休闲旅游发展一般（图 6.2-20）。

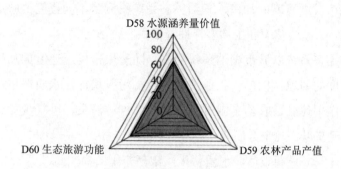

图 6.2-20 武汉市陆域生态子系统服务功能雷达图

（5）城市生态环境质量

武汉市生态环境质量评价结果为"良好"。结果表明该城市空间布局构成合理，城市绿化率较高，城市生产布局较合理；城市生态系统物流、能源较顺畅、协调，区域环境状况处于中等的水平。但生物多样性及物种丰富度较低，需要进一步有针对性地加强城市生态环境质量与区域协调发展的调控。

从城市生态环境的"空间格局、环境特性、生物特征、服务功能"四大要素组成的雷达图来看，武汉市各要素情况相对较均匀，空间格局（良好）＞服务功能（良好）＞环境特性（良好）＞生物特征（一般）（图 6.2-21，见文后彩插）。

从图 6.2-22（见文后彩插）可看出，在空间格局和环境特性要素中，水域生态子系统呈明显优势；三个子系统生态环境质量的优劣排序为：水域生态子系统＞人工生态子系统＞陆域生态子系统。评价结果体现出"水多林少"的城市特点，这与该城市的生态系统状况能较好的吻合。

人工生态子系统对"服务功能"的贡献率最大，对生物特征的贡献率最小，反映了武汉市城市服务功能是以人工生态环境为主，受到人为的干扰，生物生境受到的影响最为强烈。武汉市水域生态子系统对空间格局和环境特征的贡献率都比陆域大，反映了武汉市水资源丰富的生态环境特点。

6.2.6 武汉市生态环境保护对策

（1）应适当控制城市常住人口，才能有效控制城市建设用地扩张

从以上分析可看出，城市常住人口的递增是武汉城市建设用地扩张最重要的驱动因素。应对城市常住人口进行必要的控制，并对武汉市建设用地规模进行准确预测，以确

定城市合理建设用地的规模；同时，要有效控制建设用地外延式增长，促进建设用地内涵式增长。

（2）随着城市发展速度的加快，湖泊生态系统受到了不同程度的胁迫，需控制过度开发引起水质恶化、湖泊萎缩和生物多样性降低

武汉市水域生态系统以城市湖泊系统为主。随着城市发展速度的加快，湖泊生态系统受到了不同程度的胁迫。例如：工业用水量及排污量增加，水质严重污染，水环境不断恶化；农业耕作中化肥、农药施用过量，形成非点源污染，进一步加速了水环境质量的下降。具体表现在以下几个方面。

①湖滨过度开发，景观破坏，水质恶化，富营养化加重

随着城市化进程的加快，人类活动对水域生态环境造成了一定程度的破坏。例如：市区内的疾病湖泊，如南湖、月湖、南太子湖、塔子湖位于工厂和居民村包围中，周围建筑物林立、排污口众多，污染严重，水体为劣 V 类水质。郊外的一些健康湖泊，如木兰湖、汤逊湖，也在被开发利用中，许多建筑物临水而建，既破坏景观，又影响水质。

另外，由于不合理开发工业废水、生活污水大量排入湖泊，湖水污染负荷加重，湖底淤积和水体中有机物和营养物质的积累增加，加重了湖泊富营养化程度。如由于过度网围养鱼，使水草减少，底质中营养物质不能被有效地吸收转化；投放鱼饵饲料也增加了湖水中有机质含量。该市大多数湖泊的总磷、总氮都超标，叶绿素含量相当高，且浮游植物和富营养藻类占优势。

②湖泊萎缩

由于围填和阻隔，造成了湖泊萎缩，功能丧失，导致了湖泊生态系统脆弱。20 世纪 50 年代至今，主城区湖泊减少率高达 52.25%，例如北湖，20 世纪 50 年代水面面积为 50hm²，80 年代面积减少为 14hm²，现有面积仅有 10.4hm²；菱角湖湖面面积由 17.8hm² 减少到 8.7hm²；后襄湖由 17 hm² 锐减为现在的 4.3hm²；塔子湖湖面面积由 100hm² 减至 30hm²；三角湖、北太子湖、南太子湖、晒湖、阳春湖等湖泊都有严重的填占问题。由于湖滨大规模开发，造成的水土流失，使湖底淤高，水量变小，自净能力降低，使之更易受污染；湖滨地裸露，水生植物分布区减少，直接减少了天然鱼类栖息索饵和产卵场地，引起水生生物的大量减少以致灭绝。

③生物多样性降低

由于不适当的农田水利和渔业环境建设、不合理的渔业方式和经营管理模式以及迅速的人口增长对生态系统的巨大压力，极大地损害了从基因到生态系统的各个层次的生物多样性，使许多湖泊的自然资源遭受到严重破坏。

近年来，武汉市渔业人为定向管理的面积逐步扩大。这些人为干扰不断介入天然湖

泊系统，直接改变了系统原有的生态环境条件，且由于经营结构过于单一，生态经济效益差，降低了湖泊系统持续满足其外部人类、社会需要的能力，成为制约武汉市湖泊生态系统健康发展不可忽视的因素。

城市建筑、汇水区及湖滨的不合理开发利用，造成植被减少、生物栖息的生境被破坏、群落中敏感种群减少、多样性降低。目前，武汉市各湖泊，除梁子湖生态系统相对较完整外，大部分湖泊生物种类和数量锐减，生物多样性下降，连位于远郊的木兰湖、汤逊湖等的水质也有不断恶化的趋势。

生境的变化、过度开发、水草顶级群落消失带来的次生性灭绝及城郊湖泊加速富营养化造成的生境污染，如此多种因素同时作用于某一个物种，往往造成生态系统生物多样性下降。

（3）陆域生态环境质量有所改善

①武汉市建设用地的破碎度有所减小，这是因为近年来武汉市发展很快，修建了许多道路，使各建设用地连接起来。

②武汉市植物多样性丰富，区系类型多样。

③本地植物比例尚需进一步提高。

6.3　重庆市生态环境质量评估

6.3.1　重庆市生态环境概况与特征

重庆市位于中国西南部，幅员面积 8.24 万 km²，辖 40 个区县（自治县）。重庆市是我国历史文化名城、长江上游经济中心、六大老工业基地和国家五大中心城市之一。

重庆市主城区又称都市发达经济圈，位于东经 106°14′ ~ 106°53′，北纬 29°19′ ~ 29°57′，长江、嘉陵江贯穿全域，南临江津区、綦江区，北靠四川省华蓥市，西连合川区、璧山县，东接长寿区、涪陵区、南川区，幅员面积 5 473 km²。包括渝中区、大渡口区、江北区、沙坪坝区、九龙坡区、南岸区、北碚区、渝北区、巴南区 9 个行政区，是重庆市政治、经济、文化、金融和工业中心。主城区面积 5 473km²，城市建成区约 500km²。

6.3.1.1　自然环境概况

（1）地理地貌

重庆市主城区位于川东平行岭谷低山丘陵区和方山丘陵区，地形起伏较为明显，海拔 141 ~ 1 461m，约 88.1% 的区域位于海拔 600m 以下。其中最高、最低海拔均分布在渝北区境内，最高海拔位于东经 106.698°、北纬 30.120°，最低海拔东经 106.946°、北纬 29.738°。

区域地势南北高、中间低，夹杂多条南北走向山脉，缙云山、中梁山、歌乐山、铜锣山和明月山等山体分布其间，形成"一山三岭两槽"的地貌构造格局。中部地形地貌主要受到地质构造控制，以丘陵、平原构造为主；北部和南部区域属于杨子准地台，跨川中褶带和川东褶带两大构造单元，以丘陵和低山地貌为主。

（2）地质结构

重庆市主城区地层分区属扬子地层区，经二叠纪到第四纪各地质阶段的造山运动及沉积演化形成，二叠系、三叠系、侏罗系和第四系均有不同程度发育，其中侏罗系上沙溪庙组、下沙溪庙组、自流井 - 珍珠冲组出露面积最广、厚度最大，三叠系次之，第四系沿长江、嘉陵江两岸零星分布，面积出露最小。侏罗系中统上沙溪庙组和下沙溪庙组出露面积约占 55.73%，以抗蚀能力弱的紫红色砂岩、粉砂岩、泥岩为主，巨厚层状构造，主要由黏土矿物组成，局部含砂质条带，岩土体质地较松软，结构松散，抗侵蚀能力差；自流井—珍珠冲组出露面积约占 11.93%，以紫红色泥岩为主，灰、紫灰色灰岩、夹泥岩次之；三叠系以上统须家河组出露面积最多，约占 7.69%，以灰白色厚层块状中、细粒长石石英砂岩为主，兼有粉砂岩、泥岩及薄煤层组成；第四系以沿江组阶地出露面积最少，约占 0.13%，主要由第四系现代河流冲积物经过长期地质作用而形成，沙砾黏土混杂。

（3）气候特征

重庆市主城区气候属中亚热带湿润气候区，具有夏热冬暖、光热同季、无霜期长、雨量充沛、湿润多阴、风力小等特点。年均温度在 18.2 ～ 19.2℃，多年均温为 18.6℃，夏季易出现高温天气，最高温度曾达 42.8℃，冬季偶出现极低温度，最低温度曾达 −7.1℃；年均降水量在 814.8 ～ 1 508.0mm，多年平均年降雨量为 1 127.6mm，降水多分布在 5—9 月，常出现强暴雨等强对流天气，最大降水量达 56.5mm。此外，多年平均相对湿度为79.2%；平均无霜期约为 350 天；主城区属于全国日照最少的区域之一，多年平均日照数约为 1 000 小时；多年平均风速为 1.4m/s，静风频率较高。

（4）河流水文

重庆市主城区水网密集，拥有长江、嘉陵江以及大溪河、璧北河等 20 余条主要次级河流。全市水系形态呈网格状或树枝状，地表径流量大，地表水资源量多，但由于河流下切较深，尤其是渝东南和渝东北地区的主要河流，导致利用难度较大。市内水资源总量中地表水占绝大部分，其中由降雨形成的多年平均地表水约 567.7 亿 m³，由长江、嘉陵江、乌江等流入重庆市的多年平均入境水量约 3 839 亿 m³。

长江干流横跨区域东西，沿途途经九龙坡区、大渡口区、渝中区、南岸区、江北区等行政区；嘉陵江干流从西北部流入主城，于朝天门处汇入长江；其他支流沿长江、嘉陵江干流错综分布，形成网格状或树枝状的区域水网体系。区域内主要河流长度约为

906.2km，长江、嘉陵江干流分别约长 129.3km、70.8km（图 6.3-1），其支流长度达到
706.1km；主要支流流域面积达到了 4 700 多 km²，相当于区域总面积的 86%。此外，由
于受三峡蓄水位变化、降雨及上游来水等因素影响，河流流速较慢且变化较大，流速一
般在 0.1 ～ 1.4m/s。

经测算，2008 年水面覆盖指数、城市水网密度分别达到 1.61km/km² 和 30.46km/km²，
略呈上升趋势。

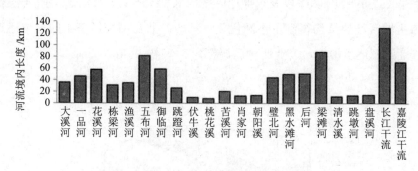

图 6.3-1　重庆市主城区主要河流境内长度分布图

（5）土壤特征

重庆市主城区主要的土壤类型以紫色土为主，另有水稻土、黄壤土、石灰岩土三个
类型。土壤 pH 值在 4.10 ～ 8.59，均值为 6.91，土壤环境质量总体良好。紫色土广泛分
布在海拔 200 ～ 1 300m（或 200m 以上）的丘陵、河谷以及山区，在丘陵区呈大面积连
续分布，在中低山区多以块状分布，在区域的中南部和西部部分区域分布较广、在北部
零星分布；水稻土在区域东西两侧分布较广，主要分布在海拔 180m 以上的丘陵、河谷
以及缓坡地带；黄壤土主要分布在海拔 500m 以上的低、中山，少数分布于长江、嘉陵
江的二、三、四、五级阶地上；紫色丘陵区侵蚀台地上的古夷平面与受古水文作用的黄
色石英砂岩地区亦有零星分布；石灰岩土主要分布在北斜低山槽谷内、纵向地势较高的
区域。

重庆市大部地区属于全国水土流失类型区划中的西南土石山区，是国家级水土流失
重点监督区和水土流失重点治理区。全市水土流失主要表现为以坡面水蚀为主，侵蚀强
度高，水土流失范围广等特点，水土流失类型主要为水力侵蚀和重力侵蚀，其中又以水
力侵蚀为主。

6.3.1.2 社会经济概况

（1）行政建制及人口概况

区域人口空间分布集聚程度较高。2008 年，重庆市主城区常住人口总数为 684.41 万人，

城镇化率为 89.67%。区域人口密度达到 1 088 人 /km²，是人口密度很高的城市。其中，渝中区人口密度达到 25 120 人 /km²，是唯一的人口过万的区；渝北区（658 人 /km²）和巴南区（477 人 /km²）人口密度相对较小，其余 6 个行政区的人口密度均大于 1 000 人 /km²。

（2）经济与产业

近年来，重庆市主城区地区生产总值年均增长率已达到 18.98%，实现地区生产总值达到 2 190 亿元，三次产业比例为 3：49：48。区域人均 GDP 达到 32 299 元，分别是全国平均水平（22 698 元 / 人）以及东部地区平均水平（25 955 元 / 人）的 1.4 倍和 1.2 倍。

重庆市主城区产业结构得到了不断优化，第一产业在国民经济中的地位迅速下降，第二、三产业比例逐步增加，产业比例已调整为 3：49：48。

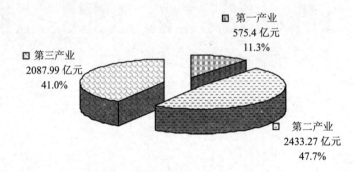

图 6.3-2　重庆市三次产业比例结构图

6.3.1.3　生态系统结构与基本特征

（1）生物多样性分析

重庆市主城区属渝中西部丘陵低山常绿阔叶林区，主要自然植被类型有常绿阔叶林、针叶林、针阔叶混交林、阔叶杂木林、灌木林、竹林、山地灌丛草甸、塘库溪流边岸草甸、农田植被等；人工植被主要为农业植被与城市园林绿地。按照大型的生态斑块可划分为阔叶林群落、针叶林群落、竹林群落、水田农业群落、旱地农业群落、灌丛草坡群落等。

全市生态系统类型多，结构复杂，物种丰富，珍稀、濒危和特有动植物众多。重庆市主城区现有白市驿鹭类、缙云山亚热带常绿阔叶林等 9 个自然保护区，总面积 29 852.8km²。主城区现有森林公园 14 个，森林公园总面积约 21 482 km² 以上。自然保护区面积和森林公园面积共达 5 万多 hm²，约占区域总面积 9.38% 以上。

区域内现有林地 135 813hm²，草地 10 594hm²（2008 年）。森林资源较少、覆盖率不高、林种结构单一、树种单一。常见数种以马尾松为主，杉、柏树次之，栲、石栎、青冈、洋槐、柳等呈点状、块状分布。

从动物区划来看，重庆市主城区隶属四川盆地西部房山丘陵动物地理州和中部平行低山动物地理州。本区域动物组成中，啮齿类和食虫类较多，相应以其为食的食肉类动物也较多，有国家一级重点保护鸟类和鱼类中的中华鲟、黑鹤达氏鲟等，以及国家二级重点保护兽类中的大灵猫、小灵猫、猕猴、胭脂鱼等动物和鱼类。

另外，由于区域水网密度发达，水生生物资源也较为丰富。

（2）自然生态系统

①生态系统结构

重庆市生态系统类型主要包括山地森林生态系统、草地生态系统、水域生态系统、农业复合生态系统、村镇生态系统、城市生态系统六个一级类型和 20 余个二级类型的生态系统。

重庆市主城区主要是以城市生态调控为主的生态系统结构，是典型的山水城市生态系统，是由环境资源系统、城市生物系统和以人为中心的自然—经济—社会复合生态系统共同构成的。本区地貌以丘陵、低山为主，从东向西地势波状起伏，且区内江河纵横，水网密布，尽显"江城"和"山城"特色。

其中渝中区、大渡口区、江北区、沙坪坝区、九龙坡区和南岸区六个区共同构建成城市核心区，为典型的城市人工生态系统，主要任务以生态恢复为主，也要特别关注污染控制，环境美化和城市生态保护。北碚区、渝北区和巴南区为郊区，城市生态系统与农业生态系统并存，其主导功能为生态调控，辅助功能为水源水质保护。

②生态系统基本特征

a. 城市核心区

该区属城市人工生态系统，地处中梁山和铜锣山之间，长江和嘉陵江两江环绕，面积 2 737km^2，地形以低山、丘陵为主。该区人口密集，居民点、工矿点集中，生态系统功能受人为影响巨大，生产、生活排放物对大气和水环境造成严重污染，不仅影响都市区生态环境质量，而且对三峡库区水环境造成影响。其生态系统基本特征主要体现在生态敏感性和生态重要性。

生态敏感性方面：酸雨中度及以上敏感区占本区土地面积 76.18%；土壤侵蚀中度及以上敏感区占本区土地面积 45.32%；生境中度敏感以上面积占本区土地面积 23.18%。

生态重要性方面：区域内生物多样性保护中等重要以上面积比为 24.66%，沙坪坝区、九龙坡区、渝中区、南岸区重要性等级经评价均为中等重要；水源涵养中等重要以上面积比 27.38%，江北区、南岸区重要性等级经评价均为极重要；土壤保持能力中等重要以上面积比例 88.29%，江北区、九龙坡区、大渡口区、渝中区、南岸区重要性等级经评价均为中等重要；营养物质保持中等重要以上面积比例 83.11%，江北区、九龙坡区、大渡口区、渝中区、南岸区重要性等级经评价均为中等重要。

b. 郊区城市—农业生态系统

该区域以丘陵平坝为主，是城市、农村生态交错带，也是核心区的重要生态屏障和水源地。区域内大气和水环境污染严重，森林覆盖率低，现有森林植被破坏严重，水土流失严重，地质灾害严重。其生态系统基本特征主要体现在生态敏感性和生态重要性方面。

生态敏感性方面：土壤侵蚀中度及以上敏感区占本区土地面积 69.31%；酸雨中度及以上敏感区面积占本区土地面积 84.13%；生境中度敏感以上面积占本区土地面积 29.65%。

生态重要性方面：生物多样性保护中等重要以上面积比为 22.46%，其中北碚区、渝北区重要性等级经评价均为中等重要；水源涵养中等重要以上面积比 45.78%，渝北区、巴南区重要性等级经评价均为中等重要；土壤保持能力中等重要以上面积比例 97.50%，北碚区、渝北区、巴南区重要性等级经评价均为较重要；营养物质保持中等重要以上面积比例 85.96%，渝北区、巴南区重要性等级经评价均为中等重要。

6.3.1.4 城市建设及绿化

城市基础设施建设

重庆主城区抓住机遇，加大投入，城市基础设施日益完善。

①交通基础设施建设

推进大西南综合交通枢纽和"半小时主城"建设，提速构筑对外大通道，水、陆、空立体交通体系建设全面提速，建成了"二环七射"高速公路网，通车里程约超过 1 600km，力争 2012 年前新开工 1 000km 高速公路。正在建设"一枢纽十五干线二支线"铁路网，"一干两支"高等级航道和"一大三小"机场格局，主城区快速路网和轨道交通建设快速推进。

②燃气及供水设施建设

重庆主城区累计建成供气主管网约 6 500km，城市燃气供气规模达到 380 万 m^3/d，城市气化率超过 90%；累计建成供水管网约 4 400km，总供水规模达 278.88 万 t/d。

③污水、垃圾处理设施建设

重庆主城区累计建成唐家沱、鸡冠石等 13 个城市污水处理厂，建成污水管网 400 余公里，污水处理能力达到 131.3 万 t/d，城市生活污水集中处理率达到 92%，另外还建成了玉峰山镇、金刀峡镇等一批小城镇污水处理设施；建成同兴垃圾焚烧发电厂、长生桥垃圾填埋场、黑石子垃圾填埋场 3 座城市生活垃圾集中处理场以及一批垃圾中转站，垃圾无害化处理规模达 4 000t/d，生活垃圾无害化处理率达 96%。

④城市绿化建设

近年来，重庆市加快了城市绿化建设步伐，主城区建成了 80 多个城市公园，建成区绿化覆盖率达 38.2%，人均公园绿地面积达 10.7m^2 以上，成为国家园林城市。

6.3.2　重庆市生态环境质量变化分析

6.3.2.1　城市生态环境总变化分析

（1）生态环境状况因子变化分析

根据《生态环境状况评价技术规范（试行）》（HJ/T 192—2006），评价区域的生态环境状况包括生物丰度指数、植被覆盖指数、水网密度指数、土地退化指数、环境质量指数 5 项因子：

①生物丰度指数变化分析

生物丰度指数指通过单位面积上不同生态系统类型在生物物种数量上的差异，间接地反映被评价区域内生物丰度的丰贫程度。计算公式：

生物丰度指数 $= A_{bio} \times$（林地面积 $\times 0.35 +$ 草地面积 $\times 0.21 +$ 水域湿地面积 $\times 0.28 +$ 耕地面积 $\times 0.11 +$ 建设用地面积 $\times 0.04 +$ 未利用地面积 $\times 0.01$）/ 区域面积

式中，A_{bio}——生物丰度指数的归一化系数。

计算结果显示，评价区域生物丰度指数总体呈下降趋势。2008 年，重庆主城区、城市核心区、郊区的生物丰度指数分别为 43.19、37.59、48.80，分别较 2000 年下降了 31.96%、41.90%、21.64%，其中城市核心区下降幅度最大（图 6.3-3）。

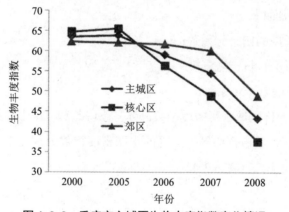

图 6.3-3　重庆市主城区生物丰度指数变化情况

从各区的情况来看，2008 年主城区生物丰度指数最高的北碚区为 56.93，最低的渝中区仅为 12.16，分别较 2006 年主城区最高值和最低值下降了 25.6% 和 65.8%，总体水平下降明显。究其原因主要是由于主城区的城市开发建设强度较高，人类活动对生态环境影响较大，原有的生物物种数量随之大幅降低。

②植被覆盖指数变化分析

植被覆盖指数指被评价区域内林地、草地、农田、建设用地和未利用地五种类型的面积占被评价区域面积的比例，用于反映被评价区域植被覆盖的程度。计算公式：

植被覆盖指数＝A_{veg}×（林地面积 ×0.38 ＋草地面积 ×0.34 ＋耕地面积 ×0.19 ＋建设用地面积 ×0.07 ＋未利用地面积 ×0.02）/ 区域面积

式中，A_{veg}——植被覆盖指数的归一化系数。

计算结果显示，评价区域植被覆盖指数总体呈下降趋势。2008 年，重庆主城区、城市核心区、郊区的植被覆盖指数分别为 50.10、43.50、58.49，较 2000 年分别下降了 31.81%、42.83%、20.40%，其中城市核心区下降幅度最大。

从各区情况来看，2008 年主城区植被覆盖指数最高值和最低值较 2006 年分别下降了 27.7% 和 59.6%，下滑程度高于全市平均水平。显示出主城区植被覆盖的整体水平较不稳定，且植被的覆盖程度水平不高。在植被覆盖指数在整体下降的同时，相互的差距减低，区域的植被覆盖程度也随之减弱。究其原因，主要是由于城市的开发利用强度加大，人类活动对自然生态环境的影响程度增强所导致。

③水网密度指数变化分析

水网密度指数指被评价区域内河流总长度、水域面积和水资源量占被评价区域面积的比例，用于反映被评价区域水的丰富程度。计算公式：

水网密度指数＝A_{riv}× 河流长度 / 区域面积＋A_{lak}× 湖库（近海）面积 / 区域面积＋A_{res}× 水资源量 / 区域面积

式中，A_{riv}——河流长度的归一化系数；

A_{lak}——湖库面积的归一化系数；

A_{res}——水资源的归一化系数。

计算结果显示，评价区域水网密度指数总体呈下降趋势，近几年变化不甚明显。但是，2008 年，重庆主城区、城市核心区、郊区的水网密度指数分别为 19.92、20.36、19.48，较 2000 年有较大幅度下降（图 6.3-4）。

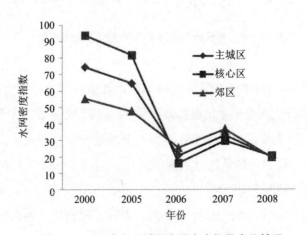

图 6.3-4 重庆市主城区水网密度指数变化情况

从各区来看，2008 年主城区水网密度指数的最高值和最低值分别为 23.34 和 13.36，最高值较 2006 年下降了 24.9%，最低值较 2006 年上涨了 14.0%。近三年仅 2007 年主城区有 5 个区县水网密度指数高于全市平均水平，其余均在全市平均水平以下。

④土地退化指数年际变化分析

土地退化指数指被评价区域内风蚀、水蚀、重力侵蚀、冻融侵蚀和工程侵蚀的面积占被评价区域面积的比例，用于反映被评价区域内土地退化程度。计算公式：

土地退化指数 $=A_{\text{ero}}\times$（轻度侵蚀面积 $\times 0.05$ ＋中度侵蚀面积 $\times 0.25$ ＋重度侵蚀面积 $\times 0.7$）/ 区域面积

式中，A_{ero}——土地退化指数的归一化系数。

计算结果显示，2008 年，主城区土地退化指数为 27.79，低于全市平均水平，约为全市平均水平的一半，其土地退化情况为全市较好的区域。

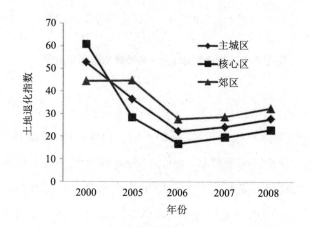

图 6.3-5　重庆市主城区土地退化指数变化情况

评价区域土地退化指数总体呈下降趋势。从图 6.3-5 可见，2008 年重庆主城区、城市核心区、郊区的土地退化指数分别为 27.79、23.04、32.54，较 2000 年分别下降47.22%、62.11%、26.88%，说明土地退化趋势明显得到了遏制。

⑤环境质量指数年际变化分析

环境质量指数指被评价区域内受纳污染物负荷，用于反映评价区域所承受的环境污染压力。计算公式：

环境质量指数 $=0.4\times$（$100-A_{\text{SO}_2}\times \text{SO}_2$ 排放量 / 区域面积）＋ $0.4\times$（$100-A_{\text{COD}}\times \text{COD}$ 排放量 / 区域年均降雨量）＋ $0.2\times$（$100-A_{\text{sol}}\times$ 固体废物排放量 / 区域面积）

式中，A_{SO_2}——SO_2 的归一化系数；

A_{COD}——COD 的归一化系数；

A_{sol}——固体废物的归一化系数。

计算结果显示，评价区域环境质量指数总体呈上升趋势。2008 年，重庆主城区、城市核心区、郊区的环境质量指数分别为 74.41、55.30、93.52，重庆主城区和郊区较 2000 年分别上升了 10.91%、19.70%，城市核心区变化不是很明显，但总体上说明污染物排放呈较为明显的下降趋势（图 6.3-6）。

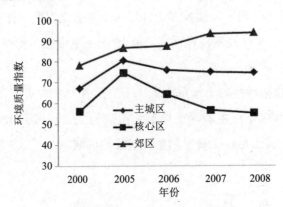

图 6.3-6　重庆市主城区环境质量指数变化情况

（2）城市生态环境总体变化分析

根据《生态环境状况评价技术规范（试行）》（HJ/T 192—2006），对重庆市主城区生态环境状况进行了评价。结果显示，2005—2008 年主城区的生态环境状况指数（EI，指反映被评价区域生态环境质量状况的一系列指数的综合）分别为 59.6、58.18、52.55、47.76，呈明显下降趋势，反映出该区域生态环境状况总体呈逐年下降的趋势。2008 年主城区 EI 较 2000 年降低了 28.42%，城市的生态环境状况由"良"下降为"一般"。

从主城九区来看，主城区生态环境质量评价为"良"的区县由 2005 年的 8 个减少为 2008 年的 2 个。2008 年北碚区和沙坪坝区生态环境状况为良好；渝北区、巴南区、南岸区、江北区、渝中区、九龙坡区生态环境状况均为一般；大渡口区为较差。北碚区、沙坪坝区、渝北区、巴南区四区的生态环境状况指数分别为 58.57、57.88、53.95、53.43，略好于全市平均水平（表 6.3-1）。

表 6.3-1　2008 年重庆市各区县生态环境状况排序

生态状况等级	区县名称	EI	生物丰度指数	植被覆盖指数	水网密度指数	土地退化指数	环境质量指数
良好	北碚区	58.57	56.93	63.36	19.97	29.54	90.54
	沙坪坝区	57.88	52.02	60.32	21.79	16.96	78.94

生态状况等级	区县名称	EI	生物丰度指数	植被覆盖指数	水网密度指数	土地退化指数	环境质量指数
一般	渝北区	53.95	44.50	52.25	22.44	31.04	93.97
	巴南区	53.43	44.98	59.85	16.04	37.03	96.06
	南岸区	52.33	43.59	54.25	23.34	27.24	75.75
	江北区	49.40	38.09	43.64	20.47	23.79	78.74
	渝中区	42.10	12.16	12.28	13.46	4.26	98.38
	九龙坡区	38.74	46.12	52.77	22.37	33.19	0.00
较差	大渡口区	23.45	33.53	37.76	20.71	32.79	0.00

但各区的生态环境状况均向不利的方向变化，主城各区的生态环境质量指数（EI）均呈现了不同程度的下降，其中大渡口区的下降程度最为明显，三年间 EI 指数下降了 50.8%；沙坪坝区、九龙坡区和大渡口区变化显著，渝中区、江北区、北碚区和巴南区变化明显，仅南岸区变化幅度较小。

主城区 2000 年、2005—2007 年 EI 变化情况见图 6.3-7。

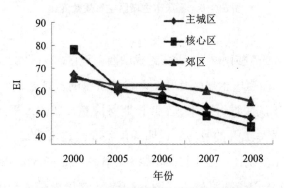

图 6.3-7　重庆市主城区生态环境状况变化

从不同区位的比较来看，城市核心区和郊区 [①] 也呈现同样的变化规律，但核心区降低比率相对较快。2008 年核心区 EI 为 43.98，较 2000 年降低了 43.72%，生态环境状况由"优"降低为"一般"；郊区为 55.32，较 2000 年降低了 15.67%，生态环境状况由"良"下降为"一般"。

6.3.2.2　大气环境变化分析

重庆主城区空气质量正在逐年好转（图 6.3-8）。2008 年空气质量优良天数达到 297 天，约占全年天数的 81.1%，相比 2001 年增加了 42.79%；空气污染指数达到 2.65，较 2001 年下降 31.00%；空气中可吸入颗粒物、二氧化硫和二氧化氮浓度分别为 0.106mg/m³、

---

① 城市核心区和郊区：根据重庆市生态环境功能区划修编，将重庆主城区划分为城市核心区和郊区。其中核心区包括渝中区、大渡口、江北区、沙坪坝区、九龙坡区和南岸区六个区，郊区包括北碚区、渝北区和巴南区。

0.063mg/m³、0.043mg/m³,其中二氧化氮浓度可满足国家二级标准,二氧化硫和可吸入颗粒物分别超过国家二级标准 0.05 倍和 0.06 倍,但总体呈现下降的趋势。与 2001 年比较,二氧化硫、二氧化氮、可吸入颗粒物浓度分别下降了 41.67%、2.27%、28.86%。此外,位于重庆主城区内的缙云山自然保护区、桥口坝森林公园等 18 个区域(共占地约 62 195.8hm²)的大气环境质量可长期保持在 I 类水平。

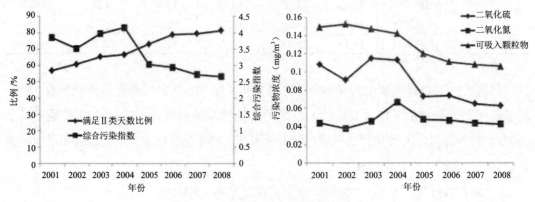

图 6.3-8　重庆市主城区空气质量变化

重庆市是全国著名的"酸雨区",所在的我国西南地区曾与北欧、北美一起被称为"世界三大酸雨污染区",而重庆主城区是酸沉降较为严重的区域之一。

相关研究表明,重庆主城区降水 pH 值长期保持在较低的水平,1991—2007 年年均 pH 值为 3 ~ 5,但总体呈上升的趋势,说明酸雨状况在逐步改善。然而酸雨频率却呈逐年增加的趋势,据不完全统计,近 10 年间酸雨频率增长了 37.5%。2008 年主城区酸雨频率约为 78%,较 2000 年增长幅度较大(图 6.3-9)。这可能是由于区域周边二氧化硫等污染影响较重;地理气象条件不利用污染物扩散;机动车尾气污染日趋严重等原因造成。

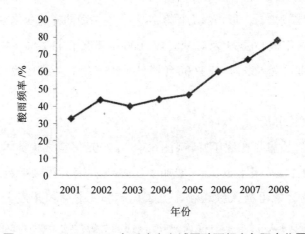

图 6.3-9　2001—2008 年重庆市主城区酸雨频率年际变化图

6.3.2.3　水环境质量变化分析

（1）水资源量变化

与全市平均水平相比，重庆主城区水资源总量相对较低。据重庆市水资源公报，2008 年重庆主城区水资源总量仅为 26.53 亿 m³，仅占全市水资源总量的 4.6%，人均水资源量仅为全市平均水平的 18.7%。从时间序列来看，2001—2008 年重庆主城区水资源量呈现出倒"Z"形变化特征，2008 年水资源量较 2000 年约增加了 207%。水资源量的变化与区域降水量的变化直接相关，2001 年、2006 年区域降水量分别为 753.4mm、791.1mm，其水资源量仅 8.63 亿 m³、11.5 亿 m³，为最低值；而其他年份降雨量接近或超过 1 000m，其年均水资源量分别在 22.27 亿～ 35.37 亿 m³。近年来重庆主城区水资源承载率[①] 保持在 0.1 ～ 0.2 浮动，总体为中低水资源压力，主要表现如下。

①主城区水资源量偏少。主城区人均水资源占有量约为 331.6m³，仅为全市平均水平（1771.4m³）的 18.7% 左右。

②主城区工业用水量较大。工业企业节水意识普遍不强、废水重复利用水平不高、工业结构中耗水行业（如火电、化工、医药等）比重仍相对较高等因素影响，造成主城工业用水效率远低于全国平均水平。2008 年主城单位工业增加值工业新鲜用水量高达 179.29t/ 万元，是全国平均水平（108.21t/ 万元）的 1.66 倍。

③居民生活用水需求高。由于缺乏相关的水价政策，且无具体的节水措施，加上目前居民生活用水节水意识不强，导致主城区人均生活用水水平远高于全国平均值。2008 年主城区（按常住人口计）人均综合生活用水量为 94.80t/a，是同期全国平均水平（54.92t/a）的 1.73 倍，且近几年来的年均增长速度（5.1%）也远高于全国同期平均速度（2.3%）。

主城区在降水量较少的 2001 年和 2006 年的水资源承载率明显高于其他年份，水资源压力相对较大。具体变化情况详见图 6.3-10。

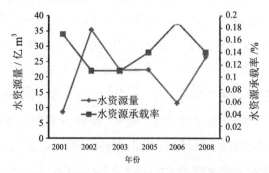

图 6.3-10　2001—2008 年重庆市主城区水资源量和水资源承载率变化情况

---

①联合国有关组织把水资源承载率称为水量紧张程度指标，计算公式为：水资源承载率＝年用水量÷年水资源可供给量。

根据相关研究预测至 2020 年重庆主城区域水资源承载力为 880 万～1 400 万人，短期内不会成为社会经济发展的主要限制因素。

（2）水质变化

城市主城区水资源保护区约 46.56km²，其中主要河流水源保护区面积约 14.43km²，主要地下水源保护区面积约 0.02km²，主要水库水源保护区面积约 32.12km²。

对主城区 51 个河流断面进行水质监测，监测结果表明，主城区水体存在一定的富营养化趋势。51 个断面中度富营养的断面有 5 个，轻度富营养的断面有 9 个，分别占监测断面总数的 9.8% 和 17.6%，中营养和贫营养断面分别有 35 个和 2 个，分别占 68.6% 和 3.9%。

图 6.3-11　主城区监测断面富营养化状况图

主城区水质较以往有所改善，但效果仍不理想。对主城九区 14 条划分水域功能的河流共计 38 个断面进行水质监测、分析，水域功能达标的河流有 9 条，水域功能区水质达标率为 64.4%，未达标的有 5 条，其中有 4 条河流水质断面出现了劣Ⅴ类。在断面水质方面，劣Ⅴ类断面有 11 个，占监测断面总数的 28.9%；Ⅴ类断面有 2 个，占监测断面总数的 5.3%；Ⅱ类和Ⅲ类断面均有 10 个，均占监测断面总数的 26.3%；Ⅳ类断面有 5 个，占监测断面总数的 13.2%。

长江、嘉陵江干流重庆主城区段水域面积约为 134.89km²，约占区域水域面积 77.66%，其水质总体呈稳中有升的变化趋势。除 2001 年长江寸滩断面水质为Ⅳ类外，2000—2008 年长江、嘉陵江重庆主城区段其他断面水质均为Ⅱ类和Ⅲ类，其中Ⅱ类水质断面比例为 28.57%～100%，Ⅲ类水质断面比例在 0～57.14%，水质明显好转（图 6.3-12）。2008 年各断面水质均为Ⅱ类，比例达到 100%；而 2001 年Ⅱ类水质断面比例仅为 28.57%，Ⅲ类水质断面比例为 57.14%。据初步测算，2008 年长江、嘉陵江重庆主城区段达到Ⅱ类水质的水域面积 134.89km²，2001 年仅为 38.54km²，其他年份在 77.08～115.62km²；达到Ⅲ类水质的水域面积则以 2001 年为最高，约 77.08km²，2002—2007 年则在 19.27～57.81km²。

此外，水域面积较小的次级河流和水库水质较以往有所好转，但其水环境质量还仍需提高。

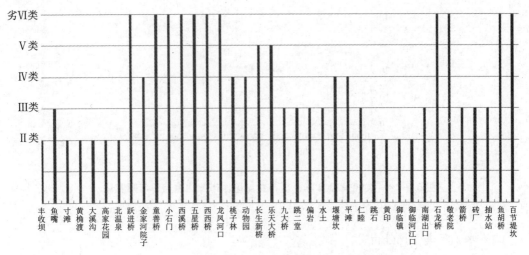

图 6.3-12　重庆市主城区主要河流断面水质评价结果

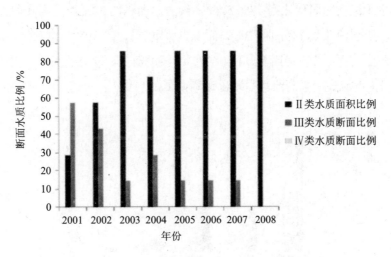

图 6.3-13　长江、嘉陵江重庆市主城区段断面水质比例

6.3.2.4　土壤环境质量变化分析

（1）城市绿化覆盖率变化分析

2000 年以来，重庆市重点实施了水土流失综合治理、生态示范创建等一系列生态环境保护和建设重大工程，开展了"绿地行动"专项环保行动，实施了"森林重庆"的建设，使得城市绿化水平得到了极大的提高，城市绿化覆盖率由 2000 年的 25.9% 提高到 2008 年的 38.2%，增幅较为明显（图6.3-14）。主城区城市绿化覆盖率经历了一个高—低—高的趋势，这是由于城市建成区面积的不断扩大和城市开发建设中对于原有绿地产生了一定的破坏所导致；而后期随着"森林工程"和"绿地行动"的实施，城市绿化覆盖率

又得以逐步上升。

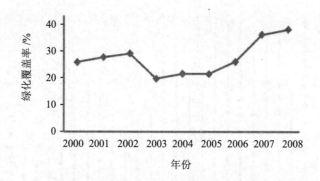

图 6.3-14　2000—2008 年重庆市主城区城市绿化覆盖率年际变化

（2）水土流失变化分析

根据水土保持公报，重庆主城区水土流失面积总体呈先降后升的趋势（图 6.3-15）。2007 年水土流失总面积达到 1766.5km²，约占总面积的 32.28%。其中轻度、中度、强烈、极强烈、剧烈流失面积分别占流失面积的 61.07%、22.39%、13.29%、2.96%、0.16%。水土流失总面积比 2000 年降低了 40.77%；轻度流失、极强烈流失、剧烈流失呈现先降后升；而中度流失、强烈流失呈现出逐渐降低的趋势。

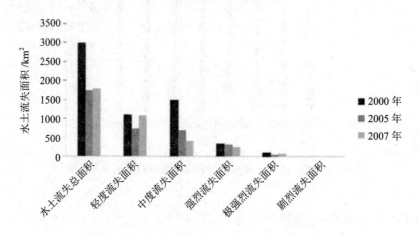

图 6.3-15　重庆市主城区水土流失变化情况

6.3.2.5　声环境质量变化分析

2001—2008 年重庆主城区区域环境噪声年平均值为 55.0dB，网格噪声达标率为 89.49%。其中 2008 年为 54.4 dB，较 2001 年分别下降 1.5 dB；网格噪声达标率为 95.2%，较 2001 年增加 13.3%；建成区满足二类噪声标准的区域面积比例达到 55% 左右。

交通噪声总体保持"好"的水平。2001—2008 年道路交通噪声平均值在

67.4～68.1dB，均为未超标（70dB）。2008 年道路交通噪声 67.7 dB，较 2001 年增加了 0.3dB；噪声超过 70dB 的干线长度比例为 17%，比 2001 年减少 2.9%。

此外，功能区环境噪声值总体呈上升的趋势。2001—2008 年功能区环境噪声平均值在 54.3～57.6dB，年均值为 55.89 dB。其中 2008 年达到 56.5 dB，较 2001 年增加 2.2dB。

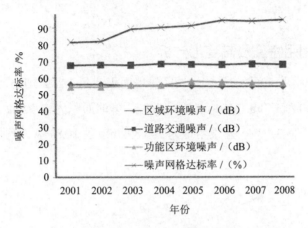

图 6.3-16　重庆市主城区声环境质量变化效应

郊区噪声环境质量总体较好。城镇区域环境噪声平均等效声级为 53.7dB，与 2008 年持平；城镇功能区环境噪声昼夜等效声级为 54.5dB，网格噪声达标率为 94.3%；声源构成以社会生活噪声源为主。城镇道路交通噪声平均等效声级为 65.9dB。

以上分析显示了重庆市的生态环境状况在近年来出现了下滑的趋势，但这种下滑趋势正逐步减缓，主要原因如下。

①城市开发强度和人类活动强度加大

近年来城市的开发建设强度在逐步加强，对生态环境质量造成了较大的破坏；人类活动的加强对原有的生态环境状况也造成了一定的影响和破坏。

②气候状况异常的影响

近年来，主城区遭遇了异常气候的影响，导致社会经济和生态环境都受到了影响。例如，2006 年的旱灾、2007 年和 2008 年洪涝灾害等对城市的生态环境质量造成了一定程度的破坏。

③产业结构不尽合理

主城区正处于产业结构调整、转型的关键时期，产业结构的不甚合理造成了一定程度的环境污染和生态破坏，尤其是部分"两高一资"行业还未完全从主城区迁出，对生态环境影响较大。

④生态环境改善措施尚未发挥最大功效

虽然主城区实施了"退二进三"、蓝天行动、碧水行动、绿地行动、"森林重庆"建设等改善生态环境质量的措施，但由于生态环境质量的改善是一个动态、持续的过程，不可能立竿见影。目前，以上各类措施尚未发挥出最大的功效，所以生态环境质量的改善并不明显。

6.3.3 城市土地利用特征及其变化分析

根据遥感图片解译，2008 年重庆主城区耕地面积达到 3 239.27km²，占区域总面积的 59.19%；林地面积约为 1 358.13km²，占 24.82%；草地面积为 105.94km²，占 1.94%；水域面积为 173.70km²，占 3.17%；建设用地为 594.89km²，占 10.87%；未利用地仅为 1.08km²（图 6.3-17）。

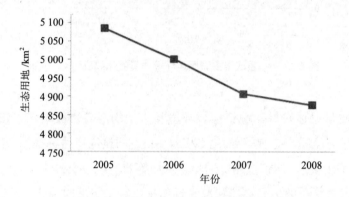

图 6.3-17 重庆市主城区生态用地变化趋势

由于近年来，城市发展速度加快，重庆主城区呈现出建设用地明显增加的趋势，2008 年城市建设用地较 2005 年增加了 50% 以上，人均建设用地也由"十五"时期的 30m²/人增加为 56.3m²/人；与此同时，区域内林地、草地、水域、耕地等生态用地比率总体呈现逐年减少的趋势，2008 年生态用地为 4 877.07km²，较 2005 年降低了 4%，而人均生态用地面积则增加了 6.56%。

6.3.4 重庆市生态变化的环境效应研究

从城区主要污染物排放状况的分析来看：

2008 年重庆市主城区生态环境状况评价为良的区域（沙坪坝区和北碚区）二氧化硫和化学需氧量排放量分别为 18 263t、25 933t（图 6.3-18，图 6.3-19），占主城区排放总量的 12.5%、26.5%，评价为一般的区域（渝中、江北等 6 个区）二氧化硫和化学需氧量排放量分别为 102 254t、66 093t，占主城区排放总量的 69.8%、67.6%，评价为较差的区域（大渡口区）二氧化硫和化学需氧量排放量分别 25 979t、5 721t，占主城区排放总量的 17.7%、5.9%。

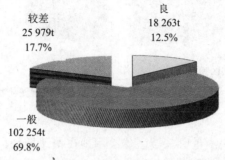

图 6.3-18　2008 年重庆市主城区的二氧化硫排放量等级

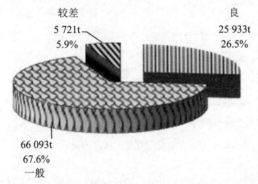

图 6.3-19　2008 年重庆市主城区化学需氧量排放量等级

2008 年较 2006 年生态环境状况均呈现了负向变化，其中呈现显著变化的区域（沙坪坝区、九龙坡区和大渡口区）二氧化硫和化学需氧量排放量分别为 97 813.19t、46 154.64t，占主城区排放总量的 66.8%、47.2%，呈现明显变化的区域（渝中区、渝北区等 5 个区）二氧化硫和化学需氧量排放量分别是 40 010.81t、43 582.36t，占主城区排放总量的 27.3%、44.6%，呈现略有变化的区域（南岸区）二氧化硫和化学需氧量排放量分别是 8 672t、8 010t，占主城区排放总量的 5.9%、8.2%。

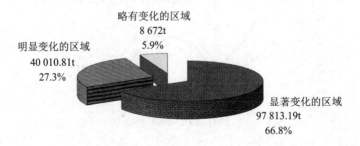

图 6.3-20　2008 年较 2006 年主城区二氧化硫排放量变化状况

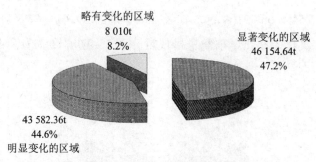

图 6.3-21　2008 年主城区化学需氧量排放量变化状况

随着城市化进程的加快，重庆主城区建设用地在快速增加，人口也与日俱增，区域的污染物排放压力增大，但随着经济发展方式的转型和环境保护力度加大，区域污染物得到了有效控制。

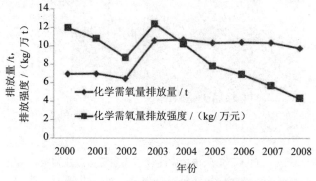

图 6.3-22　重庆市主城区化学需氧量排放效应

区域化学需氧量（COD）排放总量呈先升后降的趋势，而排放强度总体呈下降的趋势（图 6.3-22）。2008 年区域化学需氧量排放量为 9.77 万 t，相对于 2000 年有所上升，但与"十五"末期相比略有下降；2008 年化学需氧量排放强度为 4.35 kg/ 万元，分别较 2000 年、2005 年下降了 63.89%、44.73%。

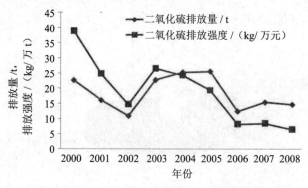

图 6.3-23　重庆市主城区二氧化硫排放效应

区域二氧化硫排放量和排放强度总体呈现下降趋势（图 6.3-23）。2008 年区域二氧化硫排放量约为 14.65 万 t，较 2000 年、2005 年分别下降了 35.28%、42.68%；排放强度为 6.51 kg/ 万元，较 2000 年、2005 年分别下降了 83.29%、66.37%。此外，随着重庆钢铁集团、重庆发电厂、九龙发电厂搬迁等环保措施的实施，二氧化硫排放量和强度将会进一步下降。

6.3.5　重庆市生态环境质量评估分析

6.3.5.1　重庆市生态环境质量评估结果

根据"城市生态环境质量评价指标体系"各指标的权重，以及重庆市 2008 年各指标数据，计算出 2008 年重庆市生态环境质量的评估值，具体见表 6.3-2。

表 6.3-2　重庆市生态环境质量评价指标及评价结果（2008 年）

目标层 A		准则层 B		方案层 C		指标层 D	
因素	分值	因素	分值	因素	分值	因素	加权分值
城市生态环境质量指数	68.91	B1 空间格局	60.56	C1 人工生态子系统	74.10	D1 人口密度	15.31
						D2 人均建设用地	10.02
						D3 建成区扩展强度	5.06
						D4 交通便利度	7.40
						D5 建成区容积率	7.56
						D6 透水面积率	10.04
						D7 绿地覆盖率	18.72
				C2 水域生态子系统	24.44	D8 水面覆盖率	4.20
						D9 水网密度	15.23
						D10 湿地面积率	3.05
						D11 人均水域面积	1.95
				C3 陆域生态子系统	69.57	D12 生态用地比率	24.53
						D13 人均生态用地	26.22
						D14 景观多样性指数	14.40
						D15 景观破碎度指数	4.41
		B2 环境特性	70.30	C4 人工生态子系统	71.12	D16 空气质量指数	16.95
						D17 安静度指数	18.60
						D18 酸雨频率	0.00
						D19 人均碳排放量	2.80
						D20 灰霾天气发生率	4.05
						D21 热岛强度	11.60
						D22 极端天气发生率	6.27
						D23 空气优（首）控污染物指数	2.15
						D24 电磁污染指数	8.70

目标层 A		准则层 B		方案层 C		指标层 D	
因素	分值	因素	分值	因素	分值	因素	加权分值
城市生态环境质量指数	68.91	B2 环境特性	70.30	C5 水域生态子系统	69.37	D25 水质综合污染指数	19.26
						D26 优良水体面积率	15.80
						D27 河流污径比	10.46
						D28 水体营养状况指数	11.33
						D29 COD 排放总量控制指数	7.17
						D30 水体优（首）控污染物指数	1.41
						D31 水产品重金属污染指数	3.95
				C6 陆域生态子系统	69.98	D32 空气优良区域比率	12.61
						D33 臭氧浓度指数	8.30
						D34 土地退化指数	19.21
						D35 土壤环境质量综合指数	26.92
						D36 负离子浓度指数	2.94
		B3 生物特征	80.73	C7 人工生态子系统	90.18	D37 植物丰富度	35.81
						D38 本地植物指数	31.60
						D39 生物入侵风险度	22.78
				C8 水域生态子系统	62.45	D40 鱼类丰富度	23.48
						D41 底栖动物丰富度	4.94
						D42 水生维管束植物丰富度	13.36
						D43 水岸绿化率	20.67
				C9 陆域生态子系统	94.34	D44 野生高等动物丰富度	24.00
						D45 野生陆生植物丰富度	32.00
						D46 本地濒危物种指数	6.34
						D47 鸟类丰富度	32.00
		B4 服务功能	67.58	C10 人工生态子系统	64.97	D48 经济密度	8.68
						D49 人均公用休憩用地	13.46
						D50 清洁能源使用率	5.07
						D51 垃圾无害化处理率	13.21
						D52 生活污水集中处理率	13.68
						D53 绿地释氧固碳功能	10.15
						D54 可再生能源利用率	0.72
				C11 水域生态子系统	57.13	D55 水资源承载力	23.07
						D56 娱乐水体利用率	22.15
						D57 人均水产品产量	11.91
				C12 陆域生态子系统	83.30	D58 水源涵养量价值	23.09
						D59 农林产品产值	38.10
						D60 生态旅游功能	22.11

6.3.5.2　结果解析

根据第 4 章提出的各层次计算分值和生态环境质量分级，重庆市生态环境质量和四大要素"空间格局、环境特性、生物特征、服务功能"状况的评判级别如表 6.3-3 所示。

表 6.3-3　重庆市生态环境质量评判级别

综合指数	分值	等级
空间格局	60.56	一般
环境特性	70.30	良好
生物特征	80.73	理想
服务功能	67.58	良好
城市生态环境质量	68.91	良好

重庆市生态系统的各要素层及各子系统的生态环境质量状况如下所述。

（1）空间格局状况

重庆市生态空间格局综合指数为 60.56，评价等级为"一般"。该城市空间布局状况存在一定的结构性问题，其中，三个子系统的空间格局状况从好到差的排序为：人工生态子系统＞陆域生态子系统＞水域生态子系统。

①人工生态子系统

人工生态子系统空间格局综合指数为 74.10，评价等级为"良好"。

从雷达图（图 6.3-24）可看出，重庆市主城区平均人口密度较为适中，建成区扩展强度也适中，绿地覆盖率较好，但人均建设用地、交通便利度、建成区容积率、透水面积率几个指标状况一般。重庆市地处西南山区，其建成区容积率和交通状况在客观上也受其地形地貌影响。

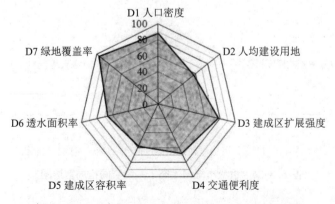

图 6.3-24　重庆市人工生态子系统空间格局雷达图

②水域生态子系统

水域生态子系统空间格局综合指数为24.44，评价等级为"恶劣"。

从雷达图（图6.3-25）可看出，该子系统各指标除了水网密度能达到良好以外，其余各指标均处于劣势。重庆市地处长江流域，主城区内有长江和嘉陵江等大江大河，属于这些水系的支流也较多；但其境内湖泊、水库以及自然湿地的面积率极低，从而极大制约了水域生态子系统的空间格局状况。

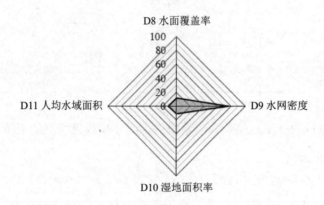

图6.3-25 重庆市水域生态子系统空间格局雷达图

③陆域生态子系统

陆域生态子系统空间格局综合指数为69.57，评价等级为"良好"。

重庆市主城区的生态用地比率、人均生态用地、景观多样性指数几个指标状况良好，然而景观破碎度指数却较差，成为陆域生态子系统的主要限制因素（图6.3-26）。

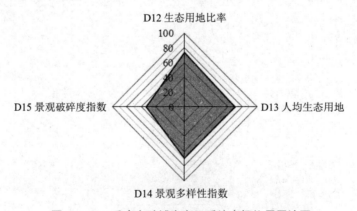

图6.3-26 重庆市陆域生态子系统空间格局雷达图

（2）环境特性状况

重庆市生态环境系统的环境特性综合指数为70.30，评价等级为"良好"。

表明该城市区域环境状况较好，其中：人工生态子系统 > 陆域生态子系统 > 水域生态子系统。

①人工生态子系统

人工生态子系统环境特性综合指数为 71.12，质量状况评价等级为"良好"。

表明建成区环境噪声控制较好、热岛强度较弱、极端天气发生较少，空气质量较好，但酸雨频率、灰霾天气发生率很高，成为人工生态子系统的显著制约因子。另外，城市的大力发展，广电通信等也会带来电磁污染影响（图 6.3-27）。

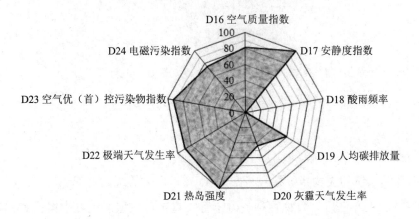

图 6.3-27　重庆市人工生态子系统环境特性雷达图

②水域生态子系统

水域生态子系统环境特性综合指数为 69.37，质量状况评价等级为"良好"。

重庆市水质常规监测断面基本达标，水质综合状况较好，COD 排放量能满足总量控制要求，河流污径比小，水体自净能力较强，但水体呈富营养化，水体优控污染物氮、磷成为该子系统的主要限制因素。此外，水产品重金属污染要加以重视和控制（图 6.3-28）。

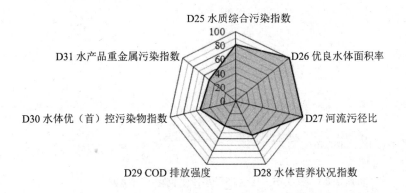

图 6.3-28　重庆市水域生态子系统环境特性雷达图

③陆域生态子系统

陆域生态子系统环境特性综合指数为 69.98，质量状况评价等级为"良好"。

臭氧达标率较高，土壤环境质量较好，土地退化较缓慢，但空气优良区域比率有待提高。

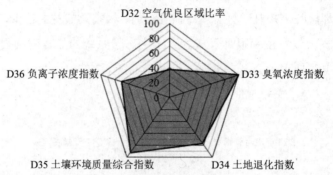

图 6.3-29　重庆市陆域生态子系统环境特性雷达图

（3）生物特征状况

重庆市生态环境系统的生物特征综合指数为 80.73，评价等级为"理想"。

表明重庆市自然生态良好，生物物种资源丰富。重庆市主城区地处中梁山和铜锣山之间，长江和嘉陵江两江环绕，地形以低山丘陵为主，区域内的缙云山动植物种类丰富。其中三个子系统的生物特征状况从好到差的排序为：陆域生态子系统＞人工生态子系统＞水域生态子系统。

①人工生态子系统

人工生态子系统生物特征综合指数为 90.18，质量状况评价等级为"理想"。

重庆市主城区的植物物种丰富，本地植物指数较高，有害生物入侵风险度不高（图6.3-30）。

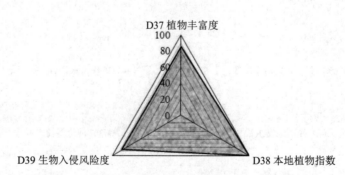

图 6.3-30　重庆市人工生态子系统生物特征雷达图

②水域生态子系统

水域生态子系统生物特征综合指数为 62.45，评价等级为"一般"。

鱼类物种资源和水生维管束植物资源处于一般水平；底栖动物丰富度较差，是主要的制约因子（图 6.3-31）。

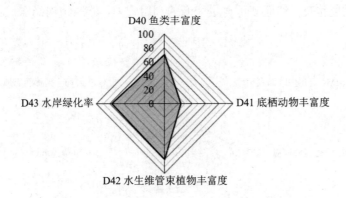

图 6.3-31　重庆市水域生态子系统生物特征雷达图

③陆域生态子系统

陆域生态子系统生物特征综合指数为 94.34，质量状况评价等级为"理想"。

野生高等动、植物物种资源丰富，然而存在本地濒危物种数不少，是主要限制因素（图 6.3-32）。

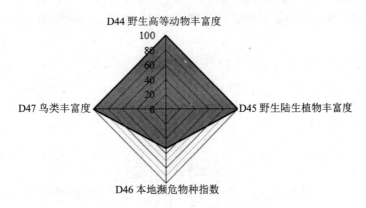

图 6.3-32　重庆市陆域生态子系统生物特征雷达图

（4）服务功能状况

重庆市主城区生态环境系统的生物特征综合指数为 67.58，评价等级为"良好"。

重庆市主城区的生态服务功能利用水平总体较好。三个生态子系统的服务功能利用状况从大到小的排序为：陆域生态子系统＞人工生态子系统＞水域生态子系统。

①人工生态子系统

人工生态子系统服务功能综合指数为64.97，评价等级为"一般"。

主城区平均经济密度一般；市政设施服务功能较好，其中人均公用休憩用地、垃圾无害化处理率、生活污水集中处理率都为良好；重庆市山林特色明显，森林资源丰富，绿地释氧固碳功能优良；然而其可再生能源的利用较差，能源结构尚需优化（图6.3-33）。

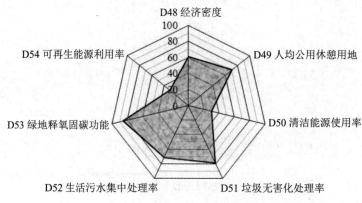

图6.3-33 重庆市人工生态子系统服务功能雷达图

②水域生态子系统

水域生态子系统服务功能综合指数为57.13，评价等级为"一般"。

说明城市水域生态子系统服务功能尚有开发潜力。城市水资源承载力偏弱，人均水产品产量有限；在为居民提供娱乐休闲等水上活动方面存在相当的差距（图6.3-34）。

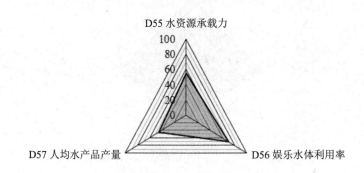

图6.3-34 重庆市水域生态子系统服务功能雷达图

③陆域生态子系统

陆域生态子系统空间格局综合指数为83.30，评价等级为"理想"。

说明陆域生态子系统服务功能利用良好，农、林产品产值较高；山林资源丰富，水源涵养量价值较高；生态休闲旅游发展得较好（图6.3-35）。

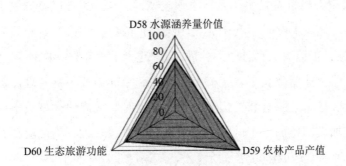

图 6.3-35　重庆市陆域生态子系统服务功能雷达图

（5）城市生态环境质量

重庆市生态环境质量总体评价结果为"良好"。

该结果基本反映了重庆市生态系统的特征状态。从图 6.3-36（见文后彩插）可看出，生物特征（理想）＞环境特性（良好）＞服务功能（良好）＞空间格局（一般）。

从图 6.3-37（见文后彩插）可知，四个要素中各生态子系统状况不平衡。比较雷达图中各子系统所构成的面积大小可知，四个要素中各生态子系统状况不平衡，各生态子系统从优到劣的水平排序为：陆域生态子系统＞人工生态子系统＞水域生态子系统。其中生物特征、服务功能中的陆域生态子系统均较有优势，反映重庆的山城特色。

6.3.5.3　问题诊断

综合以上分析，重庆市主城区存在的生态环境问题及其根源可概述为以下四个方面。

（1）城市水域环境问题较为严峻

虽然长江、嘉陵江重庆市主城区段的水质保持良好，而区域内次级河流水体污染比较严重，部分河流水质断面为劣Ⅴ类，2008 年呈中度富营养化状态的河流监测断面约占区域总监测断面的 68.63%。水域环境问题产生原因来自：①沿岸工业化导致工业污染物产生量增加，并且工业污染集中治理水平不高，同时受流域内畜禽养殖污染、农业面源污染等众多污染源影响，大多数河流超过了污染物承载能力；②由于城市基础设施建设跟不上城市发展步伐，城市污水收集能力还不能完全满足污染控制的要求，大部分郊区生活污水直排入河，增加了部分河流水质恶化程度；③由于区域内的主要次级河流穿越城区和居民聚集区，受沿途生活、工业、畜禽养殖等符合污染源影响，整治难度大，造成次级河流水质污染严重；④部分河流汇水区面积小，枯水期水量少，几乎没有生态补水，少数河流甚至已成为排污沟，水体对污染物自净和稀释扩散能力下降。

（2）大气环境污染问题较为突出

2008 年重庆主城区酸雨频率高达 78.00%，比 2006 年高 18.2%，空气质量优良区域仅为 11.36%，灰霾天气时有发生。究其原因表现为：①由于该区特殊的山地地形，雾多风少、天气湿热、静风率高，不利于大气污染物扩散；②城市开发建设处于高峰期，危旧房拆迁、建筑施工工地数量大且极为分散，几乎遍及整个市区，城市扬尘污染较为严重；③由于区域内工业企业门类较多、规模参差不齐、空间布局不甚合理，仍然存在大型燃煤设施，燃煤含硫量高，脱硫装置运行欠稳定，同时区域周边大型火电厂污染物远距离输送的影响逐步加大，再加上主城区机动车辆尾气排放量大、清洁能源、可再生能源普及力度不够等各种因素造成区域空气质量差，酸雨严重。

（3）陆生生态系统功能退化

重庆主城区自然植被遭到严重破坏，景观破碎、土地退化较严重，2008 年景观破碎指数为 6.72、土地退化指数 23.18，分别比 2006 年增加 0.16、2.76；部分动、植物生境遭到破坏，野生植物、动物及鸟类生存面临威胁，生物多样性、景观多样性受损及水源涵养能力下降。这主要是由于城市人口增长过快，对空间开发建设强度过大，原有森林、绿地、山体破坏强度较大，而修复措施和监管力度不够，最终造成了自然生态破坏，物种减少，整体景观受损较为严重。

（4）水生生态系统破坏较为严重

城市开发对水域生态系统造成较大的破坏，破坏原有水系，而部分湖泊又因不合理的开发利用，造成水面覆盖面积减少、湿地面积消退的状况，2008 年区域水域面积、湿地面积较小，分别约占该区国土面积的 3.50 %、4.36%；同时三峡水库成库后，生境的变化导致水生生物丰度整体下降，自然状况下的鱼类洄游通道受到影响，原有的生物链受到破坏，威胁着水生动物、水生维管束植物的生存，加之曾经过度的捕捞，导致鱼类、水生维管束植物、底栖动物等水生生物物种呈减少趋势。

6.3.6 重庆市生态环境保护对策

重庆市主城区生态环境评价结果处于良好与一般的临界状态，需注重加强生态环境保护，稍有不慎就会使生态环境发生较大变化，影响整个重庆市经济的可持续发展和稳定。因此，要实现重庆主城区人口—自然—经济可持续发展及三峡库区的稳定，必须着重加强以下几个方面的生态环境保护与建设工作。

（1）加强水域生态环境的管治，改善水环境质量

强化对工业企业的管理，加大对工业企业环境污染的控制力度，提高工业用水重复利用率、降低工业废水的排放强度和浓度；加强流域周边畜禽养殖污染、农业面源污染等污染源的防治工作，发展生态型农畜业；加快污水处理基础设施建设，提高城市污水收集和处理的能力和效率，确保出水水质高标准排放；全面实施河流水污染综合整治，

多管齐下，综合治水。

（2）加快大气污染的治理，提高空气质量

对大气污染严重的工业企业进行搬迁，淘汰落后工艺、实行煤改气；提高清洁能源普及率，巩固、建设无煤区、无煤街道；加强机动车辆管理，对机动车尾气实行定期检测，有效控制机动车尾气污染。同时，还应加大可再生能源的利用和普及力度，加强与周边区域大气污染联防联控，着力控制城市扬尘污染，改善空气质量，提高空气优良区域面积。

（3）加快绿化建设，尽快治理好城市硬伤

努力开展退耕还林、矿山修复、园林绿化、城市森林建设和流域水土保持综合治理，加强自然保护区、国家森林公园及湿地的保护，提升城市生态环境水平。加强对"四山"（缙云山、中梁山、铜锣山、明月山）的管制，严格禁止开发，防止山体和植被受到人为破坏；对其他区域加强城市森林建设、江（河）岸绿化及生态修复建设，提高水土保持能力和绿化覆盖率，维系区域生物多样性。

（4）加强水体生境保护，提高水生生物多样性

强化城市土地开发利用管理，着重加强湿地及河流生态系统的保护，有效防止湿地及河流受到侵占，保证城市水域面积；加强栖息水域保护，保证鱼类及其他水生动物能正常繁殖，恢复水生植物自然生长能力；禁止过度捕捞，保证鱼类及其他水生生物的正常生长。

（5）加强对城市生态环境的监测

扩大现有生态环境监测范围，加强对新型污染物的监测、研究，对现有的监测项目应加大监测力度，对尚未开展的监测项目（如电磁污染、负离子浓度、水产品重金属污染等）应尽快启动监测，保证全面、准确地反映城市生态环境质量状况，方便建立相关污染应急及防治措施，保证城市正常运行及人群健康发展。

（6）加强环保基础设施建设进度

继续强化环保基础设施建设力度和进度，加大基础设施向农村的延伸进度，提高污染防控水平。进一步加大环保资金投入，保障污染治理设施建设和运行费用，未来主要加大城乡污水处理厂、垃圾处理场、固废处置中心（站）的建设，完善垃圾转（收）运系统、市政管网建设，确保区域各镇、街产生污染均得到有效和完善的处理、处置。

（7）适当控制区域人口密度，提高人口素质

适当控制人口快速增长，避免城市盲目扩张引发的环境污染和生态破坏问题；加强公众环境保护教育，提高公众环保意识，提高资源利用率、减少污染物的产生及排放。

6.4 珠海市生态环境质量评估

6.4.1 珠海市生态环境概况与特征

6.4.1.1 自然环境概况

（1）地理位置

珠海市位于广东省珠江口的西南部（在北纬 21°位于广东省珠江口的西南、东经 113°位于广东省珠江口的西南部之间）。全市海陆总面积 7 653km²。珠海市拥有 146 个岛屿，享有"百岛之市"的美誉。

（2）地形地貌

珠海市的陆地地貌多样，以平原、低山、丘陵为主，兼有台地、滩涂等。珠海原为浅海环境下的古海湾，孤丘海岛分布其间，随着时间推移，珠江携带的大量泥沙和滨海沉积物不断在此淤积，浅滩逐渐升高，岸线向海渐进，孤岛与平原相连接，形成现今低山丘陵与平原相间分布的地貌形态。山体受燕山运动的强烈影响，大部分呈东北—西南走向。内陆有凤凰山、黄杨山两大山系。位于斗门区中西部的黄杨山海拔 581m，有"珠江门户第一峰"之称；凤凰山高 437m，将建成珠海最大的森林公园；其他独立的山系包括：南屏的将军山系（393m）、三灶的茅田山系（278m）、高栏的观音山系（418m）、平沙的孖髻山系（319m），以及海上的万山、担杆、三门、加蓬四大低山列岛（东北—西南走向）等。

全市共有 146 个面积大于 500m² 的零星海岛，星罗棋布地分布于珠江口外。以青洲—三角山岛—小蒲台岛为界分成两部分。东南部主要是侵蚀为主的基岩岛屿，地貌类型以花岗岩丘陵为主；西北部各岛位于珠江三角洲盆地边缘，主要为扩淤型岬湾岛屿，地貌类型以丘陵台地为主。

（3）气候条件

珠海市地处北回归线以南，冬夏季风交替明显，终年气温较高，偶有阵寒，但冬无严寒，夏不酷热；年日温差较小，属南亚热带海洋性季风气候，常受南亚热带季候风侵袭，多雷雨。

①四季特征：珠海市的天文季节时间与自然气候季节时间差异甚大。一年之中，各季节的时间长短不一。春季风向多变，气温变幅大，最高气温 32.5℃，最低气温 2.9℃；夏季多雷暴、骤雨等强对流天气，雨量增多；秋季天气秋高气爽，11 月上旬后，冷空气活动开始增强，气温逐渐下降，旱季开始；冬季冷暖天气变化剧烈，晴天居多且雨量稀少。

②温度：年平均气温为 22.4℃。1 月平均气温最低，月均温度 14.6℃；7 月平均温度最高，气温达到 28.6℃。长夏短冬，个别年份甚至不出现冬季天气。夏无酷暑，冬无严寒。

气温的年际变化一般在 21.6～23.2℃。

③降雨：年平均雨量 1 700～2 300mm，多年平均年降雨量为 2 042mm。全年有两个明显的雨季：4—6 月为前汛期雨季，占年降雨量的 42%；7—10 月为后汛期雨季，占年降雨量的 47%。

④日照：珠海市地处低纬，光照充足，太阳辐射年总量为 4651.6MJ/m²。蒸发量的年际变动在 1 521.1～2 128.7mm。夏季降雨量大于蒸发量；秋、冬季蒸发量大于降雨量；春季蒸发量与降雨量差异不大。

⑤灾害性天气：对珠海市影响较大的灾害性天气有：台风、暴雨、冷空气、强风和寒露风等；偶有干旱、龙卷风。

⑥台风：珠海市濒临南海，除 1—4 月外，其他月份均可能受西太平洋和南海台风的影响。影响全市的台风，不仅次数多，季节长，且强度较大。暴雨：暴雨多与台风相伴。部分靠海地区，如金鼎、三灶等地极易内涝成灾。

⑦冷空气：强冷空气影响的时间是 10 月至次年 4 月，寒潮则主要集中在 12 月至次年 2 月。干旱：降水有明显的季节变化，干湿季节差异大，局部干旱时有发生。其中春旱和秋旱对农业危害较大。

⑧龙卷风：发生在珠海地区的龙卷风多见于海面上。一年中，龙卷风常出现于 5—6 月。

（4）河流水文

珠海市地处珠江流域下游，濒临南海，境内河流众多，水资源丰富。境内共有大小河道 120 多条，长达 450 多公里，流域面积 170 多平方公里，占全市面积 10% 以上，形成了"河涌纵横，开门见水"的水乡特色。

珠海市入境水资源十分丰富，多年平均入境水量达到 1 412 亿 m³，是本地水资源总量的 80.3 倍。但由于珠海市缺乏大型调蓄工程，洪水期大部分入境水直排入海，可利用率低；珠海市当地水资源可利用总量为 6.69 亿 m³，可利用率为 38%。珠海河道年均水资源量约 17 亿 m³，河道年径流量大，径流年际变化也较大。主要河流为西江出海河道，通过珠海的主要出海口有磨刀门水道、鸡啼门水道、虎跳门水道、崖门水道。另外，珠海还有不少山溪河道和大量的水库。位于中部的供水水库正常库容为 3 600 万 m³，有效库容为 3 200 万 m³，水库既是中部各水厂的重要水源，也是蓄淡调咸的重要设施。

地下水类型为松散岩类孔隙水和基岩裂隙水。全市松散岩类孔隙水淡水分布区的渗入量为 54 596t/d，总渗入量 1 992.8 万 t/a。全市基岩裂隙水天然资源年总量为 15 077 万 t，年平均资源为 413 068.5t/d。

（5）土壤类型

珠海的土壤，有红壤、赤红壤、石质土、海滨沙土、盐渍沼泽土、冲积土。珠海红壤面积较少,分布不广。赤红壤分布在 300m 以上的丘陵台地。石质土分布在岩石裸露的水蚀浪蚀强烈地区。海滨沙土分布在海岸和较大海岛周围,储量十分丰富。盐渍沼泽土主要分布在潮间带滩涂。冲积土分布在河流两岸和出海口,耕作区表层有机质含量 3% 左右。

珠海市水土流失类型主要分为人为侵蚀(包括开发平台、开挖坡地、取土场、取料场、采石场、开荒种植和修路)、面状侵蚀、崩岗侵蚀、重力侵蚀(崩岗、滑塌、泻溜)。人为破坏是造成珠海市水土流失严重的重要因素,其侵蚀模数可达数十万 t/(km²·a)。

6.4.1.2 社会经济概况

(1)行政建制及人口概况

珠海市 2008 年年末全市常住人口 148.11 万人。下辖香洲、斗门、金湾 3 个行政区,还有横琴新区、万山海洋开发实验区、高新技术产业开发区、高栏经济技术开发区四个功能区。陆地面积 1 687.8km²。

(2)经济与产业

自改革开放以来,珠海市 GDP 保持着较高的发展速度,并迈入全国城市综合实力 50 强的行列,成为广东省经济发展较快的地区之一。珠海市经济以工业为主,农业、旅游业、商业贸易综合发展。工业主要有轻工、电子、医药、机械。农业以种植业和渔业为主,林业产值较低。种植业主要分布于西部的斗门、平沙、红旗等地,以水稻、甘蔗为主,兼有番薯、马铃薯、玉米、花生、蔬菜、水果等农作物。近年来,珠海大力发展水产养殖,渔业结构发生根本性改变,淡水和海水养殖已在渔业中占绝对优势。2008 年全市财政收入 92.32 亿元,比上年增长 21.8%。全年财政一般预算支出 105.68 亿元,增长 27.6%。

(3)人民生活与社会保障

2008 年城镇居民人均可支配收入 20 949 元,增长 8.6%;城镇居民人均消费性支出 16 517 元,下降 5.2%;农渔民人均纯收入 8 048 元,增长 5.6%,其中农民人均纯收入 8 024 元,增长 5.6%。

6.4.1.3 生态系统结构与基本特征

珠海市气候温润,热量充沛,光照充足,拥有海洋、湿地、森林、岛屿等多种生态系统类型,动植物生境丰富多样,植物种类繁多,生物多样性高。

(1)生物多样性

①植被多样性

珠海市的原始植被属南亚热带阔叶季雨林,随着生态系统的退化,演变为亚热带稀树草坡群落。植被主要组成种类有 556 种,分别隶属于 145 科、385 属。其中以亚热带性属种居多，常见的为大戟科、桑科、棕榈科、桃金娘科、茜草科、梧桐科、豆科、五加科、杜英科、野牡丹科、茶科、芸香科等。由于人类活动加剧，天然林已很少，仅呈零星分布，次生地带性属种也仅存在于局部地段沟谷（包括海岛）或村边风水林中，大部分丘陵山地均以灌丛、草坡为主。人工植被有木麻黄群落、台湾相思群落和水松群落。历史上珠海的近海处均有大面积的红树林分布，由于近年的围海造陆造成的破坏，现仅在局部海湾残存一些小块状和零星分布的红树林。

珠海建市以来，为适应大规模城市发展用地的需要，加速了滩涂的开发利用。据统计，1979—1992 年，珠海围海造田的总面积达 1.7 万 hm^2，相当于前 20 年总和的两倍。在取得巨大经济效益的同时，红树林却遭到了毁灭性的破坏，围海大堤内，红树林几乎全部枯萎死亡。随着人类对湿地重要生态功能认识的不断提高，红树林的生存状况已引起珠海市各方的关注。珠海市政府于 2000 年建立了珠海市淇澳岛红树林市级自然保护区，现主要有淇澳大围湾红树林区、三灶鸡心洲红树林区等，面积约 $500hm^2$，我国真红树植物和半红树植物种类有 70% ～ 95% 在本市分布。

②野生生物多样性

由于主要城区的自然林已被砍伐殆尽，大部分林地为灌木草本群落，野生动物赖以生存的环境条件日趋恶劣。因此，动物种类不多，主要野生动物共有 169 种，分别隶属于 4 纲 28 目 61 科。以陆生脊椎动物而论，哺乳动物种类最少，仅在担杆岛、二洲岛尚幸存有野生猕猴；在植被保存较好的地方，鸟类的种类比较丰富，繁殖最多的候鸟是黄胸巫鸟（禾花雀）；蛇类和龟鳖类比较丰富。

据 2009 年开展的珠海市鸟类及其他陆生野生动物资源调查结果，珠海市有脊椎动物 285 种，占全国脊椎动物（2 527）总数的 11.27%，其中国家重点保护物种 22 种。两栖动物 22 种，占全国已记录 365 种的 6.03%，皆属无尾目物种。非海产爬行动物有 54 种，其中游蛇科有 28 种，占总数的 51.85%。鸟类 173 种，隶属于 16 目 50 科，占全国鸟类物种数的 13.13%。其中，最多属雀形目鸟类有 87 种，占所调查鸟类总物种数的 50.28%。哺乳类动物共 36 种，分属于 8 目 17 科，其中以啮齿目 / 食肉目和翼手目种类为多。

（2）自然生态系统

珠海地处属南亚热带季风常绿阔叶林区，属南亚热带海洋性气候，温暖湿润，日照充足，热量丰富，降雨充沛，对植物生长非常有利，同时也使珠海拥有海洋、湿地、森林、草地等众多生态系统类型，物种资源丰富，生物多样性高。

①陆生生态系统

珠海市的丘陵、台地、平原、岛屿及湿地等自然环境孕育了丰富的植被类型，也为野生动物的生存和发展提供了适宜的自然条件。城市范围内的低山丘陵区以往人类活动相对较少，近年来又采取了水源地保护措施，使水库工程范围内的植被得以恢复，生态系统基本能保持自然状态。

②水生生态系统

珠海海洋、河口资源优势明显，是典型的三角洲河网区。沿海滩涂众多，养分含量丰富，利用价值高，浮游植物类种类十分丰富。另外，由于海域辽阔，鱼类品种繁多，水产资源较为丰富，具有捕捞价值的鱼类近 200 种。

江河入海口附近的浅海区，咸淡水交汇，河流带来的有机物在此汇聚，为水生生物提供了良好的生长条件。本地原生水生生物种类繁多，据调查，现有浮游动物 86 属 153 种，底栖动物 65 属 69 种，鱼类 197 种，水生植物以短叶茫群落水草类为多。

6.4.1.4 城市建设与绿化

珠海自然环境优美，山青水秀，有 146 个面积大于 500km^2 的海岛，素有"百岛之市"美称。全市已建成各类自然保护区和森林公园 12 个，自然保护区覆盖率 10.69%。全市各级各类自然保护区共 10 个，面积为 599.97km^2，其中海洋类保护区 2 个，面积为 484.35km^2，陆地类 8 个，面积为 115.62km^2。新建立的庙湾珊瑚市级自然保护区，总面积为 24.346km^2，主要保护对象是珊瑚、珊瑚礁生物及其生态环境。淇澳红树林保护区面积不断扩大，并正积极策划建设红树林博物馆。

由于可持续发展成效显著，珠海市被联合国选为"联合国改善人居环境最佳范例奖"，成为中国第一个获此殊荣的城市。此外，珠海市还先后被评为"双拥模范城"、"国家环保模范城市"、"国家卫生城市"、"国家级生态示范区"、"国家园林城市"、"中国优秀旅游城市"等多项称号。

珠海市中心城区绿地主要由海岸线绿带、主干道绿化带、中心山地绿带和城市组团之间的绿色隔离带及各类公园相互连接和交错而成。东部海岛区的绿地主要是以"二林"、"六岛"和"十九滩"构成。由于海岸绿地受恶劣自然因素的制约，植被以天然为主。西部城市发展区的绿化主要以生态公益林和休闲游乐型森林为主，包括沿河海防护林、农田防护林、水土保持林、水源涵养林、特用林、郊野公园、自然保护小区、森林公园和圩镇绿地。

珠海在社会经济快速发展的过程中，以创建生态市、落实治污保洁和水环境综合整治工程、实施党政领导环保责任考核为三大平台，形成层次清晰的责任体系，为珠海城市生态环境建设奠定了坚实的基础。

6.4.2　珠海市生态环境变化分析

6.4.2.1　大气环境变化分析

珠海环境空气质量一直以来都处于较好的水平,全年 API 指数小于 100 的天数达 100%。二氧化硫排放量 2005—2007 年逐渐增加,2007—2009 年则逐渐下降,2009 年 二氧化硫排放量为 33 900t。重点工业烟尘的排放达标率逐年增加,2009 年已经达到 99.9%,而粉尘排放达标率也均在 99% 以上。珠海酸雨频率在 2005 年较为严重,达到 75%,对生态环境造成较大的影响,随后市政府加强了珠海酸雨成因分析及制定了相关 污染控制对策,2009 年的酸雨频率已经降到 50% 以下。

表 6.4-1　珠海市历年环境空气质量统计情况

污染指数	0～50	51～100	101～150	151～200	＞200	统计天数	平均污染指数
对应状况	优	良	轻微污染	轻度污染	中度以上污染		
对应级别	I	II	III 1	III 2	IV 以上		
统计单位	天数（百分比）	天数（百分比）	天数（百分比）	天数（百分比）	天数（百分比）		
2000 年	133（71.12%）	54（28.88%）	0（0.00%）	0（0.00%）	0（0.00%）	187	41.1
2001 年	182（49.86%）	182（49.86%）	1（0.27%）	0（0.00%）	0（0.00%）	365	48.8
2002 年	231（63.29%）	134（36.71%）	0（0.00%）	0（0.00%）	0（0.00%）	365	43.3
2003 年	222（60.82%）	143（39.18%）	0（0.00%）	0（0.00%）	0（0.00%）	365	44.4
2004 年	223（60.93%）	143（39.07%）	0（0.00%）	0（0.00%）	0（0.00%）	366	43.1
2005 年	274（75.07%）	91（24.93%）	0（0.00%）	0（0.00%）	0（0.00%）	365	38.5
2006 年	241（66.03%）	124（33.97%）	0（0.00%）	0（0.00%）	0（0.00%）	365	42.1
2007 年	212（60.92%）	136（39.08%）	0（0.00%）	0（0.00%）	0（0.00%）	348	43.5
2008 年	204（57.14%）	153（42.86%）	0（0.00%）	0（0.00%）	0（0.00%）	357	45.1
2009 年	223（62.64%）	133（37.36%）	0（0.00%）	0（0.00%）	0（0.00%）	356	43.2

6.4.2.2　水环境质量变化分析

（1）地表水环境质量

根据《2008 年度珠海市环境状况公报》,珠海市水环境质量保持较好水平。前山河水质保持稳定，所有监测项目年平均浓度值符合国家地表水Ⅳ类水质标准。黄杨河所有监测项目年平均浓度值符合国家地表水Ⅲ类水质标准。跨市边界河流的磨刀门水道布洲断面和前山河南沙湾断面的所有监测项目年平均浓度值分别符合国家地表水Ⅱ类和Ⅲ类水质标准。全市设置的4个近岸海域水质监测点的污染物平均浓度值符合国家海水水质标准。其余监测点海水水质保持稳定。根据大镜山水库、竹仙洞水库、杨寮水库、平岗泵站、广昌泵站、裕洲泵站和黄杨泵站七个饮用水水源地的水质监测数据统计，珠海市全年饮用水水源水质达标率为100%。

根据近几年水质统计结果可以看出，河流、湖库和饮用水水源等主要水体的水环境质量基本保持稳定，各功能区基本能实现水质功能达标，只有部分河流在枯水期会存在超标现象。

（2）近海海域环境质量

2008—2009年珠海远岸海域水质总体良好，受陆源污染影响较大的河口和近岸海域水质较差，多为中度以上污染海域。在地域上，包括北部海域在内的珠江各入海口附近海域多为中度以上污染海域，主要污染物是无机氮和活性磷酸盐；群岛海域局部和西部海域（除靠近珠江入海口部分）为清洁或较清洁海域。但劣Ⅳ类面积进一步增大。受陆源污染影响较大的河口和近岸海域水质主要污染物仍然为无机氮和活性磷酸盐，活性磷酸盐污染程度有所加重，但无机氮污染程度有所减轻。多年监测结果表明，无机氮和活性磷酸盐等污染物正逐步由近岸向外海一侧扩散，以往较为清洁的万山群岛海域也逐步受到无机氮和活性磷酸盐的中度污染。

近岸海域海水无机氮含量持续上升，2008年已经出现大面积的严重污染海域，而在2005年近岸海域无机氮含量仍属中度污染海域。近岸海域活性磷酸盐浓度也在逐年升高，2005年尚未出现严重污染区域，在2008年则有部分海域活性磷酸盐浓度达到严重污染的标准；而石油类污染则逐年降低，2008年近岸海域石油类含量均在轻度污染以下，2005年珠海近岸海域则出现石油类的严重污染。

珠海市近几年均有赤潮发生，2008年还发生过较为严重的赤潮。

6.4.2.3 声环境质量变化分析

根据《2008年度珠海市环境状况公报》，市区区域环境噪声平均传值为55.1dB，符合国家考核标准。市区城市道路交通噪声平均值为67.6dB，符合国家考核标准。0、1、2、3类环境噪声功能区昼、夜平均等效声级保持稳定。

近几年珠海市声环境一直保持稳定，低于国家相关考核标准，能达到生态市建设要求。

6.4.3　城市土地利用特征以及景观格局演变分析

（1）城市土地利用变化分析

利用珠海市不同年份（1988 年、1993 年、1998 年、2003 年、2008 年）的遥感图片，解析珠海不同类型用地面积，分析其变化规律。珠海不同年份土地类型用地变化如表 6.4-5 所示。

表 6.4-2　不同年份珠海市土地类型面积　　　　　　　　　单位：km²

用地类型＼年份	1988	1993	1998	2003	2008
耕地	377.14	384.48	380.97	311.25	265.33
园地	339.74	197.27	179.98	173.65	136.09
建成区	13.84	25.01	62.20	66.54	80.05
新开发用地	13.67	49.90	76.73	77.73	107.75
林地	388.67	402.85	422.92	429.66	429.49
水面	360.18	426.78	363.37	425.00	463.86
道路	28.81	35.77	35.90	38.25	39.51

注：水面包括珠海市范围内的河流、湖泊、近岸河口及农用鱼塘等，不包括海域面积。

从表 6.4-2 的数据可以看出，珠海市土地类型逐年有所变化，其中耕地、园地面积逐年减少，2003 年的耕地面积比 1988 年减少了 18％，此比例在 2008 年已达到 30％；而 2008 年园地面积比 1988 年的面积减少的比例达到 60％，是所有用地类型中减少面积和比例最大的土地类型。与之相反的是，建成区、新开发用地、林地、水面和道路均呈现逐年增加的趋势。与 1988 年相比，2008 年建成区、新开发用地、林地、水面和道路的面积增加了 478％、688％、10％、29％及 37％。

从土地类型面积变化来看，珠海市建成区及新开发区的面积有了较大的增加，这也是与珠海市经济发展过程互相适应的。值得注意的是，珠海市在建成区、新开发用地面积增加的同时，林地的面积也在同步增加，这说明珠海市在发展的过程中，并未以牺牲林地的面积为代价，而是有效地保护了生态环境。

珠海市水面面积增加与珠海市近几年大力发展水产养殖有关。珠海市水产养殖面积已达到 3.28 万 hm²，尤其是在 2003—2007 年，全市水产养殖面积增加了 1.102 万 hm²，年均增加 0.17 万 hm²，增幅达到 14.31%。近几年珠海对基础设施的投入也使道路的占用面积有所增加。

从以上分析可知，珠海市土地利用变化较大，城市空间格局在不断的演变：

①珠海市耕地、园地的面积逐年减少，其中园地减少面积比例达到 60％，数据分析

表明珠海市生产总值与耕地、园地之间具有明显的负相关关系，说明珠海市在以前的发展过程中，至少有部分是以牺牲耕地和园地面积为代价的。

②珠海市建成区和新开发用地逐年增加，增加比例分别达到478%、688%，建成区及新开发用地面积的增大，意味着生态环境的破坏面积也增大。

③随着经济的发展，珠海林地面积不但没有减少，反而增加了10.5%，这说明森林保护在珠海生态环境保护中占有重要地位，在退耕还林或林地复垦方面做了出色的工作。

④珠海市水面面积在近几年存在逐年增加的趋势。水产养殖面积的增加是水面面积增加的主要原因。珠海市通过对河流的生态修复及人工湖泊的建设增加了水面面积。

（2）城市景观格局的演变分析

利用景观生态学中的斑块数量、最大斑块指数、平均面积指数、多样性指数和蔓延度指数、破碎度指数、优势度指数等作为珠海景观格局变化的指数，对不同时期的景观格局进行定量分析。从表6.4-3可知，1988—2008年，珠海市景观格局发生了巨大变化，主要表现如下。

①在景观水平上。斑块数量急剧增加，从1988年的5 637个增加到2008年的8 407个，增加了49.14%。与此同时，平均斑块面积不断降低，说明工业发展和城市化导致了景观格局的破碎化。

②最大斑块指数有所降低。说明景观格局中优势类型的优势度有所降低。

③各斑块类型在景观中呈均衡化趋势分布。这主要体现在香农多样性指数（景观异质性）的不断增加。

④蔓延度指数降低。表现为景观中斑块类型的连接性逐渐降低，也反映了景观的破碎化程度增强。

各种指数值在1998年或2003年出现拐点，开始反方向的趋势变化。综合反映了由于城市化过程的发展，造成城镇用地类型逐渐占主导类型，景观基质逐渐由原来的以自然和农业景观为主的类型转变为以城镇景观为主的景观类型。

表 6.4-3　1988—2008 年珠海市景观指数变化

项目 年份	斑块数量	最大斑块指数	平均面积指数	香农多样性指数	蔓延度指数
1988	5 637	4.42	27.00	1.53	89.55
1993	7 377	3.28	20.63	1.59	87.22
1998	8 735	2.72	17.42	1.67	87.56
2003	9 046	2.89	16.83	1.67	86.35
2008	8 407	3.13	18.10	1.68	87.36

6.4.4　珠海市生态变化的环境效应研究

6.4.4.1　主要污染物排放情况分析

（1）水污染物减排状况分析

2003—2009 年，珠海市废水排放情况如表 6.4-4 所示。2003—2008 年，废水总量、全市工业废水排放量、工业废水中 COD 排放量、城市生活污水排放量等指标总体呈上升趋势，在 2009 年度有所下降。工业废水排放达标率、城镇生物污水处理率水平则稳步提升。

表 6.4-4　2003—2009 年珠海市废水排放情况

项目＼年份	2003	2006	2007	2008	2009
废水排放总量 /t	10 211	15 298.36	15 162.54	18 809.74	16 090.59
全市工业废水排放量 / 万 t	2 527	3 434.40	5 446	6 890.236	5 890.59
工业废水排放达标率 /%	95.27	96.13	—	—	98.03
工业废水中 COD 排放总量 /t	1 662.00	3 113.21	—	7 081.98	6 537.14
城市生活污水排放量 / 万 t	7 684.0	11 864.0	9 716.5	11 919.5	10 200.0
城市生活污水处理率 /%	64.40	70.46	72.68	76.45	81.58

（2）大气污染物排放状况分析

2003—2009 年大气污染物排放情况见表 6.4-5。由表 6.4-5 可知，2003—2009 年全市工业废气排放总量、工业企业烟尘排放总量、工业粉尘排放总量均呈逐年递增趋势；工业烟尘排放达标率、工业二氧化硫排放达标率、工业粉尘排放达标率都稳定维持在 99% 左右。其中，2008 年珠海市全市工业企业废气排放量为标准状态下 1 458.26 亿 m^3，比上年增加 22.138%；工业企业烟尘排放量 9 461.27t，比上年下降 1.33%，排放达标率 98.39%；工业二氧化硫排放量 3.63 万 t，比上年减少 4.85%，排放达标率 99.15%；工业粉尘排放量 1 962.48t，排放达标率 99.70%。

表 6.4-5　2003—2009 年珠海市大气污染物排放情况

项目＼年份	2003	2006	2007	2008	2009
全市工业废气标准状态下排放总量 / 亿 m^3	—	704.74	1 188	1 458.261	1 473.78
工业企业烟尘排放总量 /t	3 614	4 691.81	—	9 461.273	8 416.69
工业烟尘排放达标率 /%	99.54	98.96	—	98.39	99.90
工业二氧化硫排放总量 / 万 t	—	2.95	3.21	3.632	3.39
工业二氧化硫排放达标率 /%	—	99.24	—	99.15	98.89
工业粉尘排放总量 /t	201	160.79	—	1 962.483	2 121.26
工业粉尘排放达标率 /%	100	99.79	—	99.70	99.63

珠海市现阶段大气污染源类别主要有：工业污染源、移动源和生活污染源。其中工业污染源为主要源，而随着珠海汽车持有量的增加，近年来交通污染源对大气的影响也日益增强。大气中主要的污染物包括二氧化硫、氮氧化物、可吸入颗粒物和烟尘。

（3）固体废弃物利用状况分析

珠海市工业固体废弃物综合利用率逐年增加，在 2009 年已经达到 98.5%；危险废物及医疗废物的安全处置率均达到 100%，生活垃圾无害化处理率也逐年增加，2009 年达到 87.18%，较 2005 年提高了 6%。

总体而言，珠海市近 5 年环境空气质量保持良好，地表水和近岸海域水环境均符合功能区的标准，饮用水水源地水质达标率保持 96％以上，区域环境噪声和交通干线噪声环境质量保持良好。环保基础设施建设持续加快，城市生活污水处理率 2008 年达到 80.15%，建城区绿地覆盖率保持在 40％以上，自然保护区覆盖率为 10.91％。

6.4.4.2 城市生态变化的环境效应分析

（1）城市化进程效应

城市化是社会发展的一种必然趋势，随着中国城市化进程的加快，城市生态格局、过程和稳定性维护机制面临着巨大的人类干扰压力。城市化过程直接改变了城市区域的景观结构，引发了许多自然现象和生态过程的变化。

珠海市陆域面积很小，其地形特点是众多的低山丘陵分散平原之上，众多大、小河流又将全境分割成若干区域，可用于开发利用的土地资源非常有限。因此，随着珠海城市化步伐的不断加快，建成区开发活动基本饱和，土地需求矛盾加剧，后续发展空间日益缩小，城市面临着日益严峻的发展空间的挑战。

（2）水源地保护问题

珠海市地处西江下游，生活饮用水的原水绝大部分来自西江，磨刀门、黄扬河及虎跳门水道，水源地的水质受上游的影响较大，且受咸潮影响严重，枯季存在水质性缺水问题。随着城市需水量的不断扩大，水源涵养成为日渐突出的问题。水源地汇水区内的原始森林已荡然无存，代替的人工林和次生林植被生态系统发育不够良好，无法实现水源涵养、径流补给、调节、减轻水污染负荷等功能。

因此，须加强水库和河岸带生态系统的保护，维护良好的湿地生态系统，恢复库区、草、灌、林植被或生态系统，治理水土流失；提高河岸带生态隔离带的污染物截流能力。在一级保护区内禁止新建、扩建与供水设施和保护水源无关的建设项目；禁止堆置和存放工业废渣、城市垃圾、粪便和其他废弃物；禁止从事种植、放养禽畜，严格控制网箱养殖活动；禁止可能污染水源的旅游活动和其他活动。

（3）酸雨与灰霾天气问题

①酸雨频率依然较高

2007 年珠海首次成为广东省重酸雨区 9 个城市之一；根据 2008 年广东省环保局的通报，珠海市已经排除在省酸雨区名单之外，然而珠海市 2008 年酸雨频率依然达到 52.03%。珠海近几年一直致力酸雨问题的治理，在重点工业污染源治理方面取得一定的成效，但在中小型燃煤锅炉的脱硫过程中仍不同程度地存在一些缺陷和问题。

②灰霾天气现象严重

2008 年珠海市斗门区灰霾天数达到 183 天，灰霾天气率达到 50.14%，灰霾天气现象严重。珠江三角洲是我国四个灰霾严重地区之一。灰霾对人类的身心健康、交通安全及农作物的生长均有较大的影响。对于珠海市而言，悬浮颗粒物和气体污染物的增加是形成城市灰霾的重要因素。

（4）景观异质性趋势以及景观格局的演变

在景观水平上，珠海市的斑块数量呈现急剧增加，从 1988 年的 5 637 个增加到 2008 年的 8 407 个，增加了 49.14%。与此同时，平均斑块面积不断降低，蔓延度指数降低，景观中斑块类型的连接性逐渐降低，景观的破碎化程度增强，景观异质性指数处于增加趋势，城市生态景观格局呈明显的破碎化趋势。

景观格局是景观异质性的具体表现，同时也是各种生态过程在不同尺度上共同作用的结果。珠海市城乡居民用地景观、森林景观、草地景观三种景观类型的空间差异明显，说明景观的破碎化程度与城市化水平密切相关。由于城市化过程的发展，造成城镇用地类型逐渐占主导类型，景观基质逐渐由原来的以自然和农业景观为主的类型转变为以城镇景观为主的景观类型。

（5）自然生态系统退化

由于人类活动原因，天然林呈零星分布，主要植被以灌木林地居多。虽然珠海市森林覆盖率有一定基础，但林分结构不合理，森林生态功能等级偏低，速生树种多、松树多，乡土阔叶树少。多年来珠海的人造林主要选用速生快长和适应性强的物种，其种类较为单一。全市生态公益林中灌木林地约占 30%，而灌木林生势矮小、灌草混杂、生态功能弱，起不到森林的作用。这些因素综合影响，造成了珠海市森林生态系统林种单纯、林相单调、林分质量差、生态系统脆弱等弊端。

（6）外来物种入侵

珠海属于经济相对发达地区，进出口贸易活跃，人流、物流频繁，有害生物容易被引入；另一方面，珠海有良好的自然环境，气温适宜，外来生物很容易在这里生存繁衍。有关调查发现，珠海市外来入侵植物物种达 30 科 61 属 67 种。其中双子叶植物 27 科 52 属 58 种，单子叶植物3科9属9种；乔木8种；灌木4种；藤3种；草本52种。薇甘菊、五爪金龙等具有很强的攀爬特性，已造成荔枝、龙眼、芒果、柑橘、茶叶、林木等成片死亡；凤眼莲等挤占水体，使水产养殖难以进行；由于加拿大蓬、假臭草、熊耳草等挤占农田旱地，使农作物减产甚至失收。因此，外来入侵植物已对种植业、畜牧业、林业、水产养殖业等带来直接经济损失。珠海市外来动物种包括红火蚁、蔗扁蛾（香蕉蛾）、非洲大蜗牛、福寿螺、湿地松粉蚧、巴西龟、克氏鳌虾等，也对珠海市生态系统造成影响或存在潜在威胁。

6.4.4.3 环境质量改善

虽然存在环境效应问题，但珠海市生态环境质量在近年来有所改善，生态环境保护与建设得到不同程度的重视，一些对生态环境构成破坏的活动得到有效控制。近几年来，生态复绿工程取得较大进展，红树林湿地面积不断扩大，环境综合整治不断向镇村延伸，全国环境优美乡镇和生态示范镇、村创建，绿色社区和绿色学校创建工作卓有成效。珠海市2003—2009年的生态环境状况见表6.4-6。

表 6.4-6　生态环境保护与建设情况（2003—2009 年）

项目 \ 年份	2003	2005	2006	2007	2008	2009
建成区绿化覆盖率 /%	42.00	42.00	43.84	40.57	45.03	44.97
全市各级各类自然保护区 / 个	9	9	10	10	10	8
全市自然保护区面积 /km²	180.48	180.48	599.97	664.83	664.83	623.42
全市森林覆盖率 /%	33.10	—	29.20	—	—	28.60

①珠海市自然保护区数量在2005年为9个（含海洋保护区），2006—2008年上升到10个，2009年减少到8个，这是因为2009年珠海市产业布局及经济发展的需要，撤销了荷包岛与大杧岛"省级自然保护区"，转为工业用地功能，使这两个岛的生态环境受到严重破坏。自然保护区面积在2005—2008年一直是稳中有升，2008年的自然保护区面积比例达到10.69%；但是到2009年，自然保护区面积已减少到14 000hm²。因此，如何稳定自然保护区面积，做到在规划年限内自然保护区面积比例的上升，是珠海市生态环境保护的一个非常重要的工作内容。

②珠海市森林覆盖率在近几年比例上升变化不大，在2009年略有微弱减少，比例为28.6%，这与珠海市土地利用用地分析基本一致。这说明珠海市在近几年森林重建或复垦工作进展不快。与之相反的是，珠海市重视人居环境绿化，大力发展城市建设区域的绿化，2005—2008年建成区绿化率上升了近3%，这对保持珠海建成区的生态环境具有十分积极的作用。同时，城市的生态示范区数量也在不断增加，将具有明显生态环境优势的地区通过生态示范区的模式加以保护和改善。

③珠海市人均绿地面积在 2006—2007 年有较大幅度的上升，上升比例达到 26%，2007—2009 年的人均绿地面积稳定在 27 ~ 28m²。珠海市绿地面积构成主要以周边丘陵山坡、林地为主，公共绿地占的比例较少，因此珠海市近期应加大公共绿地的建设。

④珠海市生态农业在近几年也有较好的发展势头，绿色有机无公害产品基地面积不断增大，水产业持续增长，发展迅速；种植业特色效益明显；畜牧养殖业向规模化发展；农业休闲旅游业快速发展；农业生态环境得到进一步改善。但应注意的是，珠海市近几年的农药化肥使用量持续增加，这对生态环境保护造成一定的影响。

⑤珠海市依托《珠江三角洲绿道网总体规划》的要求，现已建成区域绿道 82km，配套建设绿道驿站 14 个，并与中山市城际交界面绿道相衔接。绿道沿线种植乔灌木约 15 万株，新建、改造绿化面积约 33 万 m²。

6.4.5　珠海市生态环境质量评估分析

6.4.5.1　珠海市生态环境质量评估结果

根据"城市生态环境质量评价指标体系"各指标的权重，以及珠海市 2008 年各指标数据，计算出 2008 年珠海市生态环境质量的评估值，具体见表 6.4-7。

表 6.4-7　珠海市生态环境质量评价指标及评估结果（2008 年）

目标层 A		准则层 B		方案层 C		指标层 D	
因素	分值	因素	分值	因素	分值	因素	加权分值
城市生态环境质量指数	81.71	B1空间格局	86.18	C1人工生态子系统	83.14	D1 人口密度	16.37
						D2 人均建设用地	12.70
						D3 建成区扩展强度	0.00
						D4 交通便利度	10.90
						D5 建成区容积率	12.13
						D6 透水面积率	11.45
						D7 绿地覆盖率	19.60
				C2水域生态子系统	100.00	D8 水面覆盖率	36.00
						D9 水网密度	20.00
						D10 湿地面积率	28.00
						D11 人均水域面积	16.00
				C3陆域生态子系统	78.41	D12 生态用地比率	29.69
						D13 人均生态用地	37.18
						D14 景观多样性指数	10.58
						D15 景观破碎度指数	6.61

目标层 A		准则层 B		方案层 C		指标层 D	
因素	分值	因素	分值	因素	分值	因素	加权分值
城市生态环境质量指数	81.71	B2 环境特性	84.77	C4 人工生态子系统	82.91	D16 空气质量指数	20.90
						D17 安静度指数	18.60
						D18 酸雨频率	5.72
						D19 人均碳排放量	3.61
						D20 灰霾天气发生率	4.64
						D21 热岛强度	11.60
						D22 极端天气发生率	6.27
						D23 空气优（首）控污染物指数	2.30
						D24 电磁污染指数	9.86
				C5 水域生态子系统	88.70	D25 水质综合污染指数	22.87
						D26 优良水体面积率	15.80
						D27 河流污径比	10.31
						D28 水体营养状况指数	17.94
						D29 COD 排放总量控制指数	18.40
						D30 水体优（首）控污染物指数	2.60
						D31 水产品重金属污染指数	0.79
				C6 陆域生态子系统	81.95	D32 空气优良区域比率	33.30
						D33 臭氧浓度指数	8.02
						D34 土地退化指数	21.94
						D35 土壤环境质量综合指数	15.55
						D36 负离子浓度指数	3.15
		B3 生物特征	87.00	C7 人工生态子系统	86.94	D37 植物丰富度	34.92
						D38 本地植物指数	31.60
						D39 生物入侵风险度	20.42
				C8 水域生态子系统	91.68	D40 鱼类丰富度	32.80
						D41 底栖动物丰富度	17.58
						D42 水生维管束植物丰富度	15.36
						D43 水岸绿化率	25.93
				C9 陆域生态子系统	82.36	D44 野生高等动物丰富度	15.28
						D45 野生陆生植物丰富度	25.77
						D46 本地濒危物种指数	10.11
						D47 鸟类丰富度	31.20
		B4 服务功能	65.19	C10 人工生态子系统	68.59	D48 经济密度	9.66
						D49 人均公用休憩用地	11.91
						D50 清洁能源使用率	12.36
						D51 垃圾无害化处理率	14.48
						D52 生活污水集中处理率	15.23
						D53 绿地释氧固碳功能	3.16
						D54 可再生能源利用率	1.80

目标层 A		准则层 B		方案层 C		指标层 D	
因素	分值	因素	分值	因素	分值	因素	加权分值
城市生态环境质量指数	81.71	B4 服务功能	65.19	C11 水域生态子系统	73.41	D55 水资源承载力	31.03
						D56 娱乐水体利用率	25.17
						D57 人均水产品产量	17.21
				C12 陆域生态子系统	50.14	D58 水源涵养量价值	21.08
						D59 农林产品产值	13.55
						D60 生态旅游功能	15.50

6.4.5.2　结果解析

根据第 4 章提出的各层次计算分值和生态环境质量分级，珠海市生态环境质量和四大要素"空间格局、环境特性、生物特征、服务功能"状况的评判级别如表 6.4-8 所示。

表 6.4-8　珠海市城市生态环境质量判断级别

综合指数	分值	等级
空间格局	86.18	理想
环境特性	84.77	理想
生物特征	87.00	理想
服务功能	65.19	良好
城市生态环境质量	81.71	理想

珠海市生态系统的各要素层及各子系统的生态环境质量状况如下所述。

（1）空间格局状况

珠海市生态空间格局综合指数为 86.18，评价等级为"理想"。

珠海市天然禀赋优越，空间布局合理，交通状况良好，城市绿化率高，水资源丰富，景观生态优越，环境状况宜人。

其中三个子系统的空间格局状况从好到差的排序依次为：水域生态子系统＞人工生态子系统＞陆域生态子系统。

①人工生态子系统

人工生态子系统空间格局综合指数为 83.14，评价等级为"理想"。

从图 6.4-1 可知，人口密度、人均建设用地、交通便利度、建成区容积率、透水面积率、绿地覆盖率指标均为优良；由于城市化的推进，使市区面积扩大，也使建成区扩展面积成为主要限制因子。

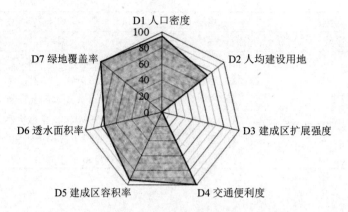

图 6.4-1　珠海市人工生态子系统空间格局雷达图

②水域生态子系统

水域生态子系统空间格局综合指数为 100，评价等级为"理想"。

珠海市地处珠江流域，濒临南海，境内河流、水库众多，水资源丰富；评价结果与该市优越的自然环境情况相符合（图 6.4-2）。

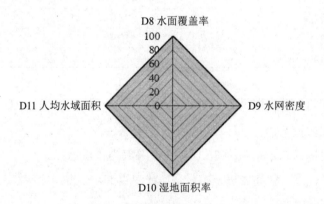

图 6.4-2　珠海市水域生态子系统空间格局雷达图

③陆域生态子系统

陆域生态子系统空间格局综合指数为 78.41，评价等级为"良好"。

珠海市人口密度相对较为适中，生态用地比率较大，人均生态用地状况较好；但景观多样性不高，成为本子系统中的主要限制因子。这也从侧面反映了珠海市在城市化过程中，城镇用地类型逐渐占主导地位，景观基质也逐步由原来的以自然和农业景观为主转变为以城镇景观为主的景观类型（图 6.4-3）。

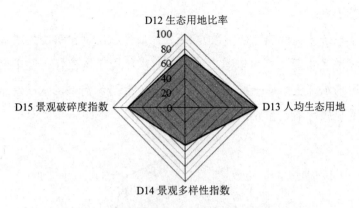

图 6.4-3　珠海市陆域生态子系统空间格局雷达图

（2）环境特性状况

珠海市城市环境特性综合评分为 84.77，评价等级为"理想"。

表明该城市区域环境状况处于优良水平；其中三个子系统的环境特性状况从好到差的排序为：水域生态子系统＞人工生态子系统＞陆域生态子系统。

①人工生态子系统

人工生态子系统环境特性综合指数为 82.91，质量状况评价等级为"理想"。

珠海的市区环境噪声控制得当，园林城市建设和滨海气候使城区与郊区气温相若，极端天气出现频率较低，可见珠海环境质量良好。然而，酸雨频率和灰霾天气发生率高，成为该子系统的重要限制因子。因为珠海处于珠江三角洲工业发达的地区，难免受酸雨和灰霾问题困扰（图 6.4-4）。

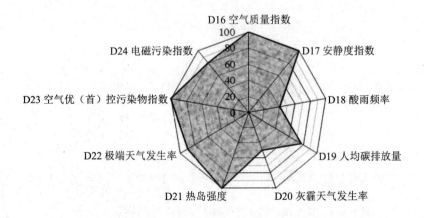

图 6.4-4　珠海市人工生态子系统环境特性雷达图

②水域生态子系统

水域生态子系统环境特性综合指数为88.70，质量状况评价等级为"理想"。

从水质环境的各主要指标可以看出珠海市的水环境质量较好。近年来的监测结果表明，珠海的饮用水水源达标率一直为100%，地表水和近海海域的水质基本达标。但水产品存在一定的重金属污染（图6.4-5）。

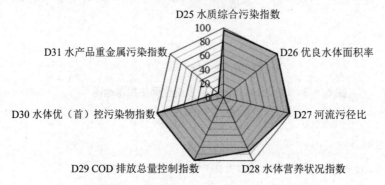

图6.4-5　珠海市水域生态子系统环境特性雷达图

③陆域生态子系统

陆域生态子系统环境特性综合指数为81.95，质量状况评价等级为"理想"。

陆域子系统的空气优良比例和臭氧浓度指数达标率较高，水土流失控制较好，土地退化较缓慢。但是土壤重金属含量较高。评价结果反映出珠海的土壤环境质量有待改善，与水域生子系统反映出的水产品重金属含量较高相关，如何降低重金属污染以及进行土壤及水体的重金属污染修复是今后值得重视的课题（图6.4-6）。

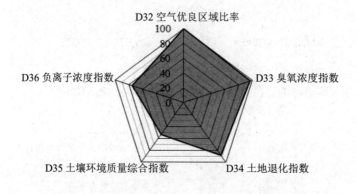

图6.4-6　珠海市陆域生态子系统环境特性雷达图

（3）生物特征状况

珠海市生态环境系统的生物特征综合指数为87.00，对应评价等级为"理想"，表明珠海市的自然生态状况良好。其中三个子系统的生物特征状况从好到差的排序为：水域生态子系统>人工生态子系统>陆域生态子系统。

①人工生态子系统

人工生态子系统生物特征综合指数为 86.94，评价等级为"理想"。

说明珠海市的建成区生态环境质量较好，植物物种较多，然而存在一定程度的生物入侵风险。因此要重视外来生物的入侵（图 6.4-7）。

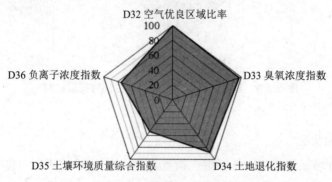

图 6.4-7　珠海市人工生态子系统生物特征雷达图

②水域生态子系统

水域生态子系统生物特征综合指数为 91.68，评价等级为"理想"。

鱼类和底栖动物种类丰富，水岸绿化程度高，水生维管束植物种类多，这与珠海市保持良好的水域空间格局和水环境质量是相关的（图 6.4-8）。

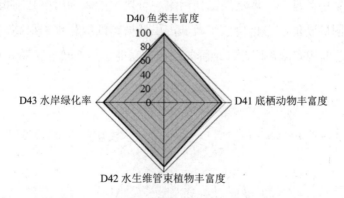

图 6.4-8　珠海市水域生态子系统生物特征雷达图

③陆域生态子系统

陆域生态子系统生物特征综合指数为 82.36，评价等级为"理想"。

本地濒危物种数较少，野生陆生植物物种种类资源较丰富；然而野生高等动物物种资源一般，是主要限制因素（图 6.4-9）。

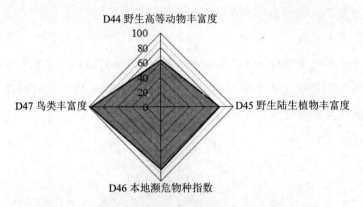

图 6.4-9　珠海市陆域生态子系统生物特征雷达图

（4）服务功能状况

珠海市生态环境系统的生物特征综合指数为 65.19，评价等级为"良好"。

珠海市生态系统服务功能利用中等，还未得到较好的开发利用。其中三个子系统的服务功能利用状况从好到差的排序为：水域生态子系统＞人工生态子系统＞陆域生态子系统。

①人工生态子系统

人工生态子系统服务功能综合指数为 68.59，评价等级为"良好"。

珠海市的经济密度处于中偏好水平，人均公用休憩用地面积较大，垃圾无害化处理率高、生活污水集中处理率、清洁能源使用率、可再生能源利用率几项指标良好；但珠海市的绿地释氧固碳功能的总价值水平较低，虽然城市的绿化水平很高，然而珠海市面积较小，其绿地总面积有限，因此绿地释氧固碳的功能价值亦较低（图 6.4-10）。

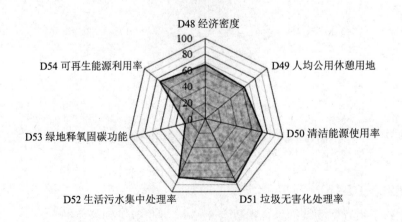

图 6.4-10　珠海市人工生态子系统服务功能雷达图

②水域生态子系统

水域生态子系统服务功能综合指数为 73.41，评价等级为"良好"。

珠海市水域生态子系统服务功能的利用良好，在为居民提供娱乐休闲等水上活动方面的功能水平优越，城市水资源承载力水平良好，但人均水产品产量一般（图 6.4-11）。

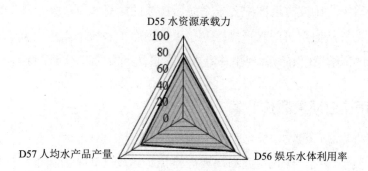

图 6.4-11　珠海市水域生态子系统服务功能雷达图

③陆域生态子系统

陆域生态子系统空间格局综合指数为 50.14，评价等级为"一般"。

说明陆域生态子系统服务功能利用尚不足。农林产品产值不高，林地面积较小，水源涵养量有限，生态休闲旅游方面存在较大的发展空间。由于珠海市面积较小，因此总体上显得陆域生态子系统服务功能不足（图 6.4-12）。

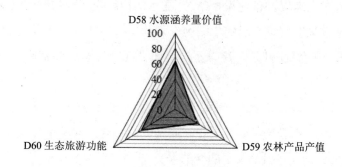

图 6.4-12　珠海市陆域生态子系统服务功能雷达图

（5）城市生态环境质量

珠海市生态环境质量综合评价结果为"理想"。

结果表明，珠海市城市生态要素构成合理，城市绿化率高，而且充分利用本地植物进行城市绿化；城市生态系统物流、能流顺畅、协调，城市生态系统自我维持能力较强，生态环境宜人。

从图 6.4-13（见文后彩插）可看出，四大要素的评价结果依次为：生物特征（理想）＞空间格局（理想）＞环境特性（理想）＞服务功能（良好），因此，珠海市生态环境质量的提升主要在提高系统服务功能利用。

从图 6.4-14（见文后彩插）可看出，珠海市生态环境质量的主要制约因子在于服务功能的陆域子系统。比较雷达图中各子系统所构成的面积大小可知，珠海市生态环境质量中各生态子系统从优到劣的水平排序为：水域生态子系统＞人工生态子系统＞陆域生态子系统，该评价结果较好地体现出珠海市优良自然风貌的滨海城市特点。

6.4.6　珠海市生态环境保护对策

（1）合理规划城市建设，优化空间布局

合理规划城市建设、优化空间布局要严格控制建成区和中心城镇的扩展速度，切实做好城镇化过程中的生态环境保护问题；要充分利用建成区周边的自然环境优势，做好城市规划、园林建设、水土保持和风景绿化等工作；要严格保护区域的自然景观风貌，做好工业开发、城镇建设和景观的协调，确保居民能人人享有一定的绿地空间，并根据区域自然环境特点建设生态隔离带或绿化隔离带。

珠海市的城市建设应该要注意以下几个方面的问题。

①在工业区内要实施严格的生态保护措施，禁止新建污染企业和任何改变现有生态基质和生态安全格局的开发建设活动。

②把开发建设与生态缓冲带建设相结合，注意保护和恢复分散的小型山林、生态斑块、小型廊道，维护区域生态网络连通的"细胞"和基本结构性控制要素。

③加强城市规划的组团开发，建设不同组团之间的生态隔离带，避免建成区大规模蔓延对生态基质的破坏。

通过合理规划城市建设，优化空间布局，努力将珠海建成生态环境一流、产业结构高端的生态人居区域，营造珠海适宜创业、适宜生活、居住的城市形象。

（2）加强自然保护区、湿地及水源地的保护

严格控制自然保护区的使用功能，防止建设项目对自然保护区的破坏，对已经调整的自然保护区（荷包岛与大杧岛），要做好生态环境的保护工作，使生态环境的破坏程度减到最小，建设项目建设时要严格按照相关的水土保持方案和环境影响评价的方案执行。建议建立珍稀动物及植物培养基地，将破坏区域的植被或珍稀动物进行人为的保护。

珠海拥有丰富的湿地资源，发挥着巨大的环境功能和效益。近 20 多年来，珠海市围海造地改变了部分海岸的面目，致使沙滩消失，以红树林为主的滩涂植物受到破坏。今后须严格控制围垦造地，禁止破坏红树林，对已遭破坏的红树林要进行移植复种。此外，

对港湾和河口区域的围填海活动要实施科学管理，防止纳潮容量减少造成人为性的水位上升和防洪排洪能力下降；尤其对红树林等具有重要生态系统服务功能的生态系统要严格保护。

珠海城市生活饮用水供水中，以地表水源为主。取水水域主要集中在磨刀门水道和黄杨河以及几个主要饮用水功能的水库，包括大镜山、凤凰山、竹仙洞、南屏水库等。为有效保障珠海饮用水的供给，必须对以上水域及水库进行重点保护，并对以上水域及水库范围内的污染企业实施关停，对现有的生态破坏现象进行制止，并采取恢复措施。对水源地上游及主要河流两岸加强绿化，提高水源涵养量。

（3）优化产业结构，发展生态旅游产业

经济发展与生态环境保护并不总是矛盾的，通过科学规划、合理安排，可以实现有利的耦合作用，利用良好的生态环境吸引高端产业，提高产业附加值，在促进经济发展的同时将其对生态环境的污染破坏降低到最低程度，而社会经济发展的同时亦可以提供有力的经济技术保障来促进地区的生态环境保护事业。

优化产业结构，调整产业结构，利用珠三角有利的产业结构，建立区域性生态产业链，推行清洁生产，建设生态工业。加快发展高新技术产业和现代服务业，形成与环境相协调的产业发展新格局；提高环境保护要求和资源、能源利用效率，通过生态产业园建设，形成生态产业链，加快现有产业的污染治理，加快发展高新技术产业和现代服务业。

同时依托区域优势，增强区域合作，促进粤、港、澳旅游圈的形成和发展。利用珠海优越的地理区位，依托珠三角大区域的整体优势，利用与澳门、香港隔海相望的优势，实现横向合作，实现大旅游战略目标。利用珠三角便利的交通系统，将珠海旅游的线路与深圳、广州、中山以及香港、澳门周边地区的旅游线路结合起来，大力发展珠、港、澳观光和会展休闲旅游，推出具有珠海特色的旅游路线。将珠海各区的旅游建设统筹规划，有机地结合，避免雷同建设，共同树立珠海旅游的名牌形象。

6.5 北京市朝阳区生态环境质量评估

6.5.1 北京市朝阳区生态环境概况与特征

6.5.1.1 自然环境概况

（1）地理地貌

朝阳区位于北京市主城区的东部和东北部，介于北纬 $39°48' \sim 40°09'$、东经 $116°21' \sim 116°42'$，南北长 17km，东西宽 17km，土地总面积 470.8km^2，其中建成区面积 308.93km^2。

朝阳区地形平坦开阔，整体地势呈西北高东南低，平均海拔高度 34m，地貌类型有洪积、冲积扇平原，扇缘洼地和河流冲积平原三种。

（2）气候特征

本区气候属暖温带大陆性半干旱半湿润季风气候，主要特点是雨热同季、四季分明；春季干旱，夏季炎热多雨，秋季天高气爽，冬季寒冷干燥。风向有明显的季节变化，冬季盛行西北风，夏季盛行东南风。

年平均气温 11.7℃，极端最低气温 −27.4℃；极端最高气温 40.6℃。年均气压 1 012.8hPa。

降水时空分布不均，多年平均降雨量为 626mm，年平均蒸发量为 1 852mm，年降水量相当于年蒸发量的 1/3，属于比较干旱的地区。1998 年以来，气候暖干化明显，连年干旱，近几年的平均降水量仅为 1998 年（908.4mm）的 1/3 ～ 1/2，并且低于多年平均降水量。降水主要集中在 7—8 月份，且多雷雨和大到暴雨等强降水。

朝阳区主导风向是西北风，风主要来自四个方向：西北、东南、东北、西南。全年平均风速为 2.0m/s，以静风和小风为主。大气稳定度以 EF 类出现频率最高，占 43.9%，D 类次之，占 30.5%，以稳定层结为主。

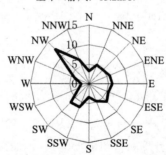

图 6.5-1　风向频率玫瑰图

表 6.5-1　各代表月平均风速及各档风速出现频率统计

风速 / （m/s） ＼ 季节	冬季（1 月）	春季（4 月）	夏季（7 月）	秋季（10 月）	全年
静风	12.5	11.7	20.8	24.1	13.2
$0 < v \leqslant 1.0$	18.7	14.8	22.3	25.8	18.8
$1.0 < v \leqslant 2.0$	31.5	24.0	33.5	30.2	31.5
$2.0 < v \leqslant 4.0$	23.1	36.7	22.7	16.3	27.2
$4.0 < v \leqslant 6.0$	6.7	8.5	0.5	3.0	6.2
$6.0 < v \leqslant 10.0$	7.3	4.3	0.1	0.7	3.0
$v > 10.0$	0.3	0	0	0	0.2
平均风速 / （m/s）	1.9	2.4	1.6	1.5	2.0

表 6.5-2 各季代表月及全年稳定度出现频率统计

稳定度 \ 季节	冬季（1 月）	春季（4 月）	夏季（7 月）	秋季（10 月）	全年
AB	5.8	16.40	27.2	20.4	17.5
C	6.0	12.2	5.6	5.4	8.1
D	42.1	32.8	37.2	22.8	30.5
EF	46.1	38.6	30.0	51.3	43.9

表 6.5-3 朝阳区 2008 年气象资料

月份	降雨量 /mm	平均气温 /℃	极端气温 /℃				日照时数 /h
			最高	日期	最低	日期	
1	0.3	−3.5	8.4	1.6	−11.2	1.15	171.9
2	0.0	0.6	16.1	2.27	−9.3	2.12	239.9
3	17.1	8.8	22.2	3.10	−1.5	3.4	209.9
4	60.7	15.8	31.1	4.30	4.2	4.4	189.5
5	36.7	20.1	34.0	5.25	7.2	5.4	190.2
6	100.5	23.3	34.4	6.21	12.7	6.2	134.9
7	112.7	27.2	37.2	7.3	17.9	7.15	172.4
8	130.1	25.8	34.9	8.3	17.8	8.18	181.6
9	136.1	20.8	33.2	9.2	10.5	9.26	198.1
10	24.3	13.7	26.7	10.15	0.4	10.24	201.1
11	0.0	5.5	21.5	11.6	−8.1	11.19	182.4
12	0.0	−1.4	12.6	12.1	−14.2	12.22	158.4
全年	618.5	13.1	37.2	—	−14.2	—	2 230.3

（3）河流水文

①地表水资源

朝阳区地表水主要包括两部分：辖区内天然降水和区外入境水。全区水系主要由河流、湖泊和排水沟组成。朝阳区主要河流水文情况见表 6.5-4。

表 6.5-4 朝阳区主要河流水文情况

名称	河源或水源	入出境或注入地	境内长度	流经主要村镇	类型	水利设施
温榆河	源于昌平区军都山南麓	于区域北部入境沙窝东南出境	22km	黄港、孙河、金盏、楼梓庄	常年有水	扬水灌溉
清河	源于海淀区碧云寺附近	于八达岭高速路入境汇入温榆河	15.7km	洼里、来广营北、黄港乡西北部	常年有水	水闸两座
北小河	源于大屯村西部	大屯村西部流经三岔河入坝河	16.6km	大屯、来广营、南皋、金盏、东坝	常年有水	污水处理厂

名称	河源或水源	入出境或注入地	境内长度	流经主要村镇	类型	水利设施
坝河	北护城河东端光熙门北里西侧	经太阳宫于沙窝入温榆河	21.6km	太阳宫、将台、东坝、楼梓庄、酒仙桥	常年有水	拦河闸七座污水处理厂
亮马河	北护城河东端	北护城河东端入西坝村入坝河	9.3km	三里屯、麦子店、酒仙桥	常年有水	—
通惠河	东便门南护城河	建外地区至通州卧虎桥汇入北运河	16km	高碑店、三间房、管庄	常年有水	高碑店污水处理厂
萧太后河	源于东南护城河	东南护城河至张家湾汇入凉水河	13.85km	南磨房、十八里店、豆各庄、黑庄户	常年有水	—
凉水河	源于莲花池附近	红寺村西部入境三台村出境入通州	4.2km	小红门	常年有水	—

朝阳区河湖水系众多,其地表水属海河流域北运河水系。主要河流有清河、亮马河、通惠河、坝河、温榆河,河流总长度151km,另有110条中、小排水沟,总长度320km。区内有朝阳公园湖、窑洼湖、红领巾湖等湖泊以及鱼塘、水池洼地共约70多处,总面积9.8km²;其中,蓄水量在10万m³以上的湖泊有16座,流域总面积为357.78km²,水量为94371万m³。

②地下水资源

朝阳区地下含水层主要分布在第四纪松散沉积地层中,浅层含水层以沙层为主,厚度一般在40～70m,地下水平均埋深25m。受地层结构和地势的影响,地下水自然流向呈自西北、西向东南、东的流向。多年平均地下水资源量为11 090×10⁴m³。

朝阳区地下水可开采量为14 184万m³,占全区可用水量的13%。其中大气降水入渗量为4 352万m³,占地下水可开采量的31%;农业灌溉地表水入渗量177万m³,占7%;河流地表水入渗量1 917万m³,占14%;地下水侧向径流补给7 738万m³,占54%。朝阳区2008年用水量29 343万m³,其中地下水用水量为16 852万m³,占全区实际用水量的57%,超采率达18%。朝阳区属北京市平原区地下水严重超采区,也是北京市地下水漏斗的中心区。

(4)土壤特征

朝阳区土壤类型包括潮土和褐土,其中褐土分布在该区的中部和西部,潮土主要分布在温榆河冲积平原和通惠河以南地区。

朝阳区土壤质地以轻壤质为主,其次为砂壤质和中壤质土壤,砂质和重壤质土壤面积分布较小。

6.5.1.2　社会经济概况

（1）行政建制及人口概况

朝阳区现下辖 22 个街道办事处和 20 个地区办事处。2008 年年末全区常住人口 308.3 万人，其中外来人口 99.8 万人，占常住人口的 32.4%。

（2）经济与产业

①国民生产总值增长情况

近年来，朝阳区紧紧抓住 CBD 功能区、奥运会相关建设机遇，使城市现代化程度不断提升区域国际化水平进一步提高，"三化四区"总体格局基本形成。朝阳区成为全国首批科技进步示范区、全国绿化模范区、全国社区建设示范城区、全国文明城市先进工作城区、国家级生态示范区、首都文明城区、北京市教育工作先进区。2001—2008 年朝阳区地区生产总值见图 6.5-2；2000—2008 年三大产业生产总值见表 6.5-5。

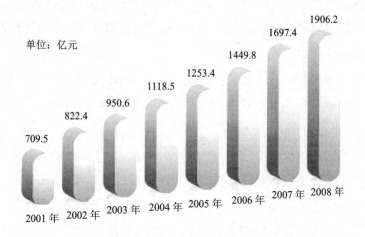

图 6.5-2　2001—2008 年朝阳区地区生产总值

表 6.5-5　朝阳区 2000—2008 年三大产业生产总值　　　　　单位：亿元

年份	2000	2001	2002	2003	2004	2005	2006	2007	2008
合计	599.2	709.5	822.4	950.6	1 118.5	1 253.4	1 449.8	1 697.4	1 906.2
第一产业	4.2	3.9	4.0	3.3	1.6	1.4	1.4	1.3	1.4
第二产业	215.5	221.1	224.1	241.5	251.1	237.8	240.6	236.1	26.0
其中：工业	165.5	169.4	177.4	191.2	194.0	183.2	181.9	176.3	19.3
建筑业	50.0	51.7	46.7	50.3	57.1	54.6	58.7	59.8	6.7
第三产业	379.5	484.4	594.3	705.8	865.8	1 014.2	1 207.8	1 460.0	1 645.1

2008 年朝阳区实现地区生产总值 1 906.2 亿元，社会消费品零售总额 1 272.7 亿元，固定资产投资 729.6 亿元，完成区级财政收入 168.3 亿元。产业结构不断优化，呈现出以

第三产业为主的产业结构特征。朝阳区的经济总量和增速都在全国同类地区中处于领先地位，朝阳区的经济正在进入一个快速健康的发展轨道。

②产业结构不断优化

"十五"时期，朝阳区围绕"三化四区"目标，着力推进产业结构升级和空间布局调整，使区域经济快速发展。2008年第三产业生产总值1 645.1亿元，占地区生产总值的比例为86.3%。朝阳区大力发展现代服务业、高新技术产业和先进制造业。第三产业以商业企业、金融业、房地产业、交通运输、仓储、邮政业、租赁、商务服务、居民服务和其他服务业为主，第三产业在经济发展中的主导地位进一步加强。第二产业在全市工业调整中不断优化，电子信息、生物医药、汽车等高新技术产业和现代制造业保持良好的发展态势，这些产业和朝阳区原有的化工、电力、制造等行业一起成为拉动第二产业增长的主要因素，同时也是朝阳区污染物主要的排放源。2008年，第二产业实现产值259.71亿元，占地区生产总值的比例为13.62%。朝阳区内的污染物排放企业主要位于东南郊大郊亭及垡头等周边地区，目前，这些企业正在根据北京市总体规划的调整进行搬迁和改造。

③外资流入继续加快

优化区域投资环境提升了投资的吸引力，全年新批设立外资企业877家，其中8家为世界500强企业，历年累计批准设立外商直接投资项目已达3 639个，实际利用外资21.66亿美元。

④三大功能区基本形成

"十五"以来，朝阳区根据自身功能定位，形成了以奥运、CBD、电子城三大功能区带动全区发展的空间格局，打造了北京商务中心区、电子城科技园区等一批产业集聚区，产业发展进入了功能区带动全区经济快速发展的新阶段。

6.5.1.3 生态系统结构与基本特征

（1）植物资源

朝阳区地处暖温带北部，属于半湿润落叶阔叶林带。由于开发历史悠久，目前已基本不存在天然植被，多被改造为农田和城镇绿化带，仅残留有少量原生物种，目前大多为人工栽培植物。乔木物种主要有旱柳、杨树、紫椴、糠椴、水曲柳、榆树、臭椿、桦树、楸树、国槐、灯台树、朴树等；灌木物种有虎榛、毛榛、榛、胡枝子、北京忍冬、黄护、酸枣等；藤本有猕猴桃、山葡萄等；草本植物有白羊草、荆条、小针茅、苔草、芦苇、香蒲、黄背草、天南星等。

（2）动物资源

朝阳区的动物资源以鸟类为主，有鸟类200多种。主要包括沼泽山雀、翠鸟、黑水鸡、红胸田鸡、斑嘴鸭、绿头鸭、池鹭、大苇莺、大白鹭、大天鹅等。栖息于树丛、绿化带的鸟类主要有麻雀、柳莺、燕雀、家燕、大山雀、红尾伯劳、灰喜鹊、黑枕黄鹂、沼泽山雀、灰椋鸟、喜鹊、斑啄木鸟等。区内人工湿地内的动物多为新引进的养殖鱼类及热带鱼。此外，许多底栖水生无脊椎动物生活在水草茂盛或水底腐殖质较多的浅水区，对水体净化和水生植物生长起着重要作用，有的还是许多鱼类、禽类的饵料。底栖动物代表品种主要有褐水螅、中华新米虾、中国圆田螺等。

（3）生物多样性调查分析

朝阳区内的野生维管束植物和野生高等动物多样性统计情况见表 6.5-6。

表 6.5-6　北京市朝阳区生物多样性调查情况

野生维管束植物物种多样性统计值	种数	野生高等动物物种多样性统计值	种数
蕨类植物	2	哺乳类	6
裸子植物	0	鸟类	120
被子植物	189	爬行类	2
野生高等维管束植物	191	两栖类	3
生态系统类型	8	鱼类	10
植被垂直层次数	3	动物物种丰富度	141
中国特有物种	7	中国特有种	6
入侵种	22	入侵种	14
受威胁种	0	受威胁种	6

注1：生态系统类型多样性：指基于植被类型的自然或半自然生态系统的类型数，用于表征自然生态系统的类型多样性。以群系为生态系统的类型划分单位。

注2：植被垂直层次的完整性：指植被群落垂直分层结构的完整程度，如乔木层（2～3层）、灌木层、草本层，用于表征生态系统的在垂直方面的多样性和稳定性。

注3：物种特有性：指被评价区域内中国特有的野生高等动物和野生维管束植物的相对数量，用于表征物种的特殊价值。

6.5.1.4　城市建设及土地利用情况

（1）农村城市化建设情况

区内农村地区城市功能显著提升，建成农民新村和商品房 997 万 m^2，农村生态环境、居住环境、发展环境不断优化，基础设施条件明显改善。2008 年朝阳区农林业用地情况见表 6.5-7。

表 6.5-7　朝阳区农林业用地情况（2008 年）

耕地面积 / 亩				造林面积 /hm^2
年初耕地总资源	年末耕地总资源	其中：（1）水田	（2）水浇地	总面积
71 693.5	70 888.6	12 613.6	35 653.3	208.7

（2）城市绿化及生态建设

截至 2008 年年底，朝阳区城市绿地总面积 88.9 万 hm^2，绿地率 53.7%，人均绿地 74.5m^2，人均公共绿地面积达到 16.8m^2，并被全国绿化委员会授予首批"全国绿化模范城市"荣誉称号。全区有 29 个单位被评为首都花园式单位。

（3）基础设施建设情况

①道路交通现状

2008 年年末全区城市道路总长度 1 785km，其中高速公路 181km，路网密度达到 3.79km/hm^2。干线道路密度是北京市平均密度的 2 倍多，路网密度和车流量均处于北京市的第一位。

②环境卫生现状

2008 年年末全区共有密闭压缩式垃圾转运站 207 个，垃圾分类人口覆盖率 66.6%，生活垃圾无害化处理率 100%。

6.5.2 北京市朝阳区生态环境变化分析

6.5.2.1 大气环境质量变化分析

受区域大环境的影响，朝阳区大气环境的主要污染物为颗粒状污染物。1998—2001 年可吸入颗粒物和总悬浮颗粒物的年均值始终在国家二级标准以上，全年日均值超标率大于 35%；气态污染物中，除二氧化硫年均浓度值有所降低外，氮氧化物、一氧化碳都有升高趋势。但是，总体上朝阳区的大气环境质量略好于北京市近郊区的平均水平。

2001—2008 年北京市环境空气质量变化情况见图 6.5-3 和图 6.5-4。从图可知，2001 年以来北京市大气环境质量在总体变化上呈现出污染物浓度逐渐降低的趋势，反映出大气环境质量逐步得以改善。

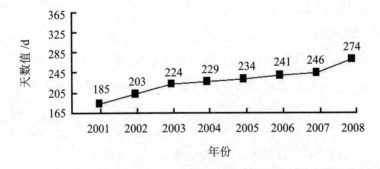

图 6.5-3　2001—2008 年北京市空气质量二级和好于二级天数

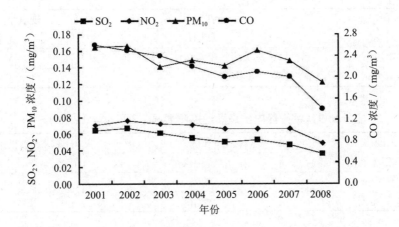

图 6.5-4　2001—2008 年北京市大气中主要污染物浓度

2008 年朝阳区奥体子站和农展馆子站二级和好于二级的天数分别为 263 天和 267 天，占全年总天数的 71.9% 和 73.0%。平均每月降尘量 8.3t/hm^2。

6.5.2.2　水环境质量变化分析

朝阳区地表水均属北运河水系，水质较差，不符合规划水域使用功能的要求。其主要污染物为高锰酸盐指数、生化需氧量和氨氮。1998—2001 年，由于连年干旱，部分河段水质出现逐年恶化趋势。2008 年 12 月经过朝阳区境内的河流水质监测情况见表 6.5-8，2008 年 12 月朝阳区内重点湖泊监测情况见表 6.5-9。朝阳区无大中型水库。

表 6.5-8　流经朝阳区河流监测情况（2008 年 12 月）

河流（河段）	所在区县	现状水质类别
温榆河下段	顺义、朝阳、通州	V$_3$
清河下段	昌平、朝阳	V$_3$
坝河上段	朝阳	V$_3$
坝河下段	朝阳	V$_3$
土城沟	海淀、朝阳	V$_3$
北小河	朝阳	V$_4$
亮马河	东城、朝阳	V$_1$
通惠河上段	朝阳	V$_1$
通惠河下段	朝阳、通州	V$_2$
二道沟	朝阳	V
凉水河中下段	丰台、朝阳、大兴、亦庄、通州	V$_3$
肖太后河	朝阳、通州	V$_4$
通惠北干渠	朝阳、通州	V$_4$
西排干	朝阳、通州	V$_4$

河流（河段）	所在区县	现状水质类别
半壁店明渠	朝阳	无水
观音堂明沟	朝阳	V_4
大柳树明沟	朝阳	V_4

表 6.5-9　朝阳区内重点湖泊监测情况（2008 年 12 月）

湖泊	所在区县	现状水质类别
朝阳公园湖	朝阳	V_3
红领巾湖	朝阳	V
奥运湖	朝阳	IV

6.5.2.3　声环境质量变化分析

近年来，朝阳区的区域环境噪声变化不大，与全市建成区平均值比较，交通噪声值偏高，区域环境噪声值略低。区域环境噪声的主要声源为生活污染源。

6.5.2.4　土壤环境质量变化分析

朝阳区主要粮食生产和绿色食品、安全食用农产品种植基地土壤中，多数污染物含量在全市土壤环境背景值范围内，有机氯农药残留量远低于国家标准限值。但在原污水灌区，仍有部分耕地土壤中汞、镉、锌等重金属元素含量较高。

6.5.3　北京市朝阳区土地利用及景观格局变化分析

6.5.3.1　城市土地利用特征及变化分析

（1）城乡交错带的土地利用特征

朝阳区在北京的近郊区，为城乡结合区域，具有城乡交错带土地利用特点。城乡交错带作为一种特殊的生态区域，具有独特的生态特征，即既有城市的特征，也有乡村的特征，是一个具有高度异质性的界面系统，不仅边界在不断变化，内在的组成、结构和功能也在发生改变。

城乡交错带是在快速的城市化过程中，城市与乡村的经济和人口等相互渗透与扩散而导致该区域成为区域土地利用 / 土地覆被变化最快、最显著的区域。同时，城乡交错带是农业用地和城市用地的复合地区，区内土地利用类型多样，结构复杂。该区域受城市扩展的影响十分广泛而深入，城市地域的膨胀造成农业用地向非农用地不断转换，人地矛盾尖锐，突出表现在耕地减少与建设用地的增加上。根据城镇建设用地扩展强度指数法，1988—2004 年，朝阳区的年均扩展强度指数为 0.85 ～ 1，是城镇用地扩展的活跃区与集中区。

（2）朝阳区土地利用变化分析

①土地利用现状

朝阳区现有土地 470.8 km²，其中中心集团用地 94.26km²，城市边缘集团用地 88.48km²，农村地区用地 233.25km²，绿化隔离带地区用地 54.81km²。

②土地利用数量变化情况

从表 6.5-10 可知，2001—2008 年，朝阳区的土地利用变化幅度较大，耕地面积显著减少，减少了 7 052.06hm²，水域也从 2 733.05hm² 减少为 2 373.95hm²，园地也有少量的减少，未利用地已经消失，而林地和草地面积都有增加的趋势，且以林地增加最为明显。建设用地增加显著，增加了 7 408.80hm²，其中居民及工矿用地增加了 3 710.36hm²，交通运输用地增加了 3 698.44hm²。

2001 年土地利用现状全区耕地以 9.62% 的年变化率在急剧减少，平均减速为 1 007.4km²/a。未利用地、水域和园地变化也较大，分别以 14.29%、1.88% 和 0.43% 的年变化率减少；交通运输用地、居民及工矿用地和林地变化明显，分别以 29.52%、2.13% 和 1.31% 的年变化率快速上升。上述结果表明，绿化隔离区建设，人口持续增长，经济快速发展，工业化和城市化进程加快是该区土地利用变化的主要动因。

表 6.5-10　朝阳区 2001—2008 年土地利用类型面积变化表　　　单位：hm²

地类类型 ＼ 年份	2001	2008	土地利用面积变化	变化动态度 /%
耕地	10 467.82	3 415.75	−7 052.06	−9.62
园地	836.90	811.42	−25.48	−0.43
林地	4 112.19	4 489.64	377.46	1.31
草地	0.00	13.06	13.06	—
其他农用地	0.00	291.86	291.86	—
居民及工矿用地	24 884.16	28 594.52	3 710.36	2.13
交通运输用地	1 789.52	5 487.96	3 698.44	29.52
水域	2 733.05	2 373.95	−359.10	−1.88
未利用地	654.54	0.00	−654.54	−14.29

（3）土地利用类型结构变化情况

从表 6.5-11 可知，朝阳区 2001—2008 年土地利用变化中，耕地的减少主要来自居民、工矿用地、交通运输用地和林地的占用。在城市化进程中，耕地资源被大量占用，其中有 4 345.50hm² 转变为居民、工矿用地，另有 812.93hm² 转变为交通运输用地。另外，由于绿化隔离带的建设，使得 1 582.26hm² 的耕地转变为林地；同样，耕地的增加主要来源于居民、工矿用地和林地的减少，分别为 305.62hm² 和 141.88hm²，但增加的幅度远远低于减少的幅度，使得耕地的净减少量达 7 801.97hm^2。

林地的减少主要来自居民、工矿用地和交通运输用地的占用。林地的增加一部分来自农用地内部的结构调整，另一部分是由于绿化隔离带政策的实施使得处于绿隔地区的居民、工矿和交通运输用地拆迁后被用于植树造林。

居民、工矿用地的增加主要是耕地被占用和林地被采伐造成的。有 4 345.50hm^2 的耕地转变为城镇、农居点和工矿用地，1 681.15hm^2 林地和 1 181.73hm^2 水域转变为居民工矿用地。

表 6.5-11　2001—2008 年土地利用转移矩阵　　　　单位：hm^2

	耕地	园地	林地	草地	其他农业地	居民工矿用地	交通运输用地	水域	2001 年总计
耕地	2 665.85	419.50	1 582.26	4.70	95.03	4 345.50	812.93	542.06	10 467.82
园地	48.92	188.37	204.02	0.00	6.24	307.81	48.18	33.35	836.90
林地	141.88	68.68	1 488.45	6.57	12.26	1 681.15	493.00	220.20	4 112.19
居民工矿用地	305.62	102.47	781.35	1.52	129.22	19 687.62	3 245.98	630.39	24 884.16
交通运输用地	15.09	6.86	103.54	0.00	5.23	973.45	648.63	36.73	1 789.52
水域	197.07	102.47	253.89	0.28	38.78	1 181.73	175.64	867.53	2 733.05
其他用地	41.33	6.86	76.14	0.00	5.10	417.27	63.60	43.71	654.54
2008 年总计	3 415.75	18.14	4 489.64	13.06	291.86	28 594.52	5487.96	2 373.95	45 478.17

注：利用 "ArcGIS" 技术平台，分别将修正后的 2001 年和 2008 年土地利用图进行空间叠加，得到土地利用类型相互转化的数量关系转移矩阵。

6.5.3.2　生态功能特征及景观格局变化分析

（1）朝阳区生态功能区划及景观类型分布

按照北京市城市总体规划，朝阳区已经逐步建成了"城市中心区—绿化隔离地区—边缘集团—次隔离地区"的横向空间发展格局。这一逐步优化的城市发展布局为城市外围的自然组分沿"温榆河生态走廊—农业用地—边缘集团之间的楔形绿地—绿化隔离地区—城市中心绿地"扩展创造了条件。在由外至内引进"自然"的同时，阻止城市摊大饼式发展的城市景观格局基本形成。

（2）绿地景观特征分析

1）绿地景观斑块等级与分布

城市绿地是城市景观要素之一，是城市自然生产力的主体，是城市生态系统重要的组成部分。朝阳区 2008 年城市绿地总面积达到 88.9 万 hm^2，绿地率 53.70%，人均绿地 $74.52m^2$，人均公共绿地面积达到 $16.8m^2$。

从城市绿地景观角度出发，面积大小可以作为绿地斑块分类的一个标准。经过对朝阳区绿地斑块进行统计，按面积大小加以分类，可划分出朝阳区绿地斑块的四种类型（表6.5-12）。

表 6.5-12　朝阳区绿地斑块分级类型

绿地斑块类型	斑块面积 /hm^2	所占比例 /%	斑块个数 / 个	所占比例 /%
小型斑块（≤ 0.2hm^2）	11.92	7.0	15 040	67.0
中型斑块（0.2 ~ 1.0hm^2）	21.33	13.0	4 891	23.0
大中型斑块（1.0 ~ 5.0hm^2）	39.26	23.0	1 692	7.0
大型斑块（> 5.0hm^2）	97.68	57.0	813	3.0

从表 6.5-12 可知，朝阳区的面积在 $0.2hm^2$ 以下的小型斑块占总面积的 7.0%，但数量却占总斑块数量的 67.0%，占绝大多数；其次为中型斑块，两者的斑块数量合计占总斑块数量的 90%，说明它们分布广但零散，这些绿地与居民日常生活密切相关。而面积在 $1.0 ~ 5.0hm^2$ 大中型斑块以及面积大于 $5.0hm^2$ 的大型斑块在数量上仅占总斑块数的 10.0%，而面积却占总斑块面积的 80.0%，这类斑块主要包括防护绿地、耕地及一些大型公园绿地等。这类大型和大中型斑块在朝阳区绿地景观生态系统中起着十分重要的作用，是城市生态系统的重要组成部分，对于维持城市生态系统的正常运转具有重要意义。整体上而言，各斑块类型无论在数量上还是在面积上分配不均衡。

朝阳区内的绿色廊道主要是由绿色道路和河流绿色廊道组成。主干道京沈高速、京承高速、机场高速、三环、四环、五环路等主干道构成了本区主要的绿色道路廊道；通惠河、坝河、亮马河、萧太后河、温榆河等水系构成了本区的主要绿色河流廊道。

2）绿地功能分区及其景观多样性分析

袁敬泽等（2005）按照城市绿地主体功能、面积大小及形态的不同，将朝阳区绿地进行如下分区。

①绿地保健区。主要指四环以内的城市中心区，本区为朝阳区重要的商业服务区以及政府机关、企事业单位的所在地，绿地景观在这里主要表现为构筑城市风貌、提供集会、展览、休闲等服务功能。

②绿地防护区。主要指四环至五环之间，这一地区主要是北京第一道绿化隔离区，起到控制城市扩张，吸收城市 CO_2，释放 O_2，对城市生态系统起保护的功能。

③绿地生物生产区。主要指五环以外的地区，这一地区是朝阳区重要的农业区，绿地景观主要表现为生物的生产功能，既为城市提供物质来源也可体现绿地的经济效益。

通过对三个绿地景观区内廊道密度分析表（表 6.5-13）分析可知，绿地保健区的廊道密度最大，主要由于在该区建设了大量道路廊道，是造就景观破碎化的动因和前提，另外密集的廊道景观也是该区的一个重要的特征。绿地防护区与绿地生物生产区的廊道密度则较低，在这两个区内人为干扰的强度低于绿地保健区，同时绿地防护区与绿地生物生产区内道路与河流廊道所构成的网络体系连通性较好，廊道之间的分割程度不大。

表 6.5-13　朝阳区各绿地景观区内廊道密度指数　　　单位：km/km^2

区域	绿地保健区	绿地防护区	绿地生物产区
廊道密度指数	1.97	1.17	1.37

从朝阳区绿地景观多样性分析表（表 6.5-14）可知，绿地保健区的多样性指数最低，这也反映出绿地保健区建筑密度大，绿地类型少，以公共绿地和附属绿地为主，这与上述分析相一致。绿地生物生产区多样性指数最高值，这反映出绿地生物生产区绿地类型多，主要是因为这一地区是朝阳区的城乡结合区，人类干扰程度低，城市化建设水平低，同时这里保留有大量的农业用地。

从均匀度与优势度的比较情况看，优势度从绿地保健区到绿地防护区、生物生产区依次递增，优势度依次递减。绿地保健区的优势度最高，均匀度最低，反映出绿地保健区以某种绿地类型为主，绿地分布不均匀。而与之相反的绿地生物生产区，则优势度最低，均匀度最高，这说明绿地生物生产区的绿地分布较为均匀。

表 6.5-14　朝阳区绿地景观多样性分析

区域	多样性指数 H	H_{max}	优势度	均匀度
绿地保健区	1.32	2	0.68	66%
绿地防护区	1.65	2	0.35	83%
绿地生物产区	1.81	2	0.20	90%

（3）朝阳区景观格局变化分析

朝阳区是受人文因素影响最大的区域，景观优势度较高，各种土地利用类型差异较大，主要以建设用地为主要的景观类型。朝阳区 1996 年、2000 年和 2005 年的景观格局指数变化情况见表 6.5-15。其中各年的破碎度指数、优势度指数、多样性指数变化情况见图 6.5-15，各类型土地的分维数指数变化情况见图 6.5-16。1996—2005 年朝阳区的景观格局变化情况如下。

①多样性指数（H）变化情况：多样性指数主要反映景观要素的多少和各景观要素所占比例的变化。由两个以上要素构成的景观中，各景观类型所占比例相等时，其景观的多样性最高；各景观类型所占比例差异增大，则景观多样性下降。朝阳区的多样性指数呈下降趋势，由 1996 年的 0.827 下降到 2005 年的 0.699，表明朝阳区在此期间各景观类型的数量差异增大，其占景观类型的比例差异在扩大。

②优势度指数（D）变化情况：优势度指数表示景观多样性对最大多样性的偏离程度。优势度指数越大，表示组成景观的各要素类型所占比例差异或者说某一种或某几种要素类型占优势；优势度指数越小，表示组成景观的各要素类型所占比例相对接近；优势度为 0，表示组成景观的各要素类型所占比例相等，或景观由一种要素类型组成。朝阳区从 1996—2005 年优势度指数逐渐增加，分别为 0.963、1.005 和 1.093，表明朝阳区景观类型差异程度较大。

③破碎度指数（C）变化情况：破碎度指数指景观被分割的破碎程度。在较大尺度研究中，景观的破碎化状况是其重要的属性特征。景观的破碎化与人类活动紧密相关，与景观格局、功能与过程密切联系，同时它又是与自然资源保护互为依存。朝阳区破碎度指数在 1996—2005 年的变化情况是先增加后减少。

④分维数指数（F）变化情况：斑块的分维数越大，斑块边界越简单，边缘地带越小，面积有效性越大。斑块分维数与土地景观格局的形成过程密切相关，分维数越高，则景观形成过程受到的限制越小。朝阳区的分维数水平较低，反映出该区的各景观类型的形状比较简单。朝阳区的分维数在 1996—2005 年呈缓慢上升趋势，其中耕地、建设用地分维数略有上升，而林地、水域、未利用地则变化不大。

表 6.5-15　朝阳区景观格局指数变化情况

年份 类型	景观类型	林地	耕地	建设用地	水域	未利用地	总计
1996	斑块数 / 个	18	90	130	102	1	341
	周长 /km	47.26	731.81	566.17	267.33	0.47	1613.03
	面积 /km²	4.26	145.65	287.94	18.1	0.01	455.96
	平均斑块面积 /km²	0.24	1.62	2.21	0.18	0.01	1.34
	面积比 /%	0.93	31.94	63.15	3.97	0	100
	分维数	1.229	1.289	1.218	1.33	1.06	1.295
	破碎度	0.746					

年份\类型	景观类型	林地	耕地	建设用地	水域	未利用地	总计
1996	优势度	0.965					
	多样性	0.827					
2000	斑块数 / 个	10	121	145	101	1	378
	周长 /km	32.05	769.92	622.23	265.51	0.47	1690.17
	面积 /km²	2.88	132.25	303.46	17.36	0.01	455.96
	平均斑块面积 /km²	0.29	1.09	2.09	0.17	0.01	1.21
	面积比 /%	0.63	29	66.55	3.81	0	100
	分维数	1.209	1.301	1.224	1.332	1.06	1.299
	破碎度	0.827					
	优势度	1.005					
	多样性	0.787					
2005	斑块数 / 个	11	111	168	72	1	363
	周长 /km	37.13	756.51	780.31	223.74	0.47	1798.16
	面积 /km²	3.08	98.81	338.97	15.1	0.01	455.96
	平均斑块面积 /km²	0.28	0.89	2.02	0.21	0.01	1.26
	面积比 /%	0.67	21.67	74.34	3.31	0	100
	分维数	1.223	1.32	1.24	1.323	1.06	1.306
	破碎度	0.794					
	优势度	1.093					
	多样性	0.699					

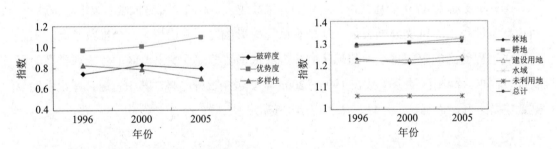

图 6.5-5　景观格局多样性指数变化图　　　　图 6.5-6　各类型土地分维数变化图

6.5.3.3　土地利用与景观格局演变的驱动力分析

由于城市生态环境受到人类活动的强烈干扰，使得社会经济因素（包括社会、经济、技术等因素）对城市生态景观格局和土地利用的时空变化具有决定性的影响，是城市生态景观格局和土地利用变化的主要驱动力。自然环境条件（例如气候、水文、土壤等因素）是城市生态景观格局和土地利用分布的基础条件，在某种程度上具有一定的主导作用，它在大环境背景下控制着土地利用变化的基本趋势与过程。

从第 6.5.2 节的论述可知，朝阳区景观格局演变与土地利用变化受自然因素的限制较小，而主要是受到社会经济发展、人口增长及政策等社会经济因素变化所驱动。

（1）人口因素

作为土地利用系统（包括土地、资本和人）的三大主要要素之一，人口因素对土地利用变化的意义十分明显。人作为该系统的参与者，必须占有一定的居住空间和交通空间，才能满足最基本的住和行的需求。另外，作为消费者，人必须从该系统中获取消费品才能生存，这意味着土地必须源源不断地提供充足的食品；同时人类自身根据自己的需求也要生产，这样才能保证人的可持续发展。朝阳区户籍人口近年来迅速增加，2008 年全区常住人口达到 308.3 万，占全市的近 1/5；其中外来人口 99.8 万，占全市的近 1/4。在北京中心城的城乡结合部中，朝阳区的城乡结合部占地面积和居住的流动人口都是最多的。朝阳区的人口总量对生态环境带来了巨大的压力，一方面是城镇化进程不断被加快，另一方面环境资源量却不断减少，也给城市景观格局带来了深刻的影响。

（2）经济发展因素

朝阳区城镇化扩展的方向、速度、模式等受到人口、产业发展和交通等因素的直接制约，其中交通和第三产业的发展，成为城镇化进程的主要驱动因子，影响着城镇扩展的数量和速度，社会经济状况又进一步对城镇化建设起到了重要的推动作用。

2001—2009 年，朝阳区经济进入快速增长的轨道，其中一个重要原因就是，作为北京市的功能拓展区，朝阳区在建设用地方面有着明显的优势。2001—2009 年，朝阳区的建设用地年均增长 2.4%，8 年间共增加建设用地 60 多平方公里。从发展趋势上看，经济增长对建设用地的需求呈逐年加快的势头。

（3）政策因素

在土地利用与景观格局变化过程中，政策因素的作用同样不可忽视。由于朝阳区地处北京市典型的城乡结合处，是北京市城市发展的重要扩展地区，因此其土地利用受政策影响尤为明显。根据北京市的城市总体规划，朝阳区城市建设和景观布局形成了"城市中心区—绿化隔离地区—边缘集团—次隔离地区"的横向空间发展格局；北京市政府于 2000 年印发的《关于加快本市绿化隔离地区建设的意见》和 2003 年印发的《关于加快本市第二道绿化隔离地区建设的意见》，对地处城乡结合处的朝阳区的土地利用和景观格局演变影响深远。此外，耕地保护政策、绿地规划建设、生态功能控制与生态安全等规划都是直接而深刻地影响到该区的土地利用与景观格局。

6.5.4 北京市朝阳区生态变化的环境效应研究

6.5.4.1 污染物排放和环境整治情况

（1）污染源排放情况

朝阳区近些年来大力发展了现代服务业、高新技术产业和先进制造业。2000—2008年，第一产业、第二产业和第三产业中的工业产值占 GDP 的百分比变化情况见图 6.5-7。从图可知，第三产业在经济发展中占有主导地位，并且这种主导地位在逐年加强。电子信息、生物医药、汽车等高新技术产业和朝阳区原有的化工、电力、制造等行业一起成为拉动第二产业增长的主要力量，同时也是朝阳区污染物排放的主要源头。

朝阳区内的污染物排放企业主要位于东南郊大郊亭及垡头周边地区，目前，这些企业正在根据北京市总体规划的调整进行搬迁和改造。因此，工业污染源排放对朝阳区的环境质量影响是比较有限的。朝阳区的大气环境、地表水环境更多的是受较大区域环境质量的影响。另外，大量人口带来的固废处置压力也不容忽视。

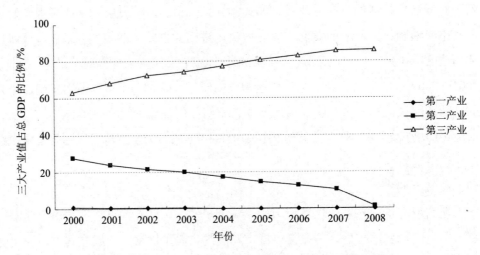

图 6.5-7　朝阳区三大产业产值占总 GDP 的百分比变化情况

（2）环境整治情况

2008 年朝阳区开展了对水环境重点地区和重点河段的综合整治，北小河、肖太后河生态景观水系全面建成，治理的区管河道总长度达到 63km。区内长空机械厂 20t 燃煤锅炉、北京东方石油化工有限公司化工二厂、北京东方石油化工有限公司有机化工厂等的搬迁有效地减少了朝阳区内大气和水污染物排放量。2008 年，朝阳区工业废水排放达标率已达到 72.7%，工业废气排放达标率 80.3%，城市生活污水集中处理率 72.5%。

截至 2008 年年底，朝阳区主要污染物的减排工作成效显著，二氧化硫的排放量已提前三年完成了市政府下达的到2010年二氧化硫排放总量控制在10 000t 以内的任务指标，累计削减率达到 55.1%。全区 16 条主要河流综合治理率达到 100%，通惠北干渠水域管界断面化学需氧量浓度 2008 年已控制在 70mg/L 以下，达到了水污染控制指标。

6.5.4.2　城市生态变化的环境效应分析

（1）人口总量对环境资源压力大

朝阳区户籍人口近年来迅速增加，现状人口已经超出水资源的承载力，使得区内地下水资源多年处于超采状况。按照基本维持中等发达国家水平且不影响经济发展和环境退化的人均水资源占有量为 1 000m^3/（人·a）计算，朝阳区水资源总量为 108 555 万 m^3，可承载的人口数量应为 108.555 万人。可见现状人口已超出可承载人口的两倍多。

为了解决人口剧增以及人们对土地的需求层次的不断升级与现状土地利用的有限性的矛盾，有两种途径可供选择：一是调整优化系统结构，提高土地利用系统的能量转换生产能力；二是扩大土地利用面积，开发未利用的土地资源，提高土地利用强度。对于后者不能忽略土地退化，环境质量降低等问题，从而影响土地利用覆盖的格局。

（2）水资源紧缺

水资源供需矛盾已成为制约首都经济社会发展和生态环境改善的第一瓶颈。北京市人均水资源量 277m^3，水资源量是全国人均拥有量的 1/8，世界的 1/32，成为我国低于 1 000m^3 国际水荒警戒线的 10 个省市区之一，在 130 多个国家首都中人均水资源名列百位之后。近几年来，北京连续出现干旱，5 年平均降水 428mm，仅为多年平均降水的 70% 左右，造成地表水来水骤减，水库蓄水入不敷出，地下水连年超采、水位持续下降。为了缓解供水危机，北京市给各区县下达的用水指标逐年减少。

（3）环境容量超饱和

由于河道基本无外来水资源补充，朝阳区水污染物排放量已远远超出水环境容量。即使全区废水污染源企业全部达标排放且全部河道水环境背景值达标，水质也难达 V 类标准。大气环境 NO$_2$ 接近标准值，PM$_{10}$ 居高不下，大气主要污染物排放量已超出环境容量。由于缺乏环境容量，朝阳区的发展必须在严格控制污染物排放量的基础上才能得以进行。

（4）中心区绿地率较低，土地利用格局不完善

朝阳区整体上绿地比例很高。拥有绿化隔离带 54.81km^2，农田 233.25km^2，两者相加占朝阳区总面积的 61.2%，但是中心大团的绿地比例不高，仅占 6%。特别是在现在公园绿地 500m 范围内尚存在一定面积的绿地盲区，因而制约了生态功能的发挥。

（5）生态环境改善受制于大环境

受地形地貌和气候特征的影响，朝阳区所处的位置为北京市的下风、下水，受北京市及北京周边地区的影响较大。大气和水污染等问题是在全市甚至更大区域范围内累积

较深的环境问题，受污染源和污染移动过程的影响较大。

据研究，北京大气污染状况与周边各省的污染排放区域天气系统或平均流场背景密切相关。在北京"马蹄形"地形背景下，北京周边地区污染排放可能会导致污染物的迁移、输送存在沿山边"堆积"现象。所以，朝阳区的大气环境受制于环北京地区的环境改善情况，与北京的气象条件、城市建筑群及城郊工业区分布都密切相关。在朝阳区局地控制地面污染源还不能根本解决空气质量问题。

由于地处北京市的排水尾闾，河流入水主要为上游来水和各类城市生产生活排放污水，河流接受入境水后，由于降水偏少，河道补充少，使得河道水的污染得不到有效缓解。朝阳区年均接纳入境和自产的生活污水、工业废水总量近 3.2 亿 m^3，且入境来水的水质已经超过了功能区水体标准；年降水量少，其中仅有大约30%（17 700 万 m^3）可形成径流汇入河流，占地表水径流量的19%。由此可见，该区地表水因受纳上游河道排污及少有新鲜地表水补充，导致水质较差，基本上为不可利用水。仅局部河段由污水处理厂排放后的中水循环，质量有所改善。所以河道水质的改观还期待全市二级水处理水平的整体提高。

道路交通噪声等环境问题也与北京市道路整体状况密切相关。因此，朝阳区可以通过自身的努力实现在北京市规划城区内处于领先地位，但是，要全面达到功能区标准还有待区域整体情况的好转。

（6）主要的景观生态问题

根据以上有关朝阳区土地利用变化情况和景观多样性分析，朝阳区存在的主要景观生态问题如下。

①景观结构单一，绿地空间分布不均衡。根据对朝阳区景观多样性的分析，朝阳区绿地类型空间分布不均匀，各种类型相差较大。且绿地破碎化严重，生态效益弱化，影响了朝阳区整体景观格局和功能。并且从城区绿地系统的现状来看，绿地分布不均，景观格局整体上也缺乏协调和稳定性。

②景观生态连通性低，河道绿化虽然较好，但是道路绿化面积不足。

③区内绿地斑块以小型斑块为主，数量多、面积小，缺乏大型斑块，尤其在绿地保健区的情况更为严重。由于小型斑块占主导，斑块之间缺乏联系，降低了该区整体绿地的生态功能，加之该区人口密度大，建筑密集，导致城市热岛效应明显。

6.5.5 北京市朝阳区生态环境质量评估分析

6.5.5.1 北京市朝阳区生态环境质量评估结果

根据"城市生态环境质量评价指标体系"各指标的权重，以及北京市朝阳区2008年各指标数据，计算出 2008 年北京市朝阳区生态环境质量的评估值，具体见表 6.5-16。

表 6.5-16　北京市生态环境质量评价指标及评估结果（2008 年）

目标层 A		准则层 B		方案层 C		指标层 D	
因素	分值	因素	分值	因素	分值	因素	加权分值
城市生态环境质量指数	55.31	B1 空间格局	56.69	C1 人工生态子系统	75.12	D1 人口密度	8.04
						D2 人均建设用地	14.20
						D3 建成区扩展强度	1.49
						D4 交通便利度	8.16
						D5 建成区容积率	13.00
						D6 透水面积率	10.64
						D7 绿地覆盖率	19.60
				C2 水域生态子系统	27.41	D8 水面覆盖率	6.34
						D9 水网密度	16.04
						D10 湿地面积率	4.48
						D11 人均水域面积	0.56
				C3 陆域生态子系统	49.05	D12 生态用地比率	18.89
						D13 人均生态用地	4.26
						D14 景观多样性指数	20.80
						D15 景观破碎度指数	5.10
		B2 环境特性	57.56	C4 人工生态子系统	88.19	D16 空气质量指数	15.65
						D17 安静度指数	18.60
						D18 酸雨频率	12.60
						D19 人均碳排放量	4.40
						D20 灰霾天气发生率	9.02
						D21 热岛强度	9.66
						D22 极端天气发生率	6.60
						D23 空气优（首）控污染物指数	1.80
						D24 电磁污染指数	9.86
				C5 水域生态子系统	11.13	D25 水质综合污染指数	0.00
						D26 优良水体面积率	1.59
						D27 河流污径比	0.01
						D28 水体营养状况指数	3.05
						D29 COD 排放总量控制指数	0.00
						D30 水体优（首）控污染物指数	0.46
						D31 水产品重金属污染指数	6.03
				C6 陆域生态子系统	69.94	D32 空气优良区域比率	9.89
						D33 臭氧浓度指数	7.28
						D34 土地退化指数	25.00
						D35 土壤环境质量综合指数	25.26
						D36 负离子浓度指数	2.52

目标层 A		准则层 B		方案层 C		指标层 D	
因素	分值	因素	分值	因素	分值	因素	加权分值
城市生态环境质量指数	55.31	B3 生物特征	46.46	C7 人工生态子系统	43.72	D37 植物丰富度	4.65
						D38 本地植物指数	30.21
						D39 生物入侵风险度	8.86
				C8 水域生态子系统	49.92	D40 鱼类丰富度	1.67
						D41 底栖动物丰富度	20.80
						D42 水生维管束植物丰富度	3.12
						D43 水岸绿化率	24.33
				C9 陆域生态子系统	44.39	D44 野生高等动物丰富度	11.28
						D45 野生陆生植物丰富度	4.07
						D46 本地濒危物种指数	9.83
						D47 鸟类丰富度	19.20
		B4 服务功能	58.71	C10 人工生态子系统	85.59	D48 经济密度	14.30
						D49 人均公用休憩用地	17.45
						D50 清洁能源使用率	14.31
						D51 垃圾无害化处理率	16.70
						D52 生活污水集中处理率	13.97
						D53 绿地释氧固碳功能	8.15
						D54 可再生能源利用率	0.72
				C11 水域生态子系统	30.70	D55 水资源承载力	0.00
						D56 娱乐水体利用率	18.96
						D57 人均水产品产量	11.74
				C12 陆域生态子系统	33.04	D58 水源涵养量价值	1.68
						D59 农林产品产值	13.05
						D60 生态旅游功能	18.31

6.5.5.2 结果解析

根据第 4 章提出的各层次计算分值和生态环境质量分级，北京市朝阳区生态环境质量和四大要素"空间格局、环境特性、生物特征、服务功能"状况的评判级别如表 6.5-17所示。

表 6.5-17　北京市朝阳区生态环境质量评判级别

综合指数	分值	等级
空间格局	56.69	一般
环境特性	57.56	一般
生物特征	46.46	较差
服务功能	58.71	一般
城市生态环境质量	55.31	一般

北京市朝阳区生态系统的各要素层及各子系统的生态环境质量状况如下所述。

（1）空间格局状况

北京市朝阳区生态空间格局综合指数为 56.69，评价等级为"一般"。

表明北京市朝阳区空间布局结构总体一般，各子系统差别较大，其中三个子系统的空间格局状况从好到差的排序为：人工生态子系统＞陆域生态子系统＞水域生态子系统。

① 人工生态子系统

人工生态子系统空间格局综合指数为 75.12，评价等级为"良好"。

空间格局主要体现于人工生态子系统，城市绿地覆盖率、建成区容积率状况优良，但人口密度较高、建成区扩展状况较差。

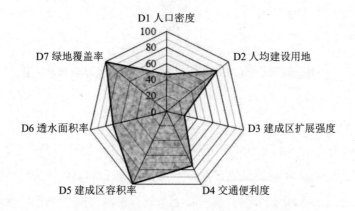

图 6.5-8　北京市朝阳区人工生态子系统空间格局雷达图

② 水域生态子系统

水域生态子系统空间格局综合指数为 27.41，评价等级为"恶劣"。

北京市朝阳区水网密度分布较广，无大型河流和湖泊水库，湿地面积率也很低（图 6.5-9）。

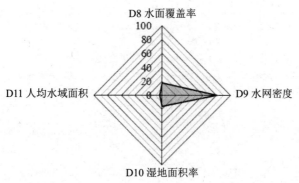

图 6.5-9　北京市朝阳区水域生态子系统空间格局雷达图

③陆域生态子系统

陆域生态子系统空间格局综合指数为49.05，评价等级为"较差"。

北京市朝阳区景观多样性指数优良，生态用地比率、景观破碎度指数两项指标评价结果一般。但因人口密集，人均生态用地很少，是其主要限制因素（图6.5-10）。

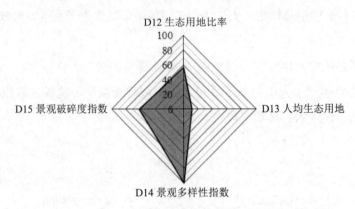

图6.5-10　北京市朝阳区陆域生态子系统空间格局雷达图

（2）环境特性状况

北京市朝阳区生态环境系统的环境特性综合指数为57.56，评价等级为"一般"。

表明北京市朝阳区环境质量状况总体一般，其中三个子系统的环境特性状况从好到差的排序为：人工生态子系统＞陆域生态子系统＞水域生态子系统。水域生态子系统为主要的制约因素。

①人工生态子系统

人工生态子系统环境特性综合指数为88.19，质量状况评价等级为"理想"。

2008年奥运会在北京举行，使北京市环境空气污染、噪声得到较好的控制，同时灰霾天气和极端天气发生率较少（图6.5-11）。

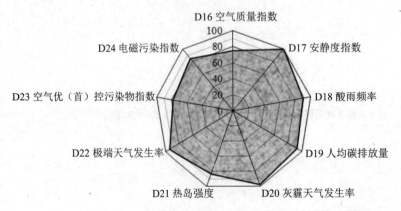

图6.5-11　北京市朝阳区人工生态子系统环境特性雷达图

②水域生态子系统

水域生态子系统环境特性综合指数为 11.13，质量状况评价等级为"恶劣"。

工业化城市致使 COD 排放强度增大，区内主要河流所有断面均为 V 类和劣 V 类，因处于北京市的排水末尾，几乎没有优良水体。河流、湖泊的主要污染指标为氨氮、磷、COD，属于有机污染型（图 6.5-12）。

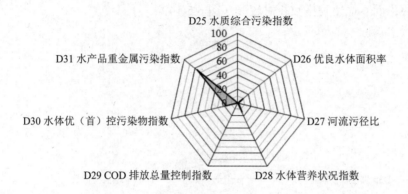

图 6.5-12　北京市朝阳区水域生态子系统环境特性雷达图

③陆域生态子系统

陆域生态子系统环境特性综合指数为 69.94，质量状况评价等级为"良好"。

陆域子系统的臭氧浓度达标率较高，水土流失控制较好，土地退化较缓慢，但空气优良区域较少，是主要限制因子（图 6.5-13）。

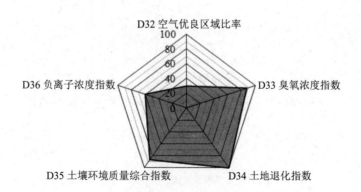

图 6.5-13　北京市朝阳区陆域生态子系统环境特性雷达图

（3）生物特征状况

朝阳区生态环境系统的生物特征综合指数为 46.46，评价等级为"较差"。

表明朝阳区自然生态受破坏影响较大，生物丰富度水平不高，受到外来入侵生物的一定影响，需加强生物多样性保护。其中三个子系统的生物特征状况皆为较差，排序为：水域生态子系统＞陆域生态子系统＞人工生态子系统。

①人工生态子系统

人工生态子系统生物特征综合指数为43.72，评价等级为"较差"。

由于城市建设使自然生态基本由人工生态所代替，植物丰富度较低，存在一定程度的生物入侵风险；而本地植物指数相对较好（图6.5-14）。

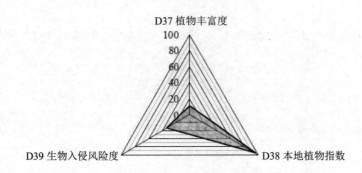

图6.5-14 北京市朝阳区人工生态子系统生物特征雷达图

②水域生态子系统

水域生态子系统生物特征综合指数为49.92，评价等级为"较差"。

水岸绿化率较高，底栖动物丰富度较好，然而鱼类和水生维管束植物物种资源缺乏，是主要的限制因子（图6.5-15）。

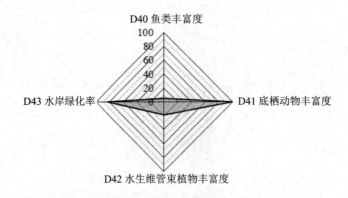

图6.5-15 北京市朝阳区水域生态子系统生物特征雷达图

③陆域生态子系统

陆域生态子系统生物特征综合指数为44.39，评价等级为"较差"。

本地濒危物种数较少，鸟类物种种类一般；但野生动物和野生植物物种种类贫乏，是主要限制因素（图 6.5-16）。

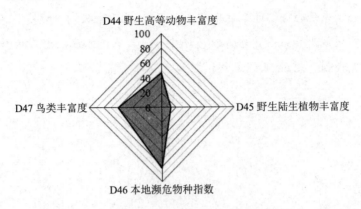

图 6.5-16 北京市朝阳区陆域生态子系统雷达图

（4）服务功能状况

北京市朝阳区生态环境系统的生物特征综合指数为 58.71，评价等级为"一般"。

其中三个子系统的服务功能利用状况的排序为：人工生态子系统＞陆域生态子系统＞水域生态子系统，表明朝阳区人工生态子系统生态服务功能优良，但自然生态系统服务功能差。

①人工生态子系统

人工生态子系统服务功能综合指数为 85.59，评价等级为"理想"。

人工生态子系统服务功能利用较好，经济密度较高，人均公用休憩用地、清洁能源使用率、垃圾无害化处理率、生活污水集中处理率等几个指标均为优良（图 6.5-17）；但绿地释氧固碳功能价值一般，由于北京市朝阳区人口密度高，绿地总面积受限制，因此价值总量水平偏低。

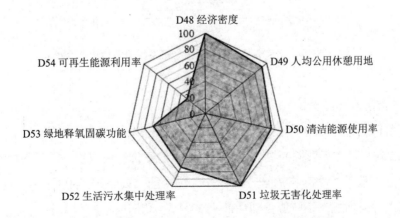

图 6.5-17 北京市朝阳区人工生态子系统服务功能雷达图

②水域生态子系统

水域生态子系统服务功能综合指数为30.70，评价等级为"较差"。

朝阳区水资源严重缺乏，水体环境质量较差，人均水产品产量很低，水域生态子系统的服务功能较弱（图6.5-18）。

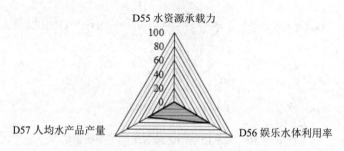

图6.5-18 北京市朝阳区水域生态子系统服务功能雷达图

③陆域生态子系统

陆域生态子系统空间格局综合指数为33.04，评价等级为"较差"。

说明陆域生态子系统服务功能利用水平低。农林产品产值不高；林地较少，地处北方干旱地区，水源涵养量价值有限；然而其生态旅游功能得到一定的开发。由于所统计的范围仅限于朝阳区一个区的面积，因此在涉及价值总量的指标方面水平偏低（图6.5-19）。

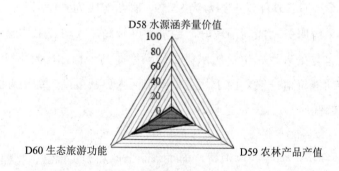

图6.5-19 北京市朝阳区陆域生态子系统服务功能雷达图

（5）城市生态环境质量

北京市朝阳区生态环境质量综合评价等级为"一般"。

从图6.5-20（见文后彩插）中可见，四大要素的评价结果依次为：服务功能（一般）＞环境特性（一般）＞空间格局（一般）＞生物特征（较差）。主要限制于生物资源、水资源等贫乏，自然生态系统服务功能低。

由图6.5-21（见文后彩插）可知，三个子系统在四大要素中的分布很不均衡，各生态子系统对四个要素的贡献率差异显著。比较雷达图中各子系统所构成的面积大小可知，北京市朝阳区生态环境质量中各生态子系统从优到劣的水平排序为：人工生态子系统＞陆域生态子系统＞水域生态子系统。

北京市在 2008 年环境空气和声环境的污染治理效果明显，酸雨和灰霾得到控制，极端天气天数较少。

人工生态子系统对空间格局、环境特性、服务功能三个要素的贡献率最大，而对生物特征要素的贡献率最小，反映出朝阳区以人工生态环境为特征，而生物生境受到的人为干扰最为强烈。朝阳区的水域生态子系统对几个要素的贡献率很小，反映出北方城市水域环境差、水资源匮乏的客观事实。

6.5.6　北京市朝阳区生态环境保护对策

6.5.6.1　促进循环经济发展

（1）严格污染物排放许可证制度

加快对现有污染源的治理，确保污染物稳定达标排放；落实重点污染源的排污申报登记和许可证制度，发挥排污收费的经济杠杆作用，促进重点污染源和城市污染集中处理设施，加强环境污染防治。同时，继续鼓励区域、行业、企业开展 ISO 14000 环境管理体系认证和绿色系列创建工作。

（2）严格建设项目环境准入

严格执行环境影响评价制度，强化建设项目环境准入管理，落实污染物排放总量控制要求。根据改善环境质量和促进城市发展的需要，严格按照国家和北京市有关环境标准和技术规范的要求，不断淘汰违反国家或本市法律法规的落后工艺和产品；鼓励新增和搬迁改造工业项目按照产业类别和技术层次向工业园区集中。

（3）大力推广循环经济示范

大力发展循环经济，倡导绿色消费，促进资源节约和源头削减，按照"组团式规划建设、板块式经济发展"的区域发展战略和区域建设功能定位，积极调整产业结构，发展绿色生态产业。全面贯彻《清洁生产促进法》，对污染物排放超标或不能稳定达标的工业企业以及使用有毒有害原料或在生产中排放有毒有害物质的工业企业，强制实施清洁生产审核，鼓励其他企业自愿进行清洁生产审核，促使消耗高、污染大的产业和企业逐步退出。大力发展符合清洁生产的现代服务业和高新技术产业，积极探索和推进"都市生态旅游业、绿色房地产业、绿色商贸会展业和生态型现代服务业"建设，倡导绿色消费，引导消费者自觉选择有利于节约资源、保护环境的生活方式和消费方式。

6.5.6.2 加大水污染治理力度

（1）饮用水水源保护

严格按照国家和北京市有关法规及标准，采取有效措施保护地表饮用水源。推广无磷洗衣粉，采取病虫害生物防治、减少农药化肥施用量等农业污染防治。完成市政府下达的地下水源保护区的划定工作，重点开展垃圾堆放、加油站、生活污水和农业面源对地下水的污染防治。

（2）控制水污染物排放总量

全面加强水污染排放治理，严禁利用渗坑、渗井排放，保证处理设施正常运转，实现水污染物稳定达标排放。加强工业园区和工业污染源监管，通过调整产业结构、开展清洁生产审计、发展循环经济、提高处理水平等措施减少排放总量。

（3）改善河湖水质，逐步恢复河湖生态功能

综合治理水系环境，恢复与建设城市生态系统，加强地表水、地下水、雨洪利用，进一步完善城市水系连通，扩大湿地、生态公园水面面积，提高区域防洪排水能力，完善河道两岸污水截流系统，充分利用再生水，加强水系在自然生态环境中的纽带作用，积极构建水道—湖泊—湿地生态水系结构，形成更加合理的水网格局；实现"堤防不决口、河道不干涸、水质不超标、生态不破坏"目标。

（4）加快建设节水型城区

综合运用法律、行政、工程、经济、科技等措施，特别注意运用经济手段，建立长效的节水机制。加强地下水的保护与涵养，推广实施雨洪蓄滞工程和再生水利用工程，推动水资源的可持续利用。

6.5.6.3 改善区域空气质量

（1）严格控制煤烟型污染

加大清洁能源的供应量和使用量，根据清洁能源供应情况，合理安排年度计划，完成市政府下达的燃煤锅炉改用清洁能源的任务。同时，大力推广使用洁净煤技术（洗选煤、固脱型煤等）和脱硫、高效除尘等净化技术。通过优化产业结构和产品结构，限制高耗能工业的发展。对现有燃煤电厂逐步推广使用低硫优质煤或洗选煤，加大脱硫除尘脱氮治理力度。

（2）加大扬尘污染治理力度

严格控制道路扬尘，改善道路质量，发展使用真空吸尘式道路清洁器对路面进行正常清扫；加大对道路遗撒的查处力度；市政施工改为分段封闭施工方式，加强道路及市政施工工地周围的交通管制。坚决控制施工扬尘，严格执行施工现场环境保护标准规定，加大施工环境监理力度，加强执法检查，确保施工工地环保达标，控制裸露地面扬尘，继续开展季节性裸露农田的治理，组织推广保护性耕作。

（3）严格控制机动车污染

进一步提高机动车污染控制的科技含量，逐步实施在线监控系统，使车辆使用全过程得到监控，环保和公安交通管理部门要加大日常的联合执法和监督管理力度，确保上路车尾气排放达标。

6.5.6.4　加强对固体废物的管理

倡导健康消费方式，实现垃圾源头削减。按照循环经济要求加强管理，建立完善城市生活垃圾收集、运输、处理的市场运行机制，建立垃圾分类处理体系，全面落实生活垃圾减量化、资源化和无害化，提高垃圾综合利用水平。

按照《危险废物经营许可证管理办法》，加强对危险废物处理、处置单位的监督管理，保证危险废物集中安全处置率达到 100%，建设高安屯医用垃圾处理厂，保证医用垃圾全部得到无害化处置。

6.5.6.5　构筑绿色自然生态体系

（1）加快推进农村隔离地区绿化建设

农村隔离地区五年新增绿化面积 650 hm^2。形成北部、东北、东部、东南部四大超万亩绿色板块，实现板块之间全部连接，显现隔离带绿化效果。完成温榆河林带、京沈高速路林带、五环路百米绿化带、京承高速路林带、机场高速路林带五大生态林带建设。建成奥林匹克森林公园、太阳宫公园、南磨房欢乐森林生态公园、朝阳公园、高碑店兴隆公园、东坝千亩湖生态公园六大生态公园。

（2）建成区绿地建设

其一是规模绿地建设，在热岛强度区与现有公园绿地 500m 半径服务盲区分别建设 1～2 个 1 万 m^2 以上大绿地，有条件的尽可能增加水面面积。其二是居住社区与单位附属绿地建设，新建居住小区按不低于人均 1m^2 的集中绿地建设小区公园。新建居住区按不低于 2m^2 的集中绿地建设居住区公园。改善旧小区绿化水平，绿化率应高于 30%。

（3）建立和完善生态化的水系廊道网络

水是城市的"血液"，是城市生态系统物质流的重要组成部分，更是城市生态系统生存和发展的基础。通惠河、亮马河、坝河、温榆河构成了本区的水系廊道网络，其中温榆河是朝阳区与北部山区自然体系的承接区，是朝阳区的物种源区，温榆河是景观生态的重要控制组分，对"温榆河生态走廊"的建设将使朝阳区城市景观大大改善。

（4）建立城郊绿化网络，连接绿地系统的点、线、面

水系廊道连接城郊绿色斑块，以清河、坝河、萧太后河等水系网络结构为联系，将城区与城郊孤立斑块连为一体，形成一个绿色廊道串联起来的绿岛组合。同时利用机场

高速、京沈高速、京承高速等城市主干道以及次干道，与城郊孤立绿色斑块连接，以楔形绿地形式引入城区，形成向市内输送新鲜空气的"氧气库"。另外，在新城区的建设过程中，要有意识地留出绿化用地。另外，严格控制在城市中心区插建住宅，不仅要保证绿地率，同时要依据国家标准保证公共绿地与开放空间。

6.6 小结

本章选取武汉市、重庆市、珠海市、北京市朝阳区几个具代表性城市和区域，详细说明城市生态环境质量评估指标体系的应用。以各城市生态环境现状为基础，借助城市空间结构、环境特性、生态特征和服务等数据与指标，明确相关影响因素并运用建立的城市生态环境质量评价指标体系得出各城市生态环境状况的等级评判，从评价结果来看，与实际情况具有较好的相符性，并通过对评价结果的分析提出相应的城市生态环境发展对策建议。

从以上城市地区应用实例可以看出，本城市生态环境指标体系强调了注重城市生态系统的土地、水域、生物资源的质量和服务的重要性，探索了从城市生态系统本质特征进行环境质量评估。本章通过阐述城市生态环境质量综合评价过程与结果，综合反映出典型城市生态系统特征和生态环境状况，具有可行性和适用性，为考虑复杂性和不确定性的城市生态环境质量评价方法提供了有益的补充，也为进一步在我国不同区域城市开展生态环境质量评价提供了示范。

第7章 城市生态环境质量评估的结果比较

通过第6章四个城市和区域的应用示例表明，基于交叉学科理论的城市生态环境质量系统评价技术和方法可以更加准确、有效地评价、模拟复杂的城市生态环境系统行为，从而佐证了本指标体系具有实际应用价值和实践意义。

同时评价结果还可以应用于各城市生态环境质量的比较分析，可以突出显示各城市的生态环境特点。

7.1 典型城市空间格局比较

空间格局是指特定区域内一定空间范围内的形态与布局，空间布局的合理性对城市生态环境质量有着深远的影响。由图7-1（见文后彩插）可见，珠海市的空间格局主要体现在其人工生态子系统、水域生态子系统、陆域生态子系统三个子系统的空间布局均比较合理，均优于其他城市；而武汉市的优势体现在水域生态子系统，而陆域子系统较弱；重庆市则是陆域生态子系统相对较有优势，而水域生态子系统偏弱；北京市朝阳区的水域和陆域生态子系统均相对较为劣势。雷达图面积越大，表明状况越好。从三个子系统的雷达图面积大小，可反映四个典型城市空间格局由好至差的排序：珠海（理想）、武汉（良好）、重庆（一般）＞北京朝阳（一般）。

反映空间格局共选择15个指标，力求能客观、公正、准确、可靠地反映城市生态系统的状况。

根据图7-2（见文后彩插），比较四个典型城市之间空间格局人工生态子系统各指标的评价结果，从总体上来看，各城市的人工生态子系统差别不是很大。各城市建成区绿地覆盖程度均很高，能达到国家环境保护模范城市的水平；四个城市的透水面积率相近；珠海、重庆和武汉的人口密度相对适中，北京市朝阳区人口密度偏高，珠海市的人口适中，人均建设用地面积能达到较好水平，而其余三个城市均偏低。重庆的交通便利度较低，这与该市地处山区、交通受限有关；北京市朝阳区的交通便利度略好于重庆，但颇显拥挤，比其他两个城市差。重庆成为直辖市后，加快了建成区的扩展，扩展强度比其他城市大。

处于发展中的城市建成区扩展强度一般应控制在 5% 左右较为合理，建成区扩展强度大会带来一系列的问题，这是在城市规划和建设时必须要重视的，力求使城市化建设进程控制在一个科学合理、可持续发展的水平。

从图 7-3（见文后彩插）可知，各城市空间格局水域子系统的评价结果差距较大，这与城市的地貌及地理位置关系密切。武汉地处中国腹地、长江与汉水交汇处，江河纵横、沟渠交汇，湖泊库塘星罗棋布；重庆市主城区位于长江和嘉陵江交汇处，水网密布；珠海市地处珠江口，有辽阔的水域，海域面积占了珠海全市总面积的 78%；朝阳区地处北京市排水末尾，河湖众多，其地表水属海河流域北运河水系。因此，这几个城市的水网密度均较高。

重庆市主城区内河流虽多，但是湖库很少，水域面积率和湿地面积率在整体上相对其他城市并不占优势；朝阳区为北京市最大的近郊区，区域内无大型河流、湖泊，湿地面积也比较少。因此对水域子系统的评价，北京市朝阳区和重庆市处于劣势。

从图 7-4（见文后彩插）可知，珠海市生态用地比例较大，人均生态用地面积体现出明显优势。重庆市位于我国西南山区，山城特色明显，生态用地比率良好。武汉市地处中国腹地中心，为全国交通枢纽，城区建设覆盖面广，生态用地多被侵占，城市景观破碎比较严重，生态用地比率和人均生态用地面积低于重庆市。珠海和重庆两市的景观多样性、景观破碎度这两个指标均不高。北京市朝阳区地处北部平原地区，生态相对脆弱，作为北京市的近郊区，近年来其经济发展快速，城市化进程较快，生态环境也受干扰。

7.2　典型城市环境特性比较

城市生态系统所负载的主要是人类的社会经济活动，这种活动反过来又对城市生态系统自身造成强烈的干预和影响，这种影响可最直观地体现在城市生态环境中的物理化学特性。本指标体系选择涵盖三大子系统的 21 个指标，涉及城市生态环境的大气环境、水环境、声环境、土壤环境、电磁辐射等方面，力求系统地反映各子系统环境物理化学的特征。

从图 7-5（见文后彩插）可知，武汉、重庆、珠海三个城市的各子系统雷达图型大抵呈等边形状，即三个子系统的环境物理化学特性相近；而北京市朝阳区的水域子系统则明显偏低，即其水域子系统的环境特性相差较大。从三个子系统的雷达图面积大小，反映了四个典型城市环境特性由好至差的排序：珠海（理想）、重庆（良好）、武汉（良好）、北京市朝阳区（一般）。

由于目前国内尚未开展对陆域子系统的某些指标（如负离子指数、臭氧浓度指数等）

的常规监测，在数据的可得性和完整性方面较为欠缺，仅作为发展性指标，现阶段本体系赋予这些指标权重较低，以减少因数据的欠缺对整体的影响；而水域子系统的各个指标基本都属例行监测或环境统计的内容，或者可以从例行其中分析获得，因此数据较为翔实、完备。

从图 7-6（见文后彩插）可知，各城市人工子系统的评价情况：北京朝阳（理想）＞珠海（理想）＞武汉（良好）＞重庆（良好）。北京市在 2008 年环境空气和声环境的污染治理效果明显，酸雨和灰霾得到控制，极端天气天数较少。珠海和重庆的酸雨频率很高，反映出这两个城市的酸雨污染情况比较严重；重庆是全国著名的酸雨区，所在的我国西南地区曾与北欧、北美一起被称为"世界三大酸雨污染区"；而珠海市所处的珠三角地区的酸雨污染也较为严重。除北京市朝阳区外，其余各城市的人均碳排放量较高，说明各城市的能源结构主要还以石油等化石燃料为主，需继续倡导节能减排，进一步改善能源结构。

从图 7-7（见文后彩插）可知，环境特性水域子系统中，珠海（理想）＞重庆（良好）＞武汉（一般）＞北京朝阳（恶劣）。珠海市水体主要包括河流、水库和近岸海域，监测结果表明，除前山河水质达国家地表水Ⅳ类水质标准外，其余地表水均符合Ⅱ、Ⅲ类水质标准；近岸海域水质污染物平均浓度值符合国家海水水质标准；全年饮用水水源水质达标率为 100%。而北京市朝阳区水资源缺乏，除奥运湖能达到Ⅲ类水质外，其余河流和湖泊均为Ⅴ类或者劣Ⅴ类，水环境质量总体上改善不大。武汉市的长江、汉水，重庆市的长江、嘉陵江这几条主要河流的监测断面的水质基本上都能达到Ⅲ类，因此总体上保障了武汉和重庆的水环境质量良好。各城市的评价结果还显示水产品重金属污染影响较大，尤其以珠海最为严重，因此水产品对水体重金属的富集情况不容忽视。

从图 7-8（见文后彩插）可知，环境特性陆域子系统中，珠海（理想）＞重庆（良好）＞北京朝阳（良好）＞武汉（一般）。除珠海市外，其余几个城市的空气优良区域比例均较低。各城市的土地退化指数水平皆为良好，即近几年来各城市在土地侵蚀、水土流失方面没有进一步的恶化。由于土壤环境质量监测目前为非常规性，总体数据不易获得，本研究利用了城市中某些地点的数据进行评价。随着国家对土壤质量监测的重视和普查数据的发布应用，未来将可反映城市土壤环境质量的总体情况。

以上分析结果表明，珠海市的环境质量状况理想，环境压力最小，这与其优越的自然环境和限制重工业发展的策略有关；然而地处珠三角区域的珠海市依然面临酸雨频率高、灰霾天气天数较多等问题。重庆、武汉两市的环境质量良好，但存在一定的环境压力；北京市朝阳区的人工生态子系统环境质量优良，但三个子系统差异较大，其水域子系统环境条件处于劣势，成为严重的制约因子。

7.3 典型城市生物特征比较

城市的发展是社会经济发展的必然结果。然而城市化的急速推进直接导致了城市景观格局发生改变，景观异质化加强，生物生境被破坏，特别是陆域生态子系统在此过程中受到强烈的干扰，逐渐被演替为人工子系统，同时陆域上的原生植被和高等动物的栖息地受到严重抑制，原生植被退化，原先的栖息地逐渐被外来植物所侵占。在水生生态系统方面，由于不适当的农田水利和渔业环境建设、不合理的渔业方式和经营管理模式，损害了生态系统的多样性，使许多河流、湖泊、湿地的自然资源遭受破坏。

从图 7-9（见文后彩插）可知，武汉各子系统的评价结果皆为一般；重庆除水域子系统为一般外，其余两个子系统均为优良；珠海各子系统的评价结果皆为优良，而北京市朝阳区各子系统的评价结果皆为较差。四个典型城市生物特征由好至差的排序：珠海市（理想）、重庆市（理想）、武汉市（一般）、北京市朝阳区（较差）。

由图 7-10（见文后彩插）可知，生物特征中的人工子系统的评价结果为：重庆（理想）＞珠海（理想）＞武汉（一般）＞北京朝阳（较差）。武汉和北京市朝阳区的制约因子主要是植物丰富度和有害入侵生物风险度。各城市现有统计的入侵生物种类在 30～60 种，但由于武汉和北京朝阳的总生物量较低，因此其有害生物入侵风险度相对较高。

由图 7-11（见文后彩插）可知，各城市的水域子系统评价结果为：珠海（理想）＞重庆（一般）＞武汉（一般）＞北京市朝阳区（较差）。珠海的鱼类资源显著，比武汉和重庆两个城市丰富，北京市朝阳区的鱼类资源则极少。北京市朝阳区和珠海的底栖动物丰度较高。北京市朝阳区的水生维管束植物种类少，而其余三个城市则相对较多。由于北京市朝阳区的水环境质量差，反映清洁水质的鱼类、水生维管束植物等指标也较差，而能适应较差水质的底栖动物丰富度则较高。各城市的水岸绿化带评价是根据调查报告得出，尚缺乏实测数据。

由图 7-12（见文后彩插）可知，陆域子系统的评价结果为：重庆（理想）＞珠海（良好）＞武汉（良好）＞北京朝阳（较差）。重庆除了本地濒危物种指数较小外，野生高等动植物及鸟类资源丰富；珠海市野生高等动物种类较少，其他指标皆为优良。武汉的制约因子为野生陆生植物种类；北京市朝阳区的制约因子为野生陆生植物种类，其次为鸟类种类和野生高等动物种类。

在收集城市资料进行评价时，各典型城市对生物的调查一般针对整个市域范围内或某个自然保护区，缺乏对主城区或中心城区的调查资料，故各城市在生物特征方面的数据统计口径很难统一。尤其是重庆，由于地处主城区的缙云山动植物资源丰富，因此使得其各项评价结果皆相对较高。北京市朝阳区处于华北平原生态较脆弱的地带，区域性的资源贫乏，其生物资源相对其他几个城市少；此外，由于所调查评价的范围仅为北京市一个行政区的面积，其生物资源总量较其他城市较对相低。

　　城市生态的重要特征之一是以人为主体，人类活动一方面将大量的有害物质排放到自然环境中，使大量的生物物种无法生存而逐渐消亡；另一方面，人类的不合理毁林开荒、围海（湖）造田使大量的生物失去其赖以生存的家园而逐渐消亡。生态系统在胁迫情况下会在能量、物质循环、群落结构等各方面发生变化，最终引起生态系统健康发生转变。当生态系统受到多个因子胁迫时还会产生累积效应，从而增加生态系统的变异程度。在这种情况下，生态系统的反应与胁迫因子的关系非常复杂，对人类管理提出了更高的要求。维护健康的城市生态系统，必需维持生态系统多样性，禁止破坏栖息地和任意引进物种，保护生物多样性；建设一个布局合理、类型齐全、管理高效的生态多样性网络，避免生态系统退化，降低生态风险。

7.4　典型城市服务功能比较

　　城市生态服务功能是城市生态环境对人类的重要贡献，为人类的日常生活提供了必需的经济、文化、休闲娱乐等诸多服务内容。各城市生态服务功能的评价结果为：武汉（良好）＞重庆（良好）＞珠海（良好）＞北京朝阳（一般）。

　　从图 7-13（见文后彩插）可知，武汉的人工生态子系统服务功能较好，优于其余两个子系统。重庆则表现为陆域生态子系统服务功能理想，其余两个子系统为一般。珠海的陆域生态子系统服务功能利用一般，而其余两个子系统利用良好；北京朝阳的人工生态子系统服务功能优良，其余两个子系统均较弱。

　　从图 7-14（见文后彩插）可知，各城市人工子系统服务功能的评价结果为：北京朝阳（理想）＞武汉（理想）＞珠海（良好）＞重庆（一般）。武汉和北京朝阳的经济密度较高，而重庆和珠海相对较低，朝阳区是北京市教育、科技、文化的密集区，其 CBD 的现代商务服务和国际金融功能突出，高端产业聚集。各城市的人均休憩用地水平均较高；垃圾无害化处理率和生活污水处理率也都较高，各城市的市政工程的服务水平皆较好。重庆的清洁能源使用率较其他城市低。可再生能源目前尚缺乏准确可靠的统计数据，但是随着社会经济的发展和能源与环境之间矛盾的加剧，该指标将具有重要意义。

　　从图 7-15（见文后彩插）可知，各城市水域子系统服务功能的评价结果为：珠海市

（良好）＞武汉（良好）＞重庆（一般）＞北京朝阳（较差）。珠海市作为东南滨海城市，得天独厚拥有丰富的海洋资源，而且在这几个城市地区中人口数量最少，水生态保护良好，水环境质量较好，鱼类种类资源最为丰富，因此其水生生态服务功能也较好。武汉的水资源非常丰富，但娱乐水体利用率不高。水资源承载率是制约重庆市水域子系统服务功能的重要因素，重庆市主城区人口密度相对较大，工商业活动集中，水资源相对有限。制约北京市朝阳区的指标为水资源承载率和娱乐水体利用率这两个指标，其原因在于北京市朝阳区人口密集、经济密度高，且地处北方干旱地区，区内河流为北运河支流，无大型湖泊，其地表水基本为Ⅴ类和劣Ⅴ类。

从图 7-16（见文后彩插）可知，各城市陆域子系统服务功能的评价结果为：重庆（理想）＞武汉（一般）＞珠海（一般）＞北京朝阳（较差）。陆域子系统服务功能的三个指标均以生产总量或者价值总量参与计算。其中，水源涵养量价值这一指标与城市的林木类型、森林覆盖面积以及区域的降雨量有关，侧重于反映城市自然生态系统所蕴涵的功能价值；北京市朝阳区因人口密集，林地面积小，因此水源涵养量价值与其他城市相比差距很大。农林产品产值的评价结果为：重庆＞武汉＞珠海＞北京朝阳；生态旅游功能的评价结果为：重庆＞武汉＞北京朝阳＞珠海，此两项指标的评价结果与各个城市的实际规模相符合。近年来，随着我国经济的发展，生态旅游越来越受到民众的重视，各城市的生态旅游功能正在迅速发展，如珠海这样的新兴城市十分重视这方面的规划和建设，因此该指标具有一定的发展潜力。

7.5 典型城市生态环境质量综合比较

各典型城市生态环境质量综合状况的评判级别如表 7-1 所示。

表 7-1　典型城市生态环境质量评价结果

城市	评估分值	评价等级
武汉	69.72	良好
重庆	68.91	良好
珠海	81.71	理想
北京市朝阳区	55.31	一般

城市生态环境指标体系关注城市生态系统的土地、水、生物资源、人口等及其质量和服务等方面，力求反映出城市生态系统中各个层次各要素的客观特征。

从图 7-17（见文后彩插）可知，比较各城市生态环境质量总体评价结果，从好到差的水平排序为：珠海市（理想）＞武汉市（良好）＞重庆市（良好）＞北京市朝阳区（一般）。比较各城市生态环境中的空间格局、环境特性、生物特征和服务功能四大要素，珠海市的空间格局、环境特性、生物特征均优于其他城市，在于珠海市的自然环境优越和人口规模适中。北京市朝阳区是北京市教育、科技、文化的密集区，未能具备城市的整体功能，总体评价较其他城市差。而重庆和武汉城市生态环境综合评价结果很接近，但各要素的状况明显不同，各具特色。因此如只比较城市生态环境质量总体评价结果未必能够反映城市生态系统的差异，结合四大要素、三个子系统的评价结果能更好体现其实质差别。

从图 7-18（见文后彩插）可知，珠海市在空间格局、环境特性、生物特征等三个要素中均占优势；而武汉和重庆则各有优劣，武汉在空间格局、服务功能两个要素中相对较好；重庆在环境特性、生物特征方面较有优势。比较重庆和武汉两市的评价结果，可反映出武汉市是一个水资源丰富的城市，俗称千湖之城，水域生态子系统是武汉市生态系统最具有特色的组成部分，其城市生态系统的特点是水多、林偏少；而重庆则素称山城，山地多，林木繁茂，陆域生态子系统具有较大的优势。

7.6　存在的问题与讨论

从对典型城市的评价实例及结果比较可以看出，本书城市生态环境指标体系所选择的指标具有一定的可操作性及合理性，指标的赋权按本阶段实际情况，能够较客观地反映出城市生态环境特性。为了较全面、多角度地反映城市的生态特征，本指标体系选择了 60 个指标，相比美国生态系统采用的 108 个指标并不是很多，但需要有个逐步推广运用的过程。同时也发现存在以下一些问题并加以讨论。

①在对几个典型城市评价时发现，各个城市的数据统计口径不能做到完全一致，这对评价结果造成了一定程度的不确定性；有些指标（如臭氧浓度），目前我国并未将其作为例行监测的对象，因此有些城市缺乏此项规范监测数据，可能对其准确性有所影响。

②本指标体系根据前瞻性原则，提出了几个发展性指标，如电磁污染指数、负离子浓度指数、可再生能源利用等。这些指标的监测分析在国际上已经逐步开展，然而在所评价的几个典型城市里基本没有开展或者开展得很少，数据也甚为缺乏。

③本研究主要立足于城市客观物质特征，不包括城市的文化特性。建议在后续研究中可继续探讨。

④指标评价体系的构建除了指标的选择之外，另一重要问题是指标的赋权。我国地域辽阔，城市众多，城市之间的自然条件和社会经济状况差异巨大，这些因素使得单一

的指标权重值较难以全面反映各城市的城市生态质量状况。因此，指标体系在进一步推广应用时应考虑不同区域不同阶段对权重体系的设置问题。

然而，我国国土辽阔，城市特征复杂多变并存在很大差异，全国各城市如统一采纳单一的指标权重值的评价体系，可能会存在一些不合理的现象。因此，综合考虑各方面的因素，引入胡焕庸线作为城市生态环境评价区划的依据，将会是一个很有意义的尝试。

胡焕庸线即地理学家胡焕庸在 1935 年提出的划分我国人口密度的对比线，即"瑷珲—腾冲线"（或作"爱辉—腾冲线"、"黑河—腾冲线"）。这条线大致呈 45° 斜线，线东南方 36% 国土居住着 96% 人口，以平原、水网、丘陵、喀斯特和丹霞地貌为主要地理结构，自古以农耕为经济基础；线西北方人口密度极低，是草原、沙漠和雪域高原的世界，自古是游牧民族的天下。胡焕庸线划出了两个迥然不同的自然和人文地域。

胡焕庸线问世已 70 多年，中国人口已超过 13 亿，但时至今日，它所勾勒出的人口疏密关系和经济开发程度仍稳固如初。中科院国情小组根据 2000 年资料统计分析，胡焕庸线东南侧以占全国 43.18％的国土面积，集聚了全国 93.77％的人口和 95.70％的GDP，压倒性地显示出高密度的经济、社会功能。因此第 6 章的示范案例都选择了胡焕庸线东南侧区域的城市，并具有一定的可比性，可见本书提出的城市生态环境评价指标体系适用于胡焕庸线东南侧区域。

对于胡焕庸线西北侧地广人稀，其发展经济、集聚人口的功能较弱，总体上以生态恢复和保护为主体功能。因此，建议后续对该区域的城市生态环境评价指标体系进一步研究。

基于胡焕庸线能综合反映人口、自然环境和社会经济发展的诸多要素之间的关系，且其对全国区域的划分简单易行，因此将其引入城市生态环境评价的区域划分具有一定的意义。

7.7 小结

在对武汉市、重庆市、珠海市、北京市朝阳区四个典型案例研究的基础上进行评价结果比较，综合分析各城市空间格局、环境特性、生物特征、生态服务功能四大要素指数和城市生态环境质量综合评价指数，反映出城市生态系统中各个层次各要素的客观特征。从城市生态系统的土地、水、生物资源、人口等及其质量和服务等方面，体现城市之间存在的差异性，可见本城市生态环境指标体系具有可比作用。进一步探讨了本城市生态环境指标体系存在问题，提出将胡焕庸线引入城市生态环境评价的区域划分的设想。

第8章 结 语

　　城市生态系统是人类在改造和适应自然环境的基础上建设起来的以人为核心的人工生态系统。城市生态环境质量评价，就是针对城市生态系统特征，选择具有代表性、可比性、可操作性的评价指标和合理的方法，对城市居民与其生存环境之间相互关系以及城市生态环境的优劣程度进行定性或定量的分析和判别的过程。

　　开展城市生态环境质量评价指标体系的研究，目的是正确评价城市生态系统的现状，客观地认识和了解城市生态环境的质量状况及变化情况，这既是协调城市发展与环境保护关系的需要，进行城市生态环境综合整治、促进城市生态系统良性循环的需要，也是制订城市国民经济社会发展计划和城市环境规划的需要。自2007年以来，环境保护部华南环境科学研究所联合中国环境科学研究院、暨南大学及重庆环境科学研究院、武汉市环境监测中心等多家单位组织实施了国家环保公益性行业科研项目"城市生态环境质量综合评估技术研究"，该项目以前沿性、交叉性的生态学理论、系统控制理论和层次分析决策理论等为基础，从方法和应用相结合、定量与定性相结合的角度出发，系统地研究了基于生态系统为核心的城市生态环境质量评价技术方法，探讨城市生态环境质量评估的实践范式，为城市生态系统管理提供科学、有效的决策依据。项目的实施为国家和地方政府在开展生态文明建设示范区建设，指导城市生态文明建设，制定相应指标体系和效果评估办法等方面提供了重要的技术支撑。

　　本书参考了国内外城市生态环境研究领域的大量资料，根据生态学理论、城市生态环境学、环境质量评价等理论的指导，总结了"城市生态环境质量综合评估技术研究"项目研究的技术成果。在已开展的有关生态环境质量评价技术方法基础上，构建了涵盖城市空间格局、环境特性、生物特征、服务功能四大要素及城市三大子系统划分的城市生态环境质量评价指标体系，提出了基于群组决策和层次分析法理论相结合的城市生态环境质量评价方法，研发了城市生态环境质量数据可视化系统软件，深入探讨了典型城市应用案例，取得一系列研究成果，并归纳形成了"城市生态环境质量综合评估技术规范（草案）"（见附件1）。

8.1 特点与成果

本书提出的城市生态环境质量综合评估技术的主要特点如下：

城市生态环境质量评价指标体系的确定包括对城市生态内部层次的解理与重构、各层次指标的选择、各指标权重的确定等，它是评价研究内容的基础和关键，直接影响到城市生态环境质量评价的精度和结果。由于指标体系的建立涉及众多学科且需要对评价系统有足够的认识，因此指标体系的建立显得十分复杂。我国幅员辽阔，各区域的自然环境差异很大，社会经济发展水平也很不平衡，这些因素导致我国的城市生态环境质量的评价研究比较困难，之前尚未有人在城市层面上从空间、环境、生态及其服务等开展系统性研究。

城市生态系统是城市居民与其环境相互作用而形成的统一整体，也是人类对自然环境的适应、加工、改造而建设起来的特殊的人工生态系统。本书提出将城市生态系统分解为四个层面，即：空间格局、环境特性、生物特征、服务功能。每个层面再按三个子系统进行分析，即：人工生态子系统、水域生态子系统、陆域生态子系统，并依据此构架选择了 60 个指标，力求客观、多角度地反映出城市的生态环境特征。

从典型城市案例评价过程与结果可以看出，本书提出的城市生态环境指标体系强调了城市生态系统的土地、水域、生物资源的质量和服务的重要性，探索从城市生态系统本质特征进行功能结构、环境质量等评估。本书提供的评估体系首先依据于城市生态环境质量的现状调查，除少部分数据来自遥感信息外，主要采用环境监测的方法获取数据；力求反映城市生态系统中各个层次各个方面的客观特征；并在此基础上宏观、综合地分析城市生态环境质量的特征，梳理所评价城市生态环境各个层次因素之间的关联性及其相互制约的原因，找出主要环境问题，并明确需改善提高的地方，为城市生态环境质量综合治理对策研究提供技术支持。

经多年的基础研究及多个单位的通力合作，形成以下主要研究成果。

（1）构建了以生态系统理论为核心的城市生态环境质量评价体系

基于城市生态系统的复杂性特征，探讨了由于生态过程中驱动因子的变化而引起的生态环境变化的因果关系以及由于城市空间尺度的扩展、环境污染等造成生态过程的迟滞效应等城市生态系统内在机制；在阐明与城市生态环境质量变化密切相关的影响因子和基本特性的基础上，系统、深入地研究了基于生态系统理论为核心的城市生态环境质量评价框架及评价体系；在此基础上，以城市土地类型为基础把城市生态系统划分为三个生态子系统：人工生态子系统、水域生态子系统和陆域生态子系统。首次在国内外城市生态环境质量评价中构建了涵盖城市空间格局、环境特性、生物特征、服务功能四大要素和三个子系统框架相对应的 60 个评价指标的城市生态环境质量评价指标体系。从而丰富和完善了针对复杂城市生态环境质量评估的理论与方法，在本质上加深了对复杂城市生态系统内在机制和客观规律性的认识，揭示了城市生态系统内部的本质和演化规律，具有一定的理论意义。另一方面，以中国不同气候、经济、文化、环境地区的城市，如武汉市、重庆市、珠海市、北京市朝阳区为对象进行了生态环境质量评估的实例研究。结果表明，该方法能够更加准确、有效地评价、模拟复杂的城市生态环境系统行为，为城市生态环境规划和管理提供了定量理论依据和技术支持，能更有效地指导和协调城市可持续发展，具有一定的实践意义。

（2）提出了改进的基于群组决策和层次分析法理论相结合的城市生态环境质量评价方法

针对以往城市生态环境质量评价中采用定性和单因素方法而产生的主观、片面和精度低等缺点，分析了城市生态系统的动态性、相对性与不确定性因素，基于概率论和多元统计理论，通过相关分析识别指标之间的相关性，优选出具有数据可得性、独立性（或弱关联性）、显著性及指示性的代表性指标；提出了群组决策层次分析法评价模型和四层递阶层次结构；所采用的改进的群组决策法建立的判断矩阵大大优于流行的 Saaty 判断矩阵法，克服了判断矩阵的不一致性，使得城市态环境质量的综合评估具有客观、简便、综合、可操作性强等特点。该方法的主要特征是突出树状层次结构的特点和层次排序的特性，模型层次分明，计算简洁，对考虑复杂性和不确定性的城市生态环境质量的评价具有可行性和实用性。

（3）研发了城市生态环境质量数据可视化系统软件

首次将 WebGIS 技术应用于城市生态环境质量综合评价结果的可视化研究，拓展了GIS 应用领域的范围；构建了基于不同土地利用方式的结果可视化展示平台，突破一般软件中信息管理与可视化操作表达之间相互隔离的状态；同时，使用 html 语言静态布局网页格式和内容，通过 Javascript 对其进行动态操作，提高了访问系统时的用户主导性。该成果拓展了 GIS 应用领域的范围，丰富和完善了 WebGIS 技术应用方法，具有一定的应用实践意义。

（4）开展了典型城市生态环境质量评价的应用研究

选择位于我国中部地区江湖冲积平原上的武汉市、西南地区山地丘陵处的重庆市、南部沿海的珠海市和华北大平原上的北京市朝阳区作为实证研究案例。通过对典型城市生态环境现状的调查、辨识和 TM/ETM+ 遥感影像解译，分析了这些城市的生态环境现状及变化趋势，通过生态环境质量评价方法与模型的计算，进行了城市生态环境质量综合评价，找出了研究区域的主要生态环境问题，指出了环境质量的发生、发展与空间分布规律。运用本评价体系得到的结果与实际情况基本吻合，反映出本指标体系所选择的指标具有典型性与合理性，基本能够反映出指标体系中的四大因素（空间格局、环境特性、生物特征、服务功能）以及三个子系统（人工生态子系统、水域生态子系统、陆域生态子系统）之间关联的合理性；能综合、概括地反映出这几个典型城市的生态系统特征和生态环境状况，具有一定的可行性和实用性，为考虑复杂性和不确定性的城市生态环境质量评价方法提供了有益的补充，为实施和改进城市生态系统管理提供了理论依据，也为进一步在全国不同区域城市开展生态环境质量评价提供了示范依据。

（5）满足了评估指标重要信息及数据的需求

本城市生态环境指标体系强调了注重城市生态系统的土地、水、生物资源及其质量和服务的重要性；采用了以环境生态监测手段为主的数据，基本摒弃了含主观意识的指标。避免了只是根据遥感图像了解各地类面积而难以发现年际间土地上生物资源和环境质量的变化问题。在设计指标时突出了城市生态系统的本质特征，强调评价体系中的核心指标和发展指标；采用以统计和环境生态监测数据为主、遥感影像数据为辅的数据采集技术路线，经过调查数据获取、公开数据获取、标准值对比，使可得数据中93%（56个指标）能满足评估的需求，仅7%（4个指标）的指标数据尚不充分，满足了核心指标对重要信息及数据的需求，表明该指标体系具有一定的可行性和实用性。

（6）为我国城市生态环境管理提供技术支撑

①为国家环境管理部门和地方各级政府开展城市生态环境质量管理提供了相关规范和标准

构建了城市生态环境质量评价指标体系，经北京、武汉、重庆和珠海不同地区和不同类型的城市示范验证，获得了良好的评价效果。将直接为国家和省、市环境管理部门开展城市生态环境质量管理提供相关规范和标准，为各级政府综合治理城市生态环境问题和城市生态功能区划提供重要依据。

②研究成果为城市生态文明建设示范区规划提供技术支撑

生态文明建设示范区是推进生态文明建设的有效载体，环境保护部及地方政府正在抓紧制订生态文明建设示范区成效评估办法、修订和完善相关建设指标体系。本项目研究成果可为完善相关规划、编制指南、制定生态文明建设评价指标体系等技术规范提供技术支撑，以指导地方生态文明建设试点工作。

③研究成果将为各级政府制定环保生态规划、政策、法规等发挥重要作用

如依据城市空间格局指标体系和评价结果，以重要生态功能区和基本生态控制区为基础，提出了城市生态安全格局规划对策，构建了自然生态网络格局，使城市之间以自然地带相隔，实现自然溶解城市的目标，以维护城市自然生态系统的连通性，防止城市

无序蔓延。

利用成果中的城市生态服务功能指标体系和评价结果，通过调整自然体系内生态系统的类型配制和组分构成，提高地带性生态系统类型面积比例和恢复生态系统乡土物种构成，实现生态用地保护从数量控制向质量提升的转变。

利用成果中的环境特性指标体系和评价结果编制城市产业结构调整规划，可从根本上改变资源依赖型的、低附加值的产业结构，达到控制环境污染与生态恢复的目的。

8.2 适用范围及应用前景

本书系统地介绍了城市生态环境质量综合评价的技术和方法，所指的城市评价区域以城市市辖区为范围，不包括市辖县、县级市。

我国国土辽阔，城市特征复杂多变并存在很大差异性，全国各城市难以统一采纳单一的指标权重值的评价体系。本书综合考虑各方面的因素，引入胡焕庸提出的"黑河—腾冲线"作为城市生态环境评价区划的依据，在胡焕庸线东南侧，以占全国不到 50％的国土面积，集聚了全国超过 90％的人口和 95％的 GDP，压倒性地显示出城市高密度的经济、社会功能。通过对武汉市、重庆市、珠海市、北京市朝阳区城市生态环境质量评价的应用验证，本书的城市生态环境评价指标体系适用于胡焕庸线东南侧区域。

本书从城市生态系统中资源、能源、环境、生物、经济、社会等方面选择了具有代表性的指标，制定了一套规范、科学的综合评价指标体系；并采用遥感信息和实地监测调查等技术获取评价基础数据，实例评价了武汉市、重庆市、珠海市、北京市朝阳区示范城市的生态环境质量，具有一定的理论性和实践性，其研究成果可以直接为决策和管理服务。

①城市生态环境质量评价技术体系属于原创性研究成果，可直接应用于城市生态环境质量评价，并为城市生态管理、城市生态规划、生态城市建设等提供良好的技术思路和方法手段，可为各级政府的生态规划制定和生态管理决策服务。

②基于群组决策和层次分析法构建的城市生态环境质量评价方法具有模型层次分明、计算简洁、对复杂性和不确定性的生态系统评价易操作和易确定等优点，可广泛应用于各类评估体系的建立、指标体系的选择和评价结果的计算等。

③基于遥感、GIS、WebGIS、html 等多种技术手段的城市生态环境质量数据可视化软件具有动静结合、图文并茂、信息容量大等优点，可向用户提供具有城市空间格局、环境质量、生态系统等信息查询，可广泛应用于城市管理、政府信息发布、专业技术人员参考等方面。

④为各级政府部门及城市生态环境管理服务

在国家层面为生态环境管理部门提供重要技术参考，完善我国的城市生态环境质量评价技术规范，指导我国的城市生态环境质量评价工作。

在有关行业部门开展城市／区域生态环境质量评价与情景预测分析，为生态环境管理与应急响应提供数据，为政府制定科学合理的产业政策，促进区域产业结构调整，保护和合理利用自然资源，保障生态建设与经济建设协调发展提供有力的支持，具有一定的社会、经济和环境效益。

为地方政府部门在城市建设方面的科学决策提供有效、可操作性的依据。在制定城市发展建设规划方面提供环境质量的基本信息，为协调城市可持续发展提供科学依据，为城市的功能区划和生态区划提供技术支持，对于推动各城市生态文明建设具有实用价值和指导意义。

为城市环境保护部门制定城市生态环境质量标准和生态保护法规提供指导意见；为城市生态环境综合整治达标和加速城市生态环境质量的改善提供具体对策；为环境决策、环境规划、环境管理及环境综合治理提供科学依据。

8.3 展望

生态环境是承载经济社会发展、生态文明建设活动的空间和基础。一定地域的资源禀赋和环境容量限定其所能支撑的经济和人口规模，决定着生态系统服务功能和生态产品提供能力，也是生态文明的重要标志。

本书提出的城市生态指标体系评价过程注重于城市生态变化的效应分析，涉及了城市的自然生态环境和社会生态环境背景调查分析、城市生态污染物及污染源的调查和评价、城市生态环境质量的监测和评价，以及城市生态环境污染的生态效应调查等几个方面。本城市生态环境指标体系强调了注重城市生态系统的土地、水域、生物资源的质量和服务的重要性，探索了从城市生态系统本质特征进行环境质量评估。指标体系基本摒弃了主观臆断的指标，多采用以环境生态监测手段为主的数据，同时避免了只是根据遥感图像了解各土地类型面积、而难以发现各类土地上生物资源和环境质量的变化，也与目前较普遍采用环境—社会—经济复合系统的模式有较大的区别。

当前，各国城市生态系统研究特别注重城市各种自然生态因素、物理化学因素和社会文化因素耦合体的等级性、异质性和多样性；注意城市物质代谢过程、信息反馈过程和生态潜能过程的健康程度；以及城市的经济生产、社会生活及自然调节功能的强弱与活力。城市生态环境质量评价包括对城市生态系统的空间结构分析、环境分析、生物资源分析和社会服务功能分析。同时，由于生态过程中驱动因子的变化，生态变化的因果关系，空间尺度的扩展等皆会造成生态变化过程的迟滞效应。这就要求综合评价必须基于长期的生态环境监测研究，才能对城市生态系统的现状及未来变化趋势做出正确的估计与评价。

虽然在城市生态环境方面进行了有益的探索和研究，但我国目前尚没有国家层面的城市生态环境质量评价技术规范。建议在此研究基础上，将我国"城市生态环境质量评价技术规范"尽快列入编制修订的国家环境保护标准规划，使该项成果能得到推广应用。2013 年 5 月环境保护部制定了《国家生态文明建设试点示范区指标（试行）》（见附件 3），本书成果可进一步提炼，作为国家生态文明建设示范区建设效果评估体系的技术支撑。

城市的发展和生存，离不开生态环境建设。生态环境是城市具有生命力的基础性设施，提升城市综合竞争力的重要因素。而且，城市生态环境本身是一种文明的体现，它具有推进社会进步的力量。城市生态环境的变化是需要获得长期数据记录才能揭示其发展趋势的，这就要求生态环境综合评价必须基于长期的生态环境监测、生态数据获取和研究。为此，建议环保部门继续开展此类公益项目研究，大规模推广我国城市生态环境质量评价研究工作，建立国家城市生态环境系统报告体制，旨在创建一套稳定的、可普遍接受的、具可操作性的城市生态环境质量评估指标体系，以定期开展城市生态环境质量评估工作，持续跟踪城市生态环境变化状况。一方面为确保对生态系统状况的描述更为科学、可信，且能用来对城市生态系统现状及未来变化趋势做出正确的估计，为我国生态文明建设、生态城市管理和在国际上的话语权提供最直接的一手资料。另一方面通过连续多年不间断的城市生态环境质量评价结果的积累，完成国家城市生态环境状况预测预报平台建设，为公众和政府提供生态环境质量预报。

参考文献

［1］张从.环境评价教程.北京：中国环境科学出版社,2002.

［2］刘祖林,刘艳芳,梁勤欧.城市环境分析.武汉：武汉大学出版社,1999.

［3］席慕谊.城市生态学与城市生态环境.北京：中国计量出版社,2003.

［4］杨小波,吴庆书.城市生态学.北京：科学出版社,2000:52-57.

［5］曹伟.城市生态安全导论.北京：中国建筑工业出版社,2004:34-35.

［6］赵运林,邹冬生.城市生态学.北京：科学出版社,2005:132-158.

［7］沈清基.城市生态与城市环境.上海：同济大学出版社,1998:126-130.

［8］周毅.城市生态环境.城市环境与城市生态,2003,16(4).

［9］万本太.城市生态环境质量评价方法.生态学报,2009,129(3).

［10］Grossman G,Krueger A. Economic Growth and the Environment. Quarterly Journal of Economics, 1995(110):353-377.

［11］Atefal K, Rakad T. Influence of Urbanization on Water Quality Deterioration during Drought Periods at South Jordan. Journal of Arid Environments, 2003(53):619-630.

［12］Vrishali D.Assessment of Impact of Urbanization on Climate: An Application of Bio-climatic Index. Atmospherics Environment, 1999(33):4125-4133.

［13］Peter D, Daniel H, Sandra G, et al.Wilderness in the City: The Urbanization of Echinococcus Multilocularis. Trends Parasitology, 2004, 20(2):77-84.

［14］Maclaren VM.Urban Sustainability Reporting. Journal of the American Planning Association, 1996, 62(2):185-202.

［15］Marco T. Nonpoint-Source Agricultural Hazard Index: A Case Study of the Province of Cremona. Environmental Management, 2000, 26(5):577-584.

［16］Matthew A, Luck GD. The Urban Funnel Model and the Spatially Heterogeneous Ecological Footprint. Ecosystems, 2001, 4(8):782-796.

［17］Myung J J. A Metropolitan Input-Output Model: Multisectoral and Multispatial Relations of Produstion, Income Formation and Consumption. The Annals of Regional Science, 2004,

338(1):131-147.

［18］［日］鬼鞍丰. 环境研究. 毛文水, 译. 自然保护信息.1986(60).

［19］Anua G. Environmental Initiative Prioritization with a DelphiApproach：A Case Study Environmental Management, 2001(3):187-193.

［20］REO （Regional Ecosystem Office）. Ecosystem Analysis at the Watershed Scale （Version 2.1）//The Revised Federal Guide for Watershed Analysis. Portland DC:1995.

［21］Jamie T, Urban F. Biodiversity potential and ecosystem services. Landscape and Urban Planning .2007(83):308–317.

［22］Robert R, Schindelbeck,et al. Comprehensive assessment of soil quality for landscape and urban management. Landscape and Urban Planning, 2008(88):73–80.

［23］Marull J, Pino J, Mallarch J M. A land suitability index for strategic environmental assessment in metropolitan areas. Landscape and Urban Planning, 2007, 81: 200-212.

［24］PickettS TA, CadenassoM L, Grove JM.Resilient cities: meaning, models,and metaphor for integrating the ecological, socio-economic, and planning realms. Landscape and Urban Planning, 2004, 69:369-384.

［25］Zurlini G, Zaccarelli N, Petrosillo I. Indicating retrospective resilience of multi-scale patterns of realhabitats in a landscape. Ecological Indicators, 2006, 6:184-204.

［26］Humphreys, Adrien G.Urban ecological researchmethods applied to the Cleveland. Ohio metropolitan area. EdwinMellen Press, 2002.

［27］Mortberg U M, Balfors B, Knol W C. Landscape ecological assessment:A tool for integrating biodiversity issues in strategic environmental assessment and planning. Journal of Environmental Management, 2007, 82:457-470.

［28］Pickett S T A, CadenassoM L, Grove JM,et al. Urban Ecological Systems: Linking Terrestrial ecological, Physical, and Socioeconomic Components of Metropolitan Areas. AnnualReview ofEcology and Systematics, 2001, 32: 127-157.

［29］Costanza R, D' Arge R,de Groot R,et al. The value of the world's ecosystem services and natural capital. Nature, 1997, 387: 253-260.

［30］Secretariat MA. Overview of the MA Subglobal Assessments. [EB/OL], http：//Jwww. millennium assessment.org/en/subglobal.overview.aspx. 2003.

［31］Jamie T, et al.Urban form, biodiversity potential and ecosystem services. Landscape and Urban Planning, 2007(83): 308–317.

［32］Per B, Sven H. Ecosystem services in urban areas. Ecological Economics, 1999, 29:293–301.

［33］Urs P, Kreuter. Change in ecosystem service values in the San Antonio area,Texas. Ecological Economics. 2001, 39(3):333–346.

［34］王德楷 . 重庆城市生态安全评价研究——以主城区为例 [D]. 西南大学 , 2007.

［35］崔胜辉 , 洪华生 , 等 . 生态安全研究进展 . 生态学报 , 2005, 25(4):864.

［36］Rapport DJ, Regier HA,Hutchinson T C. Ecosystem behavior under stress. The American Naturalist, 1985, 125:617-640.

［37］Costanza R.Toward an operational definition of ecosystem health.In: CostanzaR.,Norton B.G., Haskell B.D.Ecosystem health goals for environmental management.Washington,D.C.:Island Press, 1992:239-256.

［38］Costanza R. Predictors of ecosystem health.In:Rapport D.J.,R.Costanza,Epstein P.R.,Gaudet C., Levins R.. Ecosystem health.Malden and Oxford:Blackwell Science.1998: 240-250.

［39］Cairns J, Cormick PV Mc,Niederlehner BR. A proposed framework for developing indicators of ecosystem health. Hydrobiologia, 1993, 263:1-44.

［40］Kart JR.Defining and assessing ecological integrity: beyond water quality. Environmental Toxicology and Chemistry, 1993, 12:1521-1531.

［41］张文忠 . 宜居城市的内涵及评价指标体系探讨 . 城市规划学刊 ,2007(3):30-32.

［42］IMCL. The history of IMCL. http://www. Livablecities.org/index.htm. 2006-03-30.

［43］Evns P. Livable cities urban strugglen for GveGhood and sustainability [M]. Berkeley:University of California Press, 2002.

［44］Douglass M. Competition to global cooperationnoes Asia economic resilience fivable Pacific Environment and Urbanization, 2002, 14(1):53-68.

［45］Cities, A Sustainable Urban System:The Long-term Plan for Greater Vancouver [EB/OL], http://www.wd.gc.ca/ced/wuf/livable/default_ e.asp,2003.

［46］黄宁 . 基于持续发展的城市功能区划理论及方法研究 [D]. 2006.

［47］P.H.Swen. 遥感定量方法 . 北京：科学出版社 , 1984:4.

［48］陈俊 . 实用地理信息系统——成功地理信息系统的建设与管理 [M]. 北京：科学出版社 , 1999.

［49］范常忠 , 姚奕生 . Fuzzy 综合多级评价模型在城市生态环境质量评价中的应用 . 城市环境与城市生态 , 1995, 2(2).

［50］郑宗清 . 广州城市生态环境质量评价 . 陕西师大学报：自然科学版 , 1995, 23.

［51］徐世柱 , 孙果云 . 山西城市生态环境质量评价 . 华北地质产杂志 , 1996, 11(2).

［52］于天平 , 王莉莉 . 辽阳城市生态环境质量评价及预测 . 辽宁城乡环境科技 , 2000, 20(5).

[53] 王玉秀. 城市生态环境现状评价. 辽宁城乡环境科技, 2001, 2(11).

[54] 毕晓丽, 洪伟. 生态环境综合评价方法的研究进展. 农业系统科学与综合研究, 2001, 2.

[55] 朱晓华, 杨秀春. 层次分析法在区域生态环境质量评价中的应用研究. 国土资源科技管理, 2001, 18(5).

[56] 徐福留. 城市环境质量多级模糊综合评价. 城市环境与城市生态, 2001, 14(2).

[57] 喻良, 伊武军. 层次分析法在城市生态环境质量评价中的应用. 四川环境, 2002, 21(4).

[58] 仲夏. 城市生态环境质量评价指标体系. 环境保护科学, 2002, 28(10).

[59] 李月辉, 胡志斌. 城市生态环境质量评价系统的研究与开发——以沈阳市为例. 城市环境与城市生态, 2003, 16(2).

[60] 杨小梦. 深圳市南山区城市生态环境评价. 城市环境与城市生态, 2003, 2.

[61] 徐燕, 周华荣. 初论我国生态环境质量评价研究进展. 干旱区地理, 2003, 26(2).

[62] 王耕, 王利. 基于 Mapinfo 的城市生态环境质量与影响评价研究——以朝阳市为例. 水土保持研究, 2004, 11(1).

[63] 梅卓华, 方东. 南京城市生态环境质量评价指标体系研究. 环境科学与技术, 2005, 28(3).

[64] 贾艳红, 赵军. 白银市区域生态环境质量评价研究. 西北师范大学学报: 自然科学版, 2004, 40(4).

[65] 李爱军, 等. 生态环境动态监测与评价指标体系探讨. 中国环境监测, 2004, 4.

[66] 陈彩霞, 林建生. 重庆市生态环境质量综合评价研究. 湖北民族学院学报: 自然科学版, 2006, 24(4).

[67] 梁保平. Mapinfo 在区域城市环境质量评价中的应用. 生态城市, 2005, 10.

[68] 刘蕾, 刘建军. 城市生态环境质量评价初探. 干旱环境监测, 2006, 20(2).

[69] 胡习英, 李海华, 陈南祥. 城市生态环境评价指标体系与评价模型研究. 河南农业大学学报, 2006, 34.

[70] 吴晓英. 城市综合生态质量评价探讨——以兰州市为例. 干旱区资源与环境, 2007, 21(2).

[71] 王平, 马立平. 南京市城市生态环境质量评价体系. 生态学杂志, 2006, 25.

[72] 苏平. 牡丹江市城市生态环境质量评价. 牡丹江师范学院学报: 自然科学版, 2006, 35(3).

[73] 胡秀芳. 基于 GIS 的南通市环境质量模糊评价研究. 地质灾害与环境保护, 2006, 17(2).

[74] 徐鹏炜, 赵多. 基于 RS 和 GIS 的杭州城市生态环境质量综合评价技术. 应用生态学报, 2006, 17(6).

［75］王俭.城市生态环境质量评价研究.中国环境管理,2007,9.

［76］夏青,梁钰.沿海城市生态环境评价指标体系研究.湛江师范学院学报,2007,28(2).

［77］杨运琼,王少平.基于压力论的城市生态环境质量定量评价模型及应用.四川环境,2007,26(2).

［78］贺瑶.武汉市人居环境评价与优化研究.高等函授学报:自然科学版,2007,21(3).

［79］顾爱.常州市城市生态环境质量评价研究.江苏技术师范学院学报,2008,14(4).

［80］徐昕.城市生态环境遥感监测与质量评价——以上海市为例.上海师范大学学报:自然科学版,2008,37(2).

［81］熊鸿斌.城市生态环境质量模糊综合评价研究.中国环境科学学会学术年会优秀论文集,2008.

［82］刘杨.从生态学视角看城市人口容量问题.中国城市规划年会论文集,2008.

［83］李静.基于城市化发展体系的城市生态环境评价与分析.中国人口·资源与环境,2009,19(1).

［84］许效天.漯河市城市生态环境质量定量评价.中国环境监测,2008,24(5).

［85］李加林.沿海城市生态环境质量动态评价系统研究.宁波大学学报,2008,21(2).

［86］董家华.中小城市生态环境与社会经济协调度评价.中国环境保护优秀论文集,2005.

［87］宁小莉.包头市城市生态环境质量评价.阴山学刊,2009,23(1).

［88］万本太,等.生态环境质量评价研究[M].北京:中国环境科学出版社,2004.

［89］袁留根.辽宁省城市生态环境质量评价.环境科技,1998,12(1).

［90］宋永昌,等.城市生态学[M].北京:科学出版社,2005.

［91］孟伟,等.区域景观生态环境评价研究[M].北京:科学出版社,2008.

［92］The State of the Nation's Ecosystems. The H. John Heinz III Center for Science, Economics and the Environment. 2008.

［93］沈清基.城市生态与城市环境[M].上海:同济大学出版社,1998.

［94］常芳.晋城市生态环境质量评价初探[D].山西大学,2008.

［95］Johan A,Delphine F,Koen S. A Shapley Decomposition of Carbon Emissions without Residualanzhangs. Energy Policy, 2002, 30:727-736.

［96］陈彦玲.影响中国人均碳排放的因素分析.北京石油化工学院学报,2009,17(48).

［97］国家质量监督检验检疫总局.农产品安全质量无公害水产品安全要求.GB18406.4—2001.

［98］柳云龙,等.上海城市绿地净化服务功能及其价值评估.中国人口·资源与环境,2009,19(5).

[99] 邓坤枚 . 长江上游森林生态系统水源涵养量与价值的研究 . 资源科学 , 2002, 24(6).

[100] 程驰 , 牟瑞芳 . 九寨沟森林生态系统水源涵养量计算分析 . 河南科技大学学报：自然科学版 , 2007, 28(3).

[101] 蓝伯雄 , 程佳惠 , 陈秉正 . 管理数学——运筹学 [M]. 北京：清华大学出版社 , 2000:376-379.

[102] 邱菀华 . 群组决策特征根法 . 应用数学和力学 ,1997,18 (11) :1027-1031.

[103] 丁树良 , 邓润梅 . 群组决策加权法 . 江西师范大学学报：自然科学版 , 1999, 23 (1):49-52.

[104] 丁俭 . 一种简明的群体决策 AHP 模型及新的标度方法 . 管理工程学报 , 2000, 11 (1): 16-18.

[105] 蔡楠 , 杨扬 , 方建德 , 等 . 基于层次分析法的城市河流生态修复评估 . 长江流域资源与环境 , 2010,19 (9) : 1092-1098.

[106] 石强 , 钟林生 , 等 . 森林环境中空气负离子浓度分级标准 . 中国环境科学 , 2002, 4:33-36.

[107] 章波 . 我国城市土地集约利用要有规划做保证 . 2001.

[108] 蔡楠 , 杨扬 , 方建德 , 等 . 基于层次分析法的城市河流生态修复评估 . 长江流域资源与环境 , 2010, 19 (9) : 1092-1098.

[109] 张白一 , 崔尚森 . 面向对象程序设计——Java[M]. 西安：西安电子科技大学出版社 , 2003.

[110] 李民 , 朱振昌 .CS、BS 的结构的特点及在医院系统中的应用 . 医学信息学 , 2006, 19(9):108-110.

[111] 刘晓娟 . 信息可视化技术在 CI 软件中的应用 . 信息系统 , 2005, 28(6):640-643.

[112] 李戈 . B/S 与 C/S 结构优劣分析 . 广播电视技术 , 2005(2):82-87.

[113] 马林兵 , 张新长 , 伍少坤 .WebGIS 原理与方法教程 [M]. 北京：科学出版社 , 2007.

[114] 万利 , 陈佑启 , 谭靖 . 北京市生态环境质量信息发布与共享 . 计算机工程与应用 , 2009, 45(6):25-31.

[115] ERSI 中国（北京）培训中心 .ArcGIS 轻松入门教程——ArcIMS[M]. 北京：ESRI 中国（北京）有限公司 , 2008.

[116] 钟京馗 , 唐恒 . 精通 Java Web 图表编程 [M]. 北京：电子工业出版社 , 2005:15-19, 94-101.

[117] 张金水 , 李少雄 , 陈章友 . 基于 Java 的 JfreeChart 在 Internet 共享系统中的应用 . 武汉大学学报 , 2005, 51(S2):105-107.

[118] 徐国明 , 邓晓文 . JFreeChart 组建在基于 ISP 的 Web 统计图表中的应用与实现 . 计算机与信息技术 , 2005(6):51-55.

[119] 施伟伟 , 张蓓 . 征服 Ajax-Web2.0 快速入门与项目实践 [M]. 北京：人民邮电出版社 ,

2006.

[120] 闫海英 . B/S 结构在煤矿安全信息管理系统中的应用 . 煤矿安全 , 2005, 36（1）:48-50.

[121] Asleson R, Schutta N T. Ajax 基础教程 [M]. 北京：人民邮电出版社 , 2006.

[122] 陈述彭 , 鲁学军 , 周成虎 . 地理信息系统导论 [M]. 北京：科学出版社 , 2000.

[123] 刘南 , 刘仁义 . 地理信息系统 [M]. 北京：高等教育出版社 , 2002.

[124] 王珊 , 萨师煊 . 数据库系统概论（第四版）[M]. 北京：高等教育出版社 , 2006.

[125] 2007 年中国环境状况公报 , 国家环境保护总局 .

[126] 王如松 , 李锋 , 等 . 中国西部城市复合生态系统特点与生态调控对策研究 . 中国人口·资源与环境 , 2006, 13(6).

[127] 朱颖 , 吴纯德 , 叶健 , 余英华 . 淇澳岛红树林生态系统中重金属含量相关性 . 环境科学与技术 , 2009, 32(11): 95-98.

[128] 王卉彤 , 等 . 北京市能源消费总量、结构与碳排放的趋势研究 . 城市发展研究 , 2010,17(9).

[129] 夏天翔 . 北京水产市场食用贝类部分元素含量调查 . 环境与健康杂志 , 2010, 27(6).

[130] 石强 , 钟林生 . 森林环境中空气负离子浓度分级标准 . 中国环境科学 , 2002, 4: 33-36.

[131] 吴雍欣 . 北京地区生物多样性评价研究 . 北京林业大学硕士论文 , 2010.

[132] 宋复 . 温榆河底栖大型无脊椎动物与水质评价 . 中国环境监测 ,2009, 25(1).

[133] 胡焕庸 . 中国人口的分布、区划和展望 . 地理学报 , 1990, 45(2).

附 件

附件 1　城市生态环境质量评估技术规范（草案）

1　适用范围

本技术规范规定了我国城市生态环境质量评价的指标体系和计算方法。

本规范适用于我国大中城市生态环境现状及动态趋势的年度综合评价，并为我国生态城市的建设和城市生态环境建设的规划提供参考。

2　引用的相关标准

下列标准中的条款通过本标准的引用而成为本标准的条款。如下列标准被修订，其最新版本适用于本标准。

HJ/T 192—2006《生态环境状况评价技术规范》（试行）

GB 3095—1996《环境空气质量标准》

GB 3838—2002《地表水环境质量标准》

GB 3097—1997《海水水质标准》

GB 3096—2008《声环境质量标准》

GB 15618—1995《土壤环境质量标准》

GB 8702—1988《电磁辐射防护规定》

HJ 2.2—2008《环境影响评价技术导则　大气环境》

HJ/T 2.3—93《环境影响评价技术导则　地面水环境》

HJ 2.4—2009《环境影响评价技术导则　声环境》

HJ/T 10.3—1996《电磁辐射环境影响评价方法和标准》

参考引用了下列政策法规：

《生态市建设指标》（国家环境保护总局，2008）

《国家环境保护模范城市考核指标》（国家环境保护总局，2006）

《国家生态园林城市标准》（中华人民共和国建设部，2004）

3 术语与解释

3.1 生态环境质量指数
反映被评价城市生态环境质量状况。

3.2 空间格局指数
反映城市生态系统一定空间范围内的形态与布局状况。

3.3 环境特性指数
指城市环境的物理化学要素，反映评价区域所承受的环境污染压力。

3.4 生物特征指数
指城市生态系统中生物组成的特征要素，反映被评价区域内生物的丰贫程度。

3.5 服务功能指数
指城市生态环境对人类生活提供的经济、文化、休闲娱乐等诸多服务内容的功能价值。

3.6 人工生态子系统
指城市建设和满足城市生产、生活、交通、游憩等功能要求的子系统，包括居住、商服、工矿仓储、交通运输、公共设施建筑及特殊用地等。

3.7 水域生态子系统
指城市中河流、湖泊、水库、坑塘、苇地、滩涂、湿地、沟渠、水工建筑物等构成的水生生态系统。

3.8 陆域生态子系统
指城市中自然保护区、风景名胜区、郊野公园、森林公园、水源地保护区、耕地、园地、林地（苗圃）、风景林地、牧草地等构成的自然生态系统。

3.9 人口密度
人口密度是单位土地面积上居住的人口数，人口密度反映人口在地域分布的稠密程度。单位：人 $/km^2$。数据来源：《城市统计年鉴》。

3.10 人均建设用地
指每人平均占有的城市建设用地面积。建设用地是城市利用土地的承载能力或建筑空间，不以取得生物产品为主要目的的用地。城市建设用地包括分类中的居住用地、公共设施用地、工业用地、仓储用地、对外交通用地、道路广场用地、市政公用设施用地、绿地和特殊用地九大类用地，不包括水域和其他用地。单位：m^2 / 人。数据来源：市建委、城市规划部门、国土资源部门、《城市统计年鉴》。

3.11 建成区扩展强度
指城市年均增加建成区面积与基年面积的比值。通过城市扩展强度，可比较不同时期扩展强弱和快慢，研究城市扩展规模特征。单位：%。数据来源：《城市统计年鉴》。

3.12 交通便利度

指城市规划区内城市人口平均拥有交通用地面积，是反映城市建成区内城市道路拥有量的重要经济技术指标。单位：$m^2/$人。数据来源：市交通部门、国土资源部门、《城市统计年鉴》。

3.13 建成区容积率

城市容积率是指单位面积用地上的建筑面积，是城市发展容量的重要判断指标，也是反映城市土地利用强度的重要指标。适当的容积率是宜居城市的基本条件，直接关系到居住的舒适度。单位：%。数据来源：城市建设局、《城市统计年鉴》。

3.14 透水面积率

指城市透水面积与市域面积的比值。透水面积是指除被建筑物、混凝土所覆盖的地区，以及其他不透水的地面以外的面积，直接衡量城市化程度和影响到城市和郊区水质量及地下水补给，是一个重要的城市生态指数。单位：%。数据来源：规划、市政建设部门。

3.15 绿地覆盖率

绿地覆盖率是建成区各类型绿地（公共绿地、街道绿地、庭院绿地、专用绿地等）合计面积占建成区面积的比率。其高低是衡量城市环境质量及居民生活舒适水平的重要指标之一。单位：%。数据来源：规划、园林部门。

3.16 水面覆盖率

指城市水域面积占城市面积的比率，是衡量一个城市水资源量的重要指标。单位：%。数据来源：遥感更新。

3.17 水网密度

城市水网密度是指城市每平方千米陆域面积内拥有河流（或海岸线）的长度。可以反映城市区域水资源状况及水对生态环境的调节功能。河流长度指空间高分辨率遥感影像能够分辨的天然形成或人工开挖的河流及主干渠的长度。单位：km/km^2。数据来源：遥感更新和城市 1 ： 10 000 地形图数据。

3.18 湿地面积率

指湿地面积占城市市域面积的比值。湿地是指天然或人工的沼泽地、泥炭地或水域地带，包括低潮时水深不超过 6m 的浅海滩涂、河流、湖泊、水库、稻田等。湿地具有很高的生态价值和经济价值，能够带来巨大的环境效益和经济效益，是衡量城市生态环境的重要指标之一。单位：%。数据来源：林业局。

3.19 人均水域面积

城市每人平均占有的水域面积，反映城市化进展水资源的承受力。单位：$m^2/$人。数据来源：遥感更新。

3.20　生态用地比率

生态用地是指在生产性用地和建设性用地以外，以提供环境调节和生物保育等生态服务功能为主要用途，对维持区域生态平衡和持续发展具有重要作用的土地利用类型。陆地生态用地包括自然保护区、风景名胜区、郊野公园、森林公园、水源地保护区、农田、园地、林地（苗圃）、风景林地、牧草地等一切生态功能显著的土地利用类型。生态用地比率指生态用地面积占城市市域面积的比值，陆域生态用地比率指陆域生态用地占城市总面积的比率。单位：%。数据来源：园林局、林业局以及遥感更新。

3.21　人均生态用地

指城市平均每人占有的生态用地面积。人均生态用地面积体现城市化进展的生态变化。单位：m²/人。数据来源：《城市统计年鉴》、园林局、林业局以及遥感更新。

3.22　景观多样性指数

景观多样性是指不同类型的景观在空间结构，功能机制和时间动态方面的多样化和变异性，反映景观类型的多少和所占比例的变化，揭示景观的复杂程度。景观要素可分为斑块、廊道和基质。斑块是景观尺度上最小的均质单元，它的大小、数量、形态和起源等对景观多样性有重要意义；廊道呈线状或带状，是联系斑块的纽带；基质是景观中面积较大，连续性高的部分，往往形成景观的背景。景观多样性指数是表示景观中各类嵌块体的复杂性和变异性的指标。单位：无量纲。数据来源：遥感更新。

3.23　景观破碎度指数

景观的破碎化是指由于人类的干扰因素所导致的景观由简单趋向于复杂的过程，即景观由单一、均质和连续的整体趋向于复杂、异质和不连续的斑块镶嵌体的过程。景观破碎度指数可表征景观里某一景观类型的破碎化程度。其程度与斑块数量呈正相关，与平均斑块面积呈负相关。它能反映人类活动对景观的干扰程度。单位：无量纲。数据来源：遥感更新。

3.24　空气质量指数

空气污染指数（Air Pollution Index, API）是根据空气环境质量标准和各项污染物的生态环境效应及其对人体健康的影响来确定污染指数的分级数值及相应的污染物浓度限值。即将常规监测的几种空气污染物浓度简化成为单一的概念性指数值形式，并分级表征空气污染程度和空气质量状况，适合于表示城市的短期空气质量状况和变化趋势。

空气质量指数是指全年 API 指标≤ 100 的天数占全年天数（按 365 天计算）的比例，是评价环境空气质量状况简单而直观的指标。单位：%。数据来源：环保部门。

3.25 安静度指数

城市安静度指数指建成区环境噪声满足二类区标准以上的区域面积占城市建成区总面积的比例。二类区噪声标准（昼间 60dB；夜间 50dB）适用于居住、商业、工业混杂区。单位：%。数据来源：环保部门。

3.26 酸雨频率

酸雨是指 pH 值小于 5.65 的酸性降水。酸雨频率是判别某地区是否为酸雨区的重要指标；酸雨频率定义为一年出现酸雨的降水过程次数与全年降水过程总次数的比值。单位：%。数据来源：气象部门、环保部门。

3.27 人均碳排放量

碳排放量是指在生产、运输、使用及回收该产品时所产生的平均温室气体排放量。人均碳排放量是衡量城市低碳生活的一个重要指标，指每人占有的城市碳排放量。单位：t/（人·a）。数据来源：市发改委、《城市统计年鉴》。

3.28 灰霾天气发生率

灰霾是指悬浮在空中肉眼无法分辨的大量微粒，使水平能见度小于10km的天气现象。灰霾天气发生率为一年当中灰霾天气出现的天数比例。单位：%。数据来源：气象部门。

3.29 热岛强度

热岛是由于人们改变城市地表而引起小气候变化的综合现象，是城市气候最明显的特征之一，较高的温度可影响人类和生态系统的健康。热岛强度指城市建成区内的气温与郊区气象测点温度的差值，为城市热岛效应的表征参数。单位：℃。数据来源：气象部门、相关研究结果。

3.30 极端天气发生率

极端天气事件是指某一地点或地区从统计分布的观点看不常或极少发生的天气事件，主要包括台风、暴雨（雪）、寒潮、沙尘暴、低温、高温、干旱、雷电、冰雹、霜冻、大雾和水旱灾害等。一年中极端天气发生的天数占一年总天数的比率。单位：%。数据来源：气象部门。

3.31 空气优（首）控污染物指数

环境空气优（首）控污染物指各地根据社会经济条件和环境管理的需要，有步骤地对一些最具代表性、对人体健康和生态平衡危害较大的环境空气污染物进行优先重点控制的污染物。空气优控污染物指数是将优（首）控污染物与标准值比较，按达标率计；如有两个以上，加权计算。数据来源：环保部门。

3.32 电磁污染指数

电磁辐射污染，指相关设施在环境中所产生的电磁能量或强度超过国家规定的电磁环境质量标准，并影响他人身体健康或干扰他人正常生活、正常工作的现象。电磁污染指数按电磁辐射达标率计。单位：%。数据来源：环境监测部门。

3.33 水质综合污染指数

水质综合污染指数，是可获取信息的水域不同功能类别保护程度指数，城市地表水不同功能类别分别执行相应类别的标准值，按类别高低给出高低不同的分值加权平均占水域面积的比值，是衡量一个城市水质的重要指标。计算方法采用综合平均指数法。单位：无量纲。数据来源：环保部门。

3.34 优质水体面积率

指达到或优于《地表水环境质量标准》（GB 3838—2002）Ⅲ类水质水体的面积占水域总面积的比率。优质水体面积率是可获取信息的水资源质量好坏程度指数，是衡量一个城市水资源质量的重要指标。单位：%。数据来源：环境监测部门。

3.35 河流污径比

入河废污水排放量占河流径流量的比例，表征河流自净潜力特征。单位：%。数据来源：环保部门、水利部门。

3.36 水体营养状况指数（湖泊和海洋）

水体富营养化是指在人类活动的影响下，生物所需的氮、磷等营养物质大量进入湖泊、河口、海湾等缓流水体，引起藻类及其他浮游生物迅速繁殖，水体溶解氧量下降，水质恶化，鱼类及其他生物大量死亡的现象。城市河流、湖泊及近海海域，由于人为活动的加剧，导致水体营养状况呈现富营养化的状态，造成水环境生态系统的破坏，严重影响了水体质量与用水安全。

水体营养状况指数是指选取与水体富营养化相关的因子，如总磷、总氮、叶绿素 a、高锰酸盐指数、透明度，采用水体综合营养状态指数法计算，用以表征水体富营养化状况的指数；是衡量城市水体状况的重要指标。单位：无量纲。数据来源：环保部门。

3.37 COD 排放强度

指万元国内生产总值的 COD 排放量，表征城市水污染物质排放状况。单位：吨／万元。数据来源：环境监测统计年鉴、《城市统计年鉴》。

3.38 水体优（首）控污染物指数

水体优（首）控污染物是指各地根据社会经济条件和环境管理的需要，有步骤地对一些最具代表性、对人体健康和生态平衡危害较大的水环境污染物进行优先重点控制的污染物。水体优控污染物指数是将优（首）控污染物与标准值比较，按达标率计，如有两个以上，加权计算。单位：无量纲。数据来源：环保部门。

3.39 水产品重金属污染指数

将水产品重金属的含量与国家水产品重金属标准值的比值，采用单因子评价法，取其最大值为水产品重金属污染指数。随着水环境的污染，有害重金属如铅、汞、镉、铬、砷等可在水生生物体中经富集作用而蓄积，使其体内有害金属及其化合物的含量可比水体浓度高几十倍甚至上千倍。单位：无量纲。数据来源：水产、环保部门。

3.40 空气优良区域比率

空气优良区域比率指达到《环境空气质量标准》（GB 3095—1996）一类环境空气质量的面积占市域总面积的比例。空气质量是保证人体健康的重要指标，也是宜居城市的重要条件。单位：%。数据来源：环保部门。

3.41 臭氧浓度指数

指空气中臭氧浓度的小时平均值的达标率。单位：mg/m^3。数据来源：环保部门。

3.42 土地退化指数

土地退化指数指被评价区域内风蚀、水蚀、重力侵蚀、冻融侵蚀和工程侵蚀的面积占被评价区域面积的比例，采用土地轻度侵蚀面积、中度侵蚀面积、重度侵蚀面积的加权平均数表示，用于反映被评价区域内土地退化程度。单位：无量纲。数据来源：地面监测与遥感更新相结合。

3.43 土壤环境质量综合指数

土壤质量定义为土壤在生态系统的范围内，维持生物的生产力、保护环境质量以及促进动植物健康的能力。土壤环境质量是土壤容纳、吸收和降解各种环境污染物的能力。采用内梅罗污染指数法，依据《土壤环境质量标准》（GB 15618—1995）评价。单位：无量纲。数据来源：我国土壤质量普查及有关环境监测和研究文献。

3.44 负离子浓度指数

负离子是空气中一种带负电荷的气体离子。负离子浓度指数指单位体积空气中还有负离子的数量。空气负离子能促进人体新陈代谢，有益于人类健康长寿，是反映空气污染状况的重要指标。单位：个/cm^3。数据来源：环保部门、园林部门。

3.45 植物丰富度

反映被评价区域内植物物种的丰贫程度，采用区域的植物物种数量表示。物种丰富程度是一个区域或一个生态系统可测定的生物学特征。物种丰富度也是认识群落组织水平、功能状态的基础，是生物多样性的重要组成部分，是衡量一个城市的生态保护、生态建设与生态恢复水平的重要指标。单位：种/km^2。数据来源：园林部门、生物研究机构。

3.46 本地植物指数

本地植物指数指城市建成区内全部植物物种中本地植物物种所占的比例。本地植物包括：在本地自然生长的野生植物；归化种（非本地原生，但已逸生）；驯化种（非本地原生，但在本地正常生长，并且完成其生活史的植物种类）；在园林及农、林业中广泛应用的，能在陆地正常生长的植物种类（在标本园、种质资源圃、科研引种试验的植物种类除外）。在本地植物的统计中需要剔除变型、栽培变种和品种。单位：%。数据来源：园林部门、生物研究机构。

3.47 生物入侵风险度

生物入侵指某一生物借助某种途径从原先的分布区域扩展到另一个新的（通常也是遥远的）区域，在新的区域中，其后代可以繁殖、扩展并维持下去，进而给该地的生态环境、经济发展以及人类的生命健康等构成威胁或造成危害的复杂的链式过程。生物入侵风险度就是用来判断生物入侵风险程度的一种度量方法，是对城市生态质量潜在危险的衡量指标。单位：种 $/km^2$。数据来源：林业、农业部门及生物研究机构。

3.48 鱼类丰富度

指水生生态系统中鱼类物种数量上的差异，体现的是水域生态系统内鱼类物种的丰贫程度，处于营养顶级的鱼类是水生态环境评价的重要指示生物。单位：种。数据来源：农业、渔业部门。

3.49 底栖动物丰富度

指水生底栖生态系统中动物物种数量上的差异，代表水域生态系统的底栖动物物种的丰贫程度。底栖动物长期生活在底泥中，具有区域性强、迁移能力弱等特点，对于环境污染及变化通常少有回避能力，其群落的破坏和重建需要相对较长的时间；且多数种类个体较大，易于辨认。同时，不同种类底栖动物对环境条件的适应性及对污染等不利因素的耐受力和敏感程度不同；根据上述特点，利用底栖动物的丰富度可以确切反映城市水体的质量状况。单位：种 $/km^2$。数据来源：渔业、水利、环保部门。

3.50 水生维管束植物丰富度

表示水生生态系统当中维管束植物种类数量的多寡程度。水生维管束植物是生活在水体当中的维管束植物的总称，包括水生蕨类植物和水生被子植物。水生维管束植物与水体具有密切的关系，其分布受水深、透明度的影响极大。同时受纬度、光照、水质、底质、其他生物等的影响也是很大的。水生维管束植物的地理分布，主要是由气候和地质两方面条件决定的。同一水体中的地区分布主要是由地质来决定的。水生维管束植物种类作为衡量整个城市水域生态系统的指标。单位：种。数据来源：林业管理部门。

3.51 水岸绿化率

水岸绿化率是指近水陆地范围内的绿化面积与水岸占地面积之比。单位：%。数据来源：市政、水利部门。

3.52 野生高等动物丰富度

指的是特定区域范围内自然状态下，非人工驯养的各种哺乳动物、鸟类、爬行动物、两栖动物等高等动物的数量多寡。了解属地的动物物种丰富度，为其利用和保护提供参考。而通过城市区域范围内的野生动物丰度，能够较好地反映城市生态质量的优劣程度。单位：种。数据来源：林业、园林部门。

3.53 野生陆生植物丰富度

指在特定区域内，原生地天然生长的植物数量多寡。了解属地的野生植物物种丰富度，为其利用和保护提供参考。单位：种。数据来源：林业局、园林局。

3.54 本地濒危物种指数

濒危物种指所有由于物种自身的原因或受到人类活动或自然灾害的影响而有灭绝危险的野生动植物。本地濒危物种指数是指在特定区域内，有灭绝危险的野生动植物数量。本地濒危物种指数指本地濒危物种数占总生物种数的比率，是衡量城市生态系统完整性的基本指标。单位：%。数据来源：林业局、农业局、生物研究机构。

3.55 鸟类丰富度

指特定区域之内，鸟类种类的多寡。鸟类群落是城市生态系统的重要组成部分，对维持城市生态平衡具有重要意义，也从另一个角度表征了人与自然的和谐。由于鸟类对环境变化非常敏感，许多国家都已将鸟类种类和数量作为评价城市环境好坏的一项重要指标。单位：种。数据来源：林业局、园林局。

3.56 经济密度

指单位面积的经济产出率，即城市的国内生产总值与区域面积之比，表征了城市单位面积上经济活动的效率和土地利用的集约程度，是衡量城市土地利用效率的主要指标之一。城镇建设用地是各类用地中开发强度最大、利用程度最高的土地类型，对城镇建设用地经济密度的研究是城市土地集约利用研究的重要部分。单位：万元 / km^2。数据来源：统计部门，或《城市统计年鉴》。

3.57 人均公用休憩用地

指人均居民游乐、休憩及城市绿地系统面积。休憩用地以满足人口对动态和静态游乐活动的需要，如室外广场、绿地休憩用地、社区休憩用地、球场、游泳池、健身、舞蹈场地等，室内休憩场地如羽毛球场、篮球场、乒乓球桌、健身、舞蹈场地、游泳池等。每人可使用的份额可表征居民生活的舒适度和城市的宜居性。单位：m^2/ 人。数据来源：市政管理部门。

3.58 清洁能源使用率

城市清洁能源使用率指城市地区清洁能源使用量与城市地区终端能源消费总量之比，

能源使用量按标煤计。城市清洁能源包括用作燃烧的天然气、焦炉煤气、其他煤气、炼厂干气、液化石油气等清洁燃气、电和低硫轻柴油等清洁燃油。单位：%。数据来源：《城市统计年鉴》。

3.59 垃圾无害化处理率

城市生活垃圾无害化（焚烧、卫生填埋、堆肥等）处理量占生活垃圾产生量的比例。单位：%。数据来源：市政、环卫、环保部门；《城市统计年鉴》。

3.60 生活污水集中处理率

指生活污水集中处理量占生活污水产生总量的比例。单位：%。数据来源：市政、环保部门；《城市统计年鉴》。

3.61 绿地释氧固碳功能

绿色植物通过光合作用来固碳释氧，吸收 CO_2 的同时释放 O_2。城市绿地保证了城市碳氧平衡，对缓解大气 CO_2 浓度升高有重要作用，是维护城市生态系统稳定的重要因素，在改善城市环境、保障人体健康等方面起着重要的作用。城市绿地是指城市的公共绿地、居住区绿地、单位附属绿地、防护绿地、生产绿地以及风景林地六大类型。绿地释氧固碳功能价值计算方法采用碳税法，分别计算城市绿地的固定二氧化碳的价值和释放氧气的价值。单位：亿元。数据来源：园林局、研究文献。

3.62 可再生能源利用率

指城市水电、太阳能、风能、沼气等可再生能源占总能源的比例。这是表征城市向低碳经济发展的指标，属于未来发展的指标。单位：%。数据来源：电力部门。

3.63 水资源承载力

指城市年用水量占年水资源可利用量的比率。水资源承载能力是指在某一历史发展阶段，以可预见的技术、经济和社会发展水平为依据，以可持续发展为原则，以维护生态环境良性发展为条件，在水资源得到合理开发利用的前提下，区域人口增长与经济发展的最大容量。

淡水作为重要的水资源具备饮水、灌溉、发电等功能。联合国有关组织也把水资源承载力称为水量紧张程度指标，用于评价各地区水资源状况，作为判断城市水资源量的一个重要参考指标。单位：%。数据来源：水利部门。

3.64 娱乐水体利用率

指城市水体中达到Ⅲ类、Ⅳ类水质功能区的水体面积占城市水体总面积的比例。用于反映城市水体景观的休闲娱乐功能，如游泳、垂钓、划船等。单位：%。数据来源：环保、园林、旅游部门。

3.65 人均水产品产量

指平均每人所占的水产品产量。水产品年捕捞总产量，包括海水产品、淡水产品等。单位：kg/人。数据来源：渔业、水产部门。

3.66 水源涵养量价值

是自然生态系统重要的服务功能之一，能起到涵养水源作用的有森林、草原、湿地等，其中以森林为主。森林生态系统的水源涵养功能是指森林拦蓄降水、涵养土壤水分和补充地下水、调节河川流量的功能。

森林生态系统水源涵养的价值是指单位森林面积的年水资源涵养量的经济价值，是森林通过截留降雨，阻拦和含蓄径流后而产生的水资源的经济价值。采用森林年涵养水水资源量乘以水价来获得，即影子工程价格。

3.67 农林产品产值

指城市的农产品产值和林产品产值的价值总和，是自然生态系统重要的服务功能之一。单位：亿元。数据来源：统计、林业、农业部门。

3.68 生态旅游功能

指生态休闲旅游折合价值，是自然生态系统重要的服务功能之一。生态旅游是人类利用陆地生态区域（自然保护区、风景名胜区、郊野公园、森林公园、风景林地）的一项重要功能。单位：亿元。数据来源：《城市统计年鉴》、旅游部门。

3.69 指标标准化

采用级差标准化的方法对指标进行标准化，根据指标的不同特点，正相关指标采用式 (1) 进行处理，负相关指标采用式 (2) 进行处理。

$$(x - x_{\min}) / (x_{\max} - x_{\min}) \times 100 \tag{1}$$

$$(x_{\max} - x) / (x_{\max} - x_{\min}) \times 100 \tag{2}$$

$x_{\max}$、$x_{\min}$ 指某指标标准化处理前的最大值。

4 评价指标及计算方法

各综合指数数值范围均为 0 ～ 100。

4.1 空间格局指数的权重和计算方法

空间格局指数权重见附表 4-1。

附表 4-1 空间格局指数权重

	人工生态子系统	水域生态子系统	陆域生态子系统
权重	0.50	0.25	0.25

计算方法:

空间格局指数＝0.50×人工生态子系统空间格局指数＋0.25×水域生态子系统空间格局指数＋0.25×陆域生态子系统空间格局指数

4.1.1 人工生态子系统空间格局的权重和计算方法

人工生态子系统空间格局分权重见附表4-2。

附表4-2 人工生态子系统空间格局分权重

指标	人口密度	人均建设用地	建成区扩展强度	交通便利度	建成区容积率	透水面积率	绿地覆盖率
权重	0.174	0.174	0.065	0.109	0.130	0.152	0.196

计算方法:

人工生态子系统空间格局指数＝人口密度×0.174＋人均建设用地×0.174＋建成区扩展强度×0.065＋交通便利度×0.109＋建成区容积率×0.130+透水面积率×0.152＋绿地覆盖率×0.196

4.1.2 水域生态子系统空间格局的权重和计算方法

水域生态子系统空间格局分权重见附表4-3。

附表4-3 水域生态子系统空间格局分权重

指标	水面覆盖率	水网密度	湿地面积率	人均水域面积
权重	0.360	0.200	0.280	0.160

计算方法:

水域生态子系统空间格局指数＝水面覆盖率×0.360＋水网密度×0.200＋湿地面积率×0.280＋人均水域面积×0.160

4.1.3 陆域生态子系统空间格局的权重和计算方法

陆域生态子系统空间格局分权重见附表4-4。

附表4-4 陆域生态子系统空间格局分权重

指标	生态用地比率	人均生态用地	景观多样性指数	景观破碎度指数
权重	0.333	0.375	0.208	0.084

计算方法:

陆域生态子系统空间格局指数＝生态用地比率×0.333＋人均生态用地×0.375＋景

观多样性指数 ×0.208 ＋景观破碎度指数 ×0.084

4.2 环境特性指数的权重和计算方法

环境特性指数权重见附表 4-5。

附表 4-5　环境特性指数权重

指标	人工生态子系统	水域生态子系统	陆域生态子系统
权重	0.45	0.35	0.20

计算方法：

环境特性指数＝人工生态子系统环境特性指数 ×0.45 ＋水域生态子系统环境特性指数 ×0.35 ＋陆域生态子系统环境特性指数 ×0.20

4.2.1　人工生态子系统环境特性的权重和计算方法

人工生态子系统环境特性分权重见附表 4-6。

附表 4-6　人工生态子系统环境特性分权重

指标	空气质量指数	安静度指数	酸雨频率	人均碳排放量	灰霾天气发生率	热岛强度	极端天气发生率	空气优控污染物指数	电磁污染指数
权重	0.209	0.186	0.140	0.047	0.093	0.116	0.070	0.023	0.116

计算方法：

人工生态子系统环境特性指数＝空气质量指数 ×0.209 ＋安静度指数 ×0.186 ＋酸雨频率 ×0.140 ＋人均碳排放量 ×0.047 ＋灰霾天气发生率 ×0.093 ＋热岛强度 ×0.116 ＋极端天气发生率 ×0.070 ＋空气优控污染物指数 ×0.023 ＋电磁污染指数 ×0.116

4.2.2　水域生态子系统环境特性的权重和计算方法

水域生态子系统环境特性分权重见附表 4-7。

附表 4-7　水域生态子系统环境特性分权重

指标	水质综合污染指数	优良水体面积率	河流污径比	水体营养状况指数	COD 排放强度	水体优控污染物指数	水产品重金属污染指数
权重	0.237	0.158	0.105	0.211	0.184	0.026	0.079

计算方法：

水域生态子系统环境特性指数＝水质综合污染指数 ×0.237 ＋优良水体面积率 ×0.158 ＋河流污径比 ×0.105 ＋水体营养状况指数 ×0.211 ＋ COD 排放总量强度 ×0.184 ＋水体优控污染物指数 ×0.026 ＋水产品重金属污染指数 ×0.079

4.2.3 陆域生态子系统环境特性的权重和计算方法

陆域生态子系统环境特性分权重见附表4-8。

附表4-8　陆域生态子系统环境特性分权重

指标	空气优良区域比率	臭氧浓度指数	土地退化指数	土壤环境质量综合指数	负离子浓度指数
权重	0.333	0.083	0.250	0.292	0.042

计算方法：

陆域生态子系统环境特性指数＝空气优良区域比率×0.333＋臭氧浓度指数×0.083＋土地退化指数×0.250＋土壤环境质量综合指数×0.292＋负离子浓度指数×0.042

4.3 生物特征指数的权重和计算方法

生物特征指数权重见附表4-9。

附表4-9　生物特征指数权重

指标	人工生态子系统	水域生态子系统	陆域生态子系统
权重	0.20	0.40	0.40

计算方法：

生物特征指数＝人工生态子系统生物特征指数×0.20＋水域生态子系统生物特征指数×0.40＋陆域生态子系统生物特征指数×0.40

4.3.1 人工生态子系统的权重和计算方法

人工生态子系统生物特征分权重见附表4-10。

附表4-10　人工生态子系统生物特征分权重

指标	植物丰富度	本地植物指数	生物入侵风险度
权重	0.421	0.316	0.263

计算方法：

人工生态子系统生物特征指数＝植物丰富度×0.421＋本地植物指数×0.316＋生物入侵风险度×0.263

4.3.2 水域生态子系统的权重和计算方法

水域生态子系统生物特征分权重见附表4-11。

附表4-11　水域生态子系统生物特征分权重

指标	鱼类丰富度	底栖动物丰富度	水生维管束植物丰富度	水岸绿化率
权重	0.333	0.208	0.167	0.292

计算方法：

水域生态子系统生物特征指数＝鱼类丰富度 ×0.333 ＋底栖动物丰富度 ×0.208 ＋水生维管束植物丰富度 ×0.167 ＋水岸绿化率 ×0.292

4.3.3 陆域生态子系统的权重和计算方法

陆域生态子系统生物特征分权重见附表 4-12。

附表 4-12　陆域生态子系统生物特征分权重

指标	野生高等动物丰富度	野生陆生植物丰富度	本地濒危物种指数	鸟类丰富度
权重	0.240	0.320	0.120	0.320

计算方法：

陆域生态子系统生物特征指数＝野生高等动物丰富度 ×0.240 ＋野生陆生植物丰富度 ×0.320 ＋本地濒危物种指数 ×0.120 ＋鸟类丰富度 ×0.320

4.4 服务功能指数的权重和计算方法

服务功能指数权重见附表 4-13。

附表 4-13　服务功能指数权重

指标	人工生态子系统	水域生态子系统	陆域生态子系统
权重	0.20	0.40	0.40

计算方法：

服务功能指数＝人工生态子系统服务功能指数 ×0.20 ＋水域生态子系统服务功能指数 ×0.40 ＋陆域生态子系统服务功能指数 ×0.40

4.4.1 人工生态子系统的权重和计算方法

人工生态子系统服务功能分权重见附表 4-14。

附表 4-14　人工生态子系统服务功能分权重

指标	经济密度	人均公用休憩用地	清洁能源使用率	垃圾无害化处理率	生活污水集中处理率	绿地释氧固碳功能	可再生能源利用率
权重	0.143	0.190	0.167	0.167	0.190	0.119	0.024

计算方法：

人工生态子系统服务功能指数＝经济密度 ×0.143 ＋人均公用休憩用地 ×0.190 ＋清洁能源使用率 ×0.167 ＋垃圾无害化处理率 ×0.167 ＋生活污水集中处理率 ×0.190 ＋绿

地释氧固碳功能 ×0.119 ＋可再生能源利用率 ×0.024

4.4.2 水域生态子系统的权重和计算方法

水域生态子系统服务功能分权重见附表 4-15。

附表 4-15　水域生态子系统服务功能分权重

指标	水资源承载力	娱乐水体利用率	人均水产品产量
权重	0.421	0.316	0.263

计算方法：

水域生态子系统服务功能指数＝水资源承载力 ×0.421 ＋娱乐水体利用率 ×0.316 ＋人均水产品产量 ×0.263

4.4.3 陆域生态子系统的权重和计算方法

陆域生态子系统服务功能分权重见附表 4-16。

附表 4-16　陆域生态子系统服务功能分权重

指标	水源涵养量价值	农林产品产值	生态旅游功能
权重	0.333	0.381	0.286

计算方法：

陆域生态子系统服务功能指数＝水源涵养量价值 ×0.333 ＋农林产品产值 ×0.381 ＋生态旅游功能 ×0.286

5　城市生态环境质量指数 (Urban Ecological Index, UEI) 计算方法

5.1　各项评价指标权重

各项评价指标权重，见附表 5-1。

附表 5-1　城市生态环境质量指数各项指标权重

指标	空间格局指数	环境特性指数	生物特征指数	服务功能指数
权重	0.3	0.3	0.2	0.2

5.2　UEI 计算方法

UEI ＝空间格局指数 ×0.3 ＋环境特性指数 ×0.3 ＋生物特征指数 ×0.2 ＋服务功能指数 ×0.2

6 城市生态环境质量分级

根据生态环境质量指数，将生态环境分为五级，即理想、良好、一般、较差和恶劣，见附表 6-1。

附表 6-1 生态环境质量分级

综合评价标准化指数	判别等级	状态
[80,100]	理想	城市生态要素构成合理，城市绿化率高且充分利用本地植物种资源进行城市绿化，城市生产布局合理；城市生态系统物流、能流顺畅、协调，城市生态系统自维持能力较强，城市区域环境状况宜人
[65,80]	良好	城市生态要素构成合理，城市绿化率较高，城市利用本地植物资源进行城市绿化较高，城市生产布局较合理；城市生态系统物流、能源较顺畅、协调，城市区域环境状况处于良好水平，但存在影响城市生态环境质量状况的限制性因子，需要进一步有针对性地加强城市生态环境质量与区域协调发展的调控
[50,65]	一般	城市生态要素构成存在一定的结构性问题，城市绿化率、城市利用本地植物资源情况一般，城市生产结构合理性一般，城市生态系统自维持能力一般，需要进行城市区域结构或布局的改善，或增强城市生态系统的自维持能力
[30,50)	较差	城市生态要素成存在结构性问题，城市绿化率、城市利用本地植物资源情况一般，或城市生产结构不合理，城市生态系统自维持能力较差，需要从宏观结构上进行城市生态改造，加大城市生态环境的综合整治措施，提高城市生态系统生产与自净能力
[0,30)	恶劣	城市生态要素构成存在结构性问题，或城市生产结构不合理，城市生态系统自维持能力差，条件较恶劣，人类生存环境恶劣

7 城市生态环境质量变化幅度分级

城市生态环境质量状况变化幅度分为 5 级，即无明显变化、略有变化（好或差）、较明显变化（好或差）、明显变化（好或差）、显著变化（好或差），见附表 7-1。

附表 7-1 城市生态环境质量状况变化度分级

指数变化值	级别	描述
$|\Delta| \leq 2$	无明显变化	生态环境质量无明显变化
$2 < |\Delta| \leq 5$	略有变化	如为正值，则生态环境质量略微变好；如为负值，则生态环境质量略微变差
$5 < |\Delta| \leq 7$	较明显变化	如为正值，则生态环境质量变好较为明显；如为负值，则生态环境质量变差较为明显
$7 < |\Delta| \leq 10$	明显变化	如为正值，则生态环境质量明显变好；如为负值，则生态环境质量明显变差
$|\Delta| > 10$	显著变化	如为正值，则生态环境质量显著变好；如为负值，则生态环境质量显著变差

附件 2　2002 年实施的《全国土地分类体系》（试行）

一级类		二级类		三级类		含义		
编号	三大类名称	编号	名称	编号	名称			
1	农用地					指直接用于农业生产的土地，包括耕地、园地、林地、牧草地及其他农用地		
		11	耕地			指种植农作物的土地，包括熟地、新开发复垦整理地、休闲地、轮歇地、草田轮作地；以种植农作物为主，间有零星果树、桑树或其他树木的土地；平均每年能保证收获一季的已垦滩地和海涂、耕地中还包括南方宽 < 1.0m，北方宽 < 2.0m 的沟、渠、路和田埂		
				111	灌溉水田	指有水源保证和灌溉设施，在一般年景能正常灌溉，用于种植水生作物的耕地，包括灌溉的水旱轮作地		
				112	望天田	指无灌溉设施，主要依靠天然降雨，用于种植水生作物的耕地，包括无灌溉设施的水旱轮作地		
				113	水浇地	指水田、菜地以外，有水源保证和灌溉设施，在一般年景能正常灌溉的耕地		
				114	旱地	指无灌溉设施，靠边天然降水种植旱作物的耕地，包括没有灌溉设施，仅靠引洪淤灌的耕地		
				115	菜地	指常年种植蔬菜为主的耕地，包括大棚用地		
		12	园地			指种植以采集果、叶、根茎等为主的集约经营的多年生木本和草本作物（含其苗圃），覆盖度大于 50% 或每亩有收益的株数达到合理株数 70% 的土地		
				121	果园	指种植果树的园地		
						121K	可调整果园	指由耕地改为果园，但耕作层未被破坏的土地
				122	桑园	指种植桑树的园地		
						122K	可调整桑园	指由耕地改为桑园，但耕作层未被破坏的土地
				123	茶园	指种植茶树的园地		
						123K	可调整茶园	指由耕地改为茶园，但耕作层未被破坏的土地
				124	橡胶园	指种植橡胶树的园地		
						124K	可调整橡胶园	指由耕地改为橡胶园，但耕作层未被破坏的土地
				125	其他园地	指种植可可、咖啡、油棕、胡椒、花卉、药材等其他多年生作物的园地		
						125K	可调整其他园地	指由耕地改为其他园，但耕作层未被破坏的土地
		13	林地			指生长乔木、竹类、灌木、沿海红树林的土地。不包括居民点绿地，以及铁路、公路、河流、沟渠的护路、护岸林		
				131	有林地	指树木郁闭度 ≥ 20% 的天然、人工林地		
						131K	可调整有林地	指由耕地改为林地，但耕作层未被破坏的土地

一级类		二级类		三级类		含义
编号	三大类名称	编号	名称	编号	名称	
1	农用地	13	林地	132	灌木林地	指覆盖度≥40%的灌木林地
				133	疏林地	指树木郁闭度≥10%，但＜20%的疏林地
				134	未成林造林地	指造林成活率大于或等于合理造林数的41%，尚未郁闭但有成林希望的新造林地（一般指造林后不满3～5年或飞机播种后不满5～7年的造林地）
				134K	可调整未成林造林地	指由耕地改为未成林造林地，但耕作层未被破坏的土地
				135	迹地	指森林采伐、火烧后，五年内未更新的土地
				136	苗圃	指固定的林木育苗地
				136K	可调整苗圃	指由耕地改为苗圃，但耕作层未被破坏的土地
		14	牧草地			指生长草本植物为主，用于畜牧业的土地
				141	天然草地	指以天然草本植物为主，未经改良，用于放牧或割草的草地，包括以牧为主的疏林、灌木草地
				142	改良草地	指采用灌溉、排水、施肥、松肥、补植等措施进行改良的草地
				143	人工草地	指人工种植牧草的草地，包括人工培植用于牧业的灌木地
				143K	可调整人工草地	指由耕地改为人工草地，但耕作层未被破坏的土地
		15	其他农用地			指上述耕地、园地、林地、牧草地以外的农用地
				151	畜禽饲养地	指以经营性养殖为目的的畜禽舍及其相应附属设施用地
				152	设施农业用地	指进行工厂化作物栽培或水产养殖生产设施用地
				153	农村道路	指农村南方宽≥1.0m，北方宽≥2.0m的村间、田间道路（含机耕道）
				154	坑塘水面	指人工开挖或天然形成的蓄水量＜10万m³（不含养殖水面）的坑塘常水位以下的面积
				155	养殖水面	指人工开挖或天然形成的专门用于水产养殖的坑塘水面及相应附属设施用地
				155K	可调整养殖水面	指由耕地改为养殖水面，但可复耕的土地
				156	农田水利用地	指农民、农民集体或其他农业企业等自建或联建的农田排灌沟渠及其相应附属设施用地
				157	田坎	主要指耕地中南方宽≥1.0m，北方宽≥2.0m的梯田田坎
				158	晒谷场等用地	指晒谷场及上述用地中未包含的其他农用地
2	建设用地	21	商服用地			指建造建筑物、构筑物的土地。包括商业、工矿工、仓储、公用设施、公共建筑、住宅、交通、水利设施、特殊用地等
						指商业、金融业、餐饮旅馆业及其他经营性服务业、建筑功能及其相应附属设施用地
				211	商业用地	指商店、商场、各类批发、零售市场及其相应附属设施用地

一级类		二级类		三级类		含义
编号	三大类名称	编号	名称	编号	名称	
2	建设用地	21	商服用地	212	金融保险用地	指银行、保险、证券、信托、期货、信用社等用地
				213	餐饮旅馆业用地	指饭店、餐厅、酒吧、宾馆、旅馆、招待所、度假村等及其相应附属设施用地
				214	其他商服用地	指上述用地以外的其他商服用地，包括写字楼、商业性办公楼和企业厂区外独立的办公楼用地；旅行社、运动保健休闲设施、夜总会、歌舞厅、俱乐部、高尔夫球场、加油站、洗车场、洗染店、废旧物资回收站、维修网点、照相、理发、洗浴等服务设施用地
		22	工矿仓储用地			指工业、采矿、仓储业用地
				221	工业用地	指工业生产及其相应附属设施用地
				222	采矿地	指采矿、采石、采砂场、盐田、砖瓦窑等地面生产用地及尾矿堆放地
				223	仓储用地	指用于物资储备、中转的场所及相应附属设施用地
		23	公用设施用地			指为居民生活和二、三产业服务的公用设施及瞻仰、游憩用地
				231	公共基础设施用地	指给排水、供电、供燃、供热、邮政、电信、消防、公用设施维修、环卫等用地
				232	瞻仰景观休闲用地	指名胜古迹、革命遗址、景点、公园、广场、公用绿地等
		24	公共建筑用地			指公共文化、体育、娱乐、机关、团体、科研、设计、教育、医卫、慈善等建筑用地
				241	机关团体用地	指国家机关、社会团体、群众自治组织、广播电台、电视台、报社、杂志社、通信社、出版社等单位的办公用地
				242	教育用地	指各种教育机构，包括大专院校、中专、职业学校、成人业余教育学校、中小学校、幼儿园、托儿所、党校、行政学院、干部管理学院、盲聋哑学校、工读学校等直接用于教育的用地
				243	科研设计用地	指独立的科研、设计机构用地，包括研究、勘测、设计、信息等单位用地
				244	文体用地	指为公众服务的公益性文化、体育设施用地，包括博物馆、展览馆、文化馆、图书馆、纪念馆、影剧院、音乐厅、少青老年活动中心、体育场馆、训练基地等
				245	医疗卫生用地	指医疗、卫生、防疫、急救、保健、疗养、康复、医检药检、血库等用地
				246	慈善用地	指孤儿院、养老院、福利院等用地
		25	住宅用地			指供人们日常生活居住的房基地（有独立院落的包括院落）
				251	城镇单一住宅用地	指城镇居民的普通住宅、公寓、别墅用地
				252	城镇混合住宅用地	指城镇居民以居住为主的住宅与工业或商业等混合用地
				253	农村宅基地	指农村村民居住的宅基地
				254	空闲宅基地	指村庄内部的空闲旧宅基地及其他空闲土地等

一级类		二级类		三级类		含义
编号	三大类名称	编号	名称	编号	名称	
2	建设用地	26	交通运输用地			指用于运输通行的地面线路、场站等用地，包括民用机场、港口、码头、地面运输管道和居民点道路及其相应附属设施用地
				261	铁路用地	指铁道线路及场站用地，包括路堤、路堑、道沟及护路林；地铁地上部分及出入口等用地
				262	公路用地	指国家和地方公路（含乡镇公路），包括路堤、路堑、道沟、护路林及其他附属设施用地
				263	民用机场	指民用机场及其相应附属设施用地
				264	港口码头用地	指人工修建的客运、货运、捕捞船舶停靠的场所及其相应附属建筑物，不包括常水位以下部分
				265	管道运输用地	指运输煤炭、石油和天然气等管道及其相应附属设施地面用地
				266	街巷	指城乡居民点内公用道路（含立交桥）、公共停车场等
		27	水利设施用地			指用于水库、水工建筑的土地
				271	水库水面	指人工修建总库容 ≥ 10 万 m^3，正常蓄水位以下的面积
				272	水工建筑用地	指除农田水利用地以外的人工修建的沟渠（包括渠槽、渠堤、护堤林）、闸、坝、堤路林、水电站、扬水站等常水位岸线以上的水工建筑用地
		28	特殊用地			指军事设施、涉外、宗教、监教、墓地等用地
				281	军事设施用地	指专门用于军事目的的设施用地，包括军事指挥机关和营房等
				282	使领馆用地	指外国政府及国际组织驻华使领馆、办事处等用地
				283	宗教用地	指专门用于宗教活动的庙宇、寺院、道观、教堂等宗教自用地
				284	监教场所用地	指监狱、看守所、劳改场、劳教所、戒毒所等用地
				285	墓葬地	指陵园、墓地、殡葬场所及附属设施用地
3	未利用地					指农用地和建设用地以外的土地
		31	未利用土地			指目前还未利用的土地，包括难利用的土地
				311	荒草地	指树林郁闭度 < 10%，表层为土质，生长杂草，不包括盐碱地、沼泽地和裸土地
				312	盐碱地	指表层盐碱聚集，只生长天然耐盐植物的土地
				313	沼泽地	指经常积水或渍水，一般生长湿生物的土地
				314	沙地	指表层为沙覆盖，基本无植被的土地，包括沙漠，不包括水系中的沙滩
				315	裸土地	指表层为土质，基本无植被覆盖的土地
				316	裸岩石砾地	指表层为岩石或石砾，其覆盖面积≥表层为岩石的土地
				317	其他未利用土地	指包括高寒荒漠、苔原等尚未利用的土地
		32	其他土地			指未列入农用地、建筑用地的其他水域地
				321	河流水面	指天然形成或人工开挖河流常水位岸线以下的土地
				322	湖泊水面	指天然形成的积水区常水位岸线以下的土地

一级类		二级类		三级类		含义
编号	三大类名称	编号	名称	编号	名称	
3	未利用地	32	其他土地	323	苇地	指生长芦苇的土地，包括滩涂上的苇地
				324	滩涂	指沿海大潮位与低潮位之间的潮浸地带；河流、湖泊常水位至洪水位间的滩地；时令湖、河洪水位以下的滩地；水库、坑塘的正常蓄水位与最大洪水位间的滩地，不包括已利用的滩涂
				325	冰川及永久积雪	指表层被冰雪常年覆盖的土地

附件 3　国家生态文明建设试点示范区指标（试行）

一、生态文明试点示范县（含县级市、区）建设指标

（一）基本条件

1. 建立生态文明建设党委、政府领导工作机制，研究制定生态文明建设规划，通过人大审议并颁布实施 4 年以上；国家和上级政府颁布的有关建设生态文明，加强生态环境保护，建设资源节约型、环境友好型社会等相关法律法规、政策制度得到有效贯彻落实。实施系列区域性行业生态文明管理制度和全社会共同遵循的生态文明行为规范，生态文明良好社会氛围基本形成。

2. 达到国家生态县建设标准并通过考核验收。所辖乡镇（涉农街道）全部获得国家级美丽乡镇命名。辖区内国家级工业园区建成国家生态工业示范园区；50% 以上的国家级风景名胜区、国家级森林公园建成国家生态旅游示范区。县级市建成国家环保模范城市。

3. 完成上级政府下达的节能减排任务，总量控制考核指标达到国家和地方总量控制要求。矿产、森林、草原等主要自然资源保护、水土保持、荒漠化防治、安全监管等达到相应考核要求。严守耕地红线、水资源红线、生态红线。

4. 环境质量（水、大气、噪声、土壤、海域）达到功能区标准并持续改善。当地存在的突出环境问题和环境信访得到有效解决，近三年辖区内未发生重大、特大突发环境事件，政府环境安全监管责任和企业环境安全主体责任有效落实。区域环境应急关键能力显著增强，辖区中具有环境风险的企事业单位有突发环境事件应急预案并进行演练。危险废物的处理处置达到相关规定要求，实施生活垃圾分类，实现无害化处理。新建化工企业全部进入化工园区。生态灾害得到有效防范，无重大森林、草原、基本农田、湿地、水资源、矿产资源、海岸线等人为破坏事件发生，无跨界重大污染和危险废物向其他地区非法转移、倾倒事件。生态环境质量保持稳定或持续好转。

5. 实施主体功能区规划，划定生态红线并严格遵守。严格执行规划（战略）环评制度。区域空间开发和产业布局符合主体功能区规划、生态功能区划和环境功能区划要求，产业结构及技术符合国家相关政策。开展循环经济试点和推广工作，应当实施清洁生产审核的企业全部通过审核。

（二）建设指标

系统		指标	单位	指标值	指标属性
生态经济	1	资源产出增加率 重点开发区 优化开发区 限制开发区	%	≥ 15 ≥ 18 ≥ 20	参考性指标
	2	单位工业用地产值 重点开发区 优化开发区 限制开发区	亿元 /km²	≥ 65 ≥ 55 ≥ 45	约束性指标
	3	再生资源循环利用率 重点开发区 优化开发区 限制开发区	%	≥ 50 ≥ 65 ≥ 80	约束性指标
	4	碳排放强度 重点开发区 优化开发区 限制开发区	kg/ 万元	≤ 600 ≤ 450 ≤ 300	约束性指标
	5	单位 GDP 能耗 重点开发区 优化开发区 限制开发区	t 标煤 / 万元	≤ 0.55 ≤ 0.45 ≤ 0.35	约束性指标
	6	单位工业增加值新鲜水耗	m³/ 万元	≤ 12	参考性指标
		农业灌溉水有效利用系数	—	≥ 0.6	
	7	节能环保产业增加值占 GDP 比重	%	≥ 6	参考性指标
	8	主要农产品中有机、绿色食品种植面积的比重	%	≥ 60	约束性指标
生态环境	9	主要污染物排放强度 * 化学需氧量 （COD） 二氧化硫 （SO₂） 氨氮 （NH₃-N） 氮氧化物	t /km²	≤ 4.5 ≤ 3.5 ≤ 0.5 ≤ 4.0	约束性指标
	10	受保护地占国土面积比例 山区、丘陵区 平原地区	%	≥ 25 ≥ 20	约束性指标
	11	林草覆盖率 山区 丘陵区 平原地区	%	≥ 80 ≥ 50 ≥ 20	约束性指标
	12	污染土壤修复率	%	≥ 80	约束性指标
	13	农业面源污染防治率	%	≥ 98	约束性指标
	14	生态恢复治理率 重点开发区 优化开发区 限制开发区 禁止开发区	%	≥ 54 ≥ 72 ≥ 90 100	约束性指标

系统		指标	单位	指标值	指标属性
生态人居	15	新建绿色建筑比例	%	≥75	参考性指标
	16	农村环境综合整治率 重点开发区 优化开发区 限制开发区 禁止开发区	%	≥60 ≥80 ≥95 100	约束性指标
	17	生态用地比例 重点开发区 优化开发区 限制开发区 禁止开发区	%	≥45 ≥55 ≥65 ≥95	约束性指标
	18	公众对环境质量的满意度	%	≥85	约束性指标
	19	生态环保投资占财政收入比例	%	≥15	约束性指标
生态制度	20	生态文明建设工作占党政实绩考核的比例	%	≥22	参考性指标
	21	政府采购节能环保产品和环境标志产品所占比例	%	100	参考性指标
	22	环境影响评价率及环保竣工验收通过率	%	100	约束性指标
	23	环境信息公开率	%	100	约束性指标
生态文化	24	党政干部参加生态文明培训比例	%	100	参考性指标
	25	生态文明知识普及率	%	≥95	参考性指标
	26	生态环境教育课时比例	%	≥10	参考性指标
	27	规模以上企业开展环保公益活动支出占公益活动总支出的比例	%	≥7.5	参考性指标
	28	公众节能、节水、公共交通出行的比例 节能电器普及率 节水器具普及率 公共交通出行比例	%	≥95 ≥95 ≥70	参考性指标
	29	特色指标		自定	参考性指标

注：* 主要污染物排放的种类随国家相关政策实时调整。

资源产出率、单位工业用地产值、再生资源循环利用率、碳排放强度、单位 GDP 能耗等指标不适用于禁止开发区。

二、生态文明试点示范市（含地级行政区）建设指标

（一）基本条件

1. 建立生态文明建设党委、政府领导工作机制，研究制定生态文明建设规划，通过人大审议并颁布实施 4 年以上；建立实施基于主体功能区区划和生态功能区划，符合当地实际的生态补偿制度；国家和上级政府颁布的有关建设生态文明，加强生态环境保护，建设资源节约型、环境友好型社会等相关法律法规、政策制度得到有效贯彻落实。实施系列区域性行业生态文明管理制度和全社会共同遵循的生态文明行为规范，生态文明良好社会氛围基本形成。

2. 达到国家生态市建设标准并通过考核验收。所辖县（县级市、区）全部获得国家生态文明建设试点示范区称号。辖区内国家级工业园区建成国家生态工业示范园区；

45%以上的国家级风景名胜区、国家级森林公园建成国家生态旅游示范区。设市城市建成国家环保模范城市。

3. 完成上级政府下达的节能减排任务，总量控制考核指标达到国家和地方总量控制要求。矿产、森林、草原等主要自然资源保护、水土保持、荒漠化防治、安全监管等达到相应考核要求。严守耕地红线、水资源红线、生态红线。

4. 环境质量（水、大气、噪声、土壤、海域）达到功能区标准并持续改善。当地存在的突出环境问题和环境信访得到有效解决，近三年辖区内未发生重大、特大突发环境事件，政府环境安全监管责任和企业环境安全主体责任有效落实。区域环境应急关键能力显著增强，辖区中具有环境风险的企事业单位有突发环境事件应急预案并进行演练。危险废物的处理处置达到相关规定要求，实施生活垃圾分类，实现无害化处理。新建化工企业全部进入化工园区。生态灾害得到有效防范，无重大森林、草原、基本农田、湿地、水资源、矿产资源、海岸线等人为破坏事件发生，无跨界重大污染和危险废物向其他地区非法转移、倾倒事件。生态环境质量保持稳定或持续好转。

5. 实施主体功能区规划，划定生态红线并严格遵守。严格执行规划（战略）环评制度。区域空间开发和产业布局符合主体功能区规划、生态功能区划和环境功能区划要求，产业结构及技术符合国家相关政策。开展循环经济试点和推广工作，应当实施清洁生产审核的企业全部通过审核。

（二）建设指标

系统		指标	单位	指标值	指标属性
生态经济	1	资源产出增加率 重点开发区 优化开发区 限制开发区	%	≥15 ≥18 ≥20	参考性指标
	2	单位工业用地产值 重点开发区 优化开发区 限制开发区	亿元/km²	≥65 ≥55 ≥45	约束性指标
	3	再生资源循环利用率 重点开发区 优化开发区 限制开发区	%	≥50 ≥65 ≥80	约束性指标
	4	生态资产保持率	—	>1	参考性指标
	5	单位工业增加值新鲜水耗	m³/万元	≤12	参考性指标
	6	碳排放强度 重点开发区 优化开发区 限制开发区	kg/万元	≤600 ≤450 ≤300	约束性指标
	7	第三产业占比	%	≥60	参考性指标
	8	产业结构相似度	—	≤0.30	参考性指标

系统		指标	单位	指标值	指标属性
生态环境	9	主要污染物排放强度 * 化学需氧量（COD） 二氧化硫（SO$_2$） 氨氮（NH$_3$-N） 氮氧化物	t /km^2	≤ 4.5 ≤ 3.5 ≤ 0.5 ≤ 4.0	约束性指标
	10	受保护地占国土面积比例 山区、丘陵区 平原地区	%	≥ 20 ≥ 15	约束性指标
	11	林草覆盖率 山区 丘陵 平原地区	%	≥ 75 ≥ 45 ≥ 18	约束性指标
	12	污染土壤修复率	%	≥ 80	约束性指标
	13	生态恢复治理率 重点开发区 优化开发区 限制开发区 禁止开发区	%	≥ 48 ≥ 64 ≥ 80 100	约束性指标
	14	本地物种受保护程度	%	≥ 98	约束性指标
	15	国控、省控、市控断面水质达标比例	%	≥ 95	约束性指标
	16	中水回用比例	%	≥ 60	参考性指标
生态人居	17	新建绿色建筑比例	%	≥ 75	参考性指标
	18	生态用地比例 重点开发区 优化开发区 限制开发区 禁止开发区	%	≥ 40 ≥ 50 ≥ 60 ≥ 90	约束性指标
	19	公众对环境质量的满意度	%	≥ 85	约束性指标
	20	生态环保投资占财政收入比例	%	≥ 15	约束性指标
生态制度	21	生态文明建设工作占党政实绩 考核的比例	%	≥ 22	参考性指标
	22	政府采购节能环保产品和环境 标志产品所占比例	%	100	参考性指标
	23	环境影响评价率及环保竣工验 收通过率	%	100	约束性指标
	24	环境信息公开率	%	100	约束性指标
生态文化	25	党政干部参加生态文明培训比例	%	100	参考性指标
	26	生态文明知识普及率	%	≥ 95	参考性指标
	27	生态环境教育课时比例	%	≥ 10	参考性指标
	28	规模以上企业开展环保公益活动支出占公益活动总支出的 比例	%	≥ 7.5	参考性指标
	29	公众节能、节水、公共交通出行的比例 节能电器普及率 节水器具普及率 公共交通出行比例	%	≥ 95 ≥ 95 ≥ 70	参考性指标
	30	特色指标		自定	参考性指标

注： * 主要污染物排放的种类随国家相关政策实时调整。

资源产出率、单位工业用地产值、再生资源循环利用率、碳排放强度、单位 GDP 能耗等指标不适用于禁止开发区。

三、指标解释

(一) 生态文明试点示范县 (含县级市、区) 建设

1. 基本条件

(1) 建立生态文明建设党委、政府领导工作机制,研究制定生态文明建设规划,通过人大审议并颁布实施 4 年以上;国家和上级政府颁布的有关建设生态文明,加强生态环境保护,建设资源节约型、环境友好型社会等相关法律法规、政策制度得到有效贯彻落实。实施系列区域性行业生态文明管理制度和全社会共同遵循的生态文明行为规范,生态文明良好社会氛围基本形成。

指标解释:成立以县 (县级市、区) 党委、政府主要负责人为组长、相关负责人为副组长,有关部门负责人为组员的生态文明创建工作领导小组,下设办公室。组织编制生态文明建设规划,通过环境保护部组织的专家论证后,由当地政府提请同级人大审议通过后颁布实施。规划文本和批准实施的文件报环境保护部备案。规划应实施 3 年以上,规划的重点工程项目 80% 以上得到落实。严格执行国家和地方有关生态环境保护、资源节约法律法规、政策制度,并根据当地的生态环境状况,制订本地区生态环境保护与建设的政策措施。制定实施该区各相关行业生态文明管理制度,居民生态文明行为规范。

数据来源:当地政府及各有关部门的文件、实施计划。

(2) 达到国家生态县建设标准并通过考核验收。所辖乡镇 (涉农街道) 全部获得国家级美丽乡镇命名。辖区内国家级工业园区建成国家生态工业示范园区;50% 以上的国家级风景名胜区、国家级森林公园建成国家生态旅游示范区。县级市建成环保模范城市。

指标解释:创建生态文明试点示范区的县 (县级市、区),须首先按照环境保护部《关于进一步深化生态建设示范区工作的意见》(环发〔2010〕16 号),达到国家生态县建设标准,并通过考核验收。所辖乡镇 (涉农街道) 100% 获得国家级美丽乡镇命名。国家级工业园区全部建成国家生态工业示范园区。辖区国家级风景名胜区、国家级森林公园建成国家生态旅游示范区的比例不低于 50%。县级市建成国家环保模范城市,相关标准参考《国家环境保护模范城市创建于管理工作办法》(环办〔2011〕11 号) 和《创建国家环境保护模范城市考核指标及其实施细则 (第六阶段)》(环办〔2011〕3 号)。

数据来源:环保、旅游等部门。

(3) 完成上级政府下达的节能减排任务,总量控制考核指标达到国家和地方总量控制要求。矿产、森林、草原等主要自然资源保护、水土保持、荒漠化防治、安全监管等达到相应考核要求。严守耕地红线、水资源红线、生态红线。

指标解释:有节能减排任务的地区,调整优化产业结构,按照国务院印发的《节能

减排综合性工作方案》等文件，明确各部门实现节能减排的目标任务和总体要求，完成上级政府下达的能源消耗降低、主要污染物减排的指标任务。达到国家相关部委关于天然林资源保护工程、防沙治沙目标责任、耕地保护目标责任、水源资源管理等相关考核要求。防沙治沙参照《省级政府防沙治沙目标责任考核办法》（林沙发［2009］104 号）；耕地保护参照年度与上级政府签订的耕地保护目标责任制；矿产资源开采总量控制参照国土资源部公布的《开采总量控制矿种指标管理暂行办法》（国土资发［2012］44 号）；水资源利用参照国务院发布的《关于实行最严格水资源管理制度的意见》（国发［2012］3 号）；能源消耗总量控制参照国家能源局印发的《能源消费总量控制方案》；主要污染物总量控制参照环境保护部印发的相关文件。

数据来源：发改、环保、能源、国土、水利、农业、林业等部门。

（4）环境质量（水、大气、噪声、土壤、海域）达到功能区标准并持续改善。当地存在的突出环境问题和环境信访得到有效解决，近三年辖区内未发生重大、特大突发环境事件，政府环境安全监管责任和企业环境安全主体责任有效落实。区域环境应急关键能力显著增强，辖区中具有环境风险的企事业单位有突发环境事件应急预案并进行演练。危险废物的处理处置达到相关规定要求，实施生活垃圾分类，实现无害化处理。新建化工企业全部进入化工园区。生态灾害得到有效防范，无重大森林、草原、基本农田、湿地、水资源、矿产资源、海岸线等人为破坏事件发生，无跨界重大污染和危险废物向其他地区非法转移、倾倒事件。生态环境质量保持稳定或持续好转。

指标解释：水环境、大气环境、噪声环境、土壤和海洋环境质量达到相应的功能区标准，河流入海断面水质达到国家规定，辖区内无劣Ⅴ类水体，无劣Ⅳ类海域。群众投诉反映的各类生态环境问题的办结率应达到 90% 以上。三年内无在环保决策中违反法律法规和国务院、环境保护部、地方人民政府等发布的规范性文件，越权审批，擅自决策，法律手续不完备等造成重大环境不利影响的行为。危险废物得到妥善处置，实施了生活垃圾分类收集、处理，制定实施了相关管理办法。辖区内具有环境风险的企事业单位（如石油、化工、冶金、医疗、重金属污染防控重点行业等）应具有突发环境事件应急预案并定期进行演练。泥石流、滑坡、洪涝、蝗灾等生态灾害得到有效防范，编制实施《生态灾害防治办法》。三年内无国家或相关部委认定的重大森林、草原、湿地、基本农田、水资源、矿产资源等重大破坏事件发生。无重大跨界污染和危险废物非法转移、倾倒事件。生态环境质量保持稳定或呈现逐年好转趋势。

较大突发环境事件判别标准参照 2006 年国务院颁布《国家突发公共事件总体应急预案》及相关部委颁布的关于突发性事件的分级规定。

数据来源：环保、林业、国土、水利、农业、住建等部门。

（5）实施主体功能区规划，划定生态红线并严格遵守。严格执行规划（战略）环评制度。区域空间开发和产业布局符合主体功能区规划、生态功能区划和环境功能区划要求，产业结构及技术符合国家相关政策。开展循环经济试点和推广工作，应当实施清洁生产审核的企业全部通过审核。

指标解释：实施主体功能区规划。划定生态红线，并严格遵守，制定实施相关管理办法。区域人类活动符合"优化开发、重点开发、限制开发和禁止开发"四类主体功能区规划以及环境保护部、中国科学院联合印发的《全国生态功能区划》（2008 年第 35 号）文件中相关经济发展与生态环境保护的要求。严格执行规划（战略）环评制度，在规划（战略）环评完成前，相关区域项目环评不予受理；在审查环节，发挥环评的准入作用，详细论证项目是否符合规划环评的总体要求。制定优化产业布局的中长期战略。根据区域内资源禀赋、基础条件、产业现状、环境容量、发展潜力和经济安全等因素，规划不同区域的主体功能及宏观产业布局，确定其鼓励、限制、调整和淘汰发展的产业结构和空间布局。产业结构符合国家发展改革委印发的《促进产业结构调整暂行规定》和《产业结构调整指导目录》要求。在区域、园区、企业等层次上，开展循环经济试点工作。应该实施清洁生产的企业全部通过清洁生产审核。

数据来源：发改、经信、环保等部门。

2．建设指标

（1）资源产出增加率

指标解释：资源产出率指的是消耗一次资源（包括煤、石油、铁矿石、有色金属稀土矿、磷矿、石灰石、沙石等）所产生的国内生产总值。它在一定程度上反映了自然资源消费增长与经济发展间的客观规律。若资源产出率低，则一个区域经济增长所需资源更多的是依靠资源量的投入，表明该区域资源利用效率较低。

计算方法：

$$资源产出率 = \frac{地区生产总值（万元）}{主要资源消耗总量（t）}$$

考虑到区域间经济发展不平衡，各地资源禀赋、城镇化、工业化差异明显，考核资源产出率的绝对值意义不大。因此，本指标体系采用资源产出增加率，即某一地区创建目标年度资源产出率与基准年度资源产出率的差值与基准年度资源产出率的比值。

计算方法：

$$资源产出增加率 = \frac{目标年资源产出率 - 基准年资源产出率}{基准年资源产出率} \times 100\%$$

数据来源：发改、统计、经贸等部门。

（2）单位工业用地产值

指标解释：指辖区内单位面积工业用地产出的工业增加值，是反映工业用地利用效益的指标。单位工业用地产值越高，土地集约利用程度越高。其中，工业用地参照《土地现状利用分类》（GB/T 21010—2007）统计，工业增加值采用不变价核算。

计算方法：

$$单位工业用地产值 = \frac{年度工业增加值（亿元）}{工业用地面积（km^2）}$$

数据来源：经贸、统计等部门。

（3）再生资源循环利用率

指标解释：指废旧金属、报废电子产品、报废机电设备及其零部件、废造纸原料（如废纸、废棉等）、废轻化工原料（如橡胶、塑料、农药包装物、动物杂骨、毛发等）、废玻璃等再生资源的循环利用程度。

计算方法：

$$再生资源循环利用率 = \frac{再生资源循环量（t）}{再生资源量（t）} \times 100\%$$

（4）碳排放强度

指标解释：指辖区内某年度单位 GDP 二氧化碳排放量。

计算方法：

$$碳排放强度 = \frac{当年二氧化碳排放总量（kg）}{当年 GDP 总量（万元）}$$

二氧化碳排放总量：根据发展改革委发布的《省级温室气体清单编制指南（试行）》，二氧化碳排放总量计算公式为：

二氧化碳排放量＝（燃料消费量（热量单位）× 单位热值燃料含碳量－固碳量）× 燃料燃烧过程中的碳氧化率

其中，燃料消费量＝生产量＋进口量－出口量－国际航海（航空）加油－库存变化；燃料消费量（热量单位）＝燃料消费量 × 换算系数（燃料单位热值）；燃料含碳量＝燃料消费量（热量单位）× 单位燃料含碳量（燃料的单位热值含碳量）；固碳量＝固碳产品产量 × 单位产品含碳量 × 固碳率；净碳排放量＝燃料总的含碳量－固碳量；实际碳排放量＝净碳排放量 × 燃料燃烧过程中的碳氧化率。固碳率是指各种化石燃料在作为非能源使用过程中，被固定下来的碳的比率，由于这部分碳没有被释放，所以需要在排放量的计算中予以扣除；碳氧化率是指各种化石燃料在燃烧过程中被氧化的碳的比率，表征燃料的燃烧充分性。单位热值含碳量和碳氧化率参照发展改革委发布的《省级温室气体清单编制指南（试行）》（表1）。

表1 单位燃料含碳量与碳氧化率参数

类别	名称	单位热值含碳量 /（t碳/TJ）	碳氧化率
固体燃料	无烟煤	27.4	0.94
	烟煤	26.1	0.93
	褐煤	28.0	0.96
	炼焦煤	25.4	0.98
	型煤	33.6	0.90
	焦炭	29.5	0.93
	其他焦化产品	29.5	0.93
液体燃料	原油	20.1	0.98
	燃料油	21.1	0.98
	汽油	18.9	0.98
	柴油	20.2	0.98
	喷气煤油	19.5	0.98
	一般煤油	19.6	0.98
液体燃料	NGL	17.2	0.98
	LPG	17.2	0.98
	炼厂干气	18.2	0.98
	石脑油	20.0	0.98
	沥青	22.0	0.98
	润滑油	20.0	0.98
	石油焦	27.5	0.98
	石化原料油	20.0	0.98
	其他油品	20.0	0.98
气体燃料	天然气	15.3	0.99

数据来源：发改、统计、环保等部门。

（5）单位GDP能耗

指标解释：指辖区内地区生产总值所消耗的能源，是反映能源消费水平和节能降耗状况的主要指标。

计算方法：

$$单位GDP能耗 = \frac{能源消费总量（t标煤）}{地区生产总值（万元）}$$

能源消费总量是指一个国家（地区）国民经济各行业和居民家庭在一定时间内消费的各种能源的总和。能源，是指狭义上能源的概念，即从自然界能够直接取得或通过加工、转换取得有用能的各种资源，包括原煤、原油、天然气、水能、核能、风能、太阳能、地热能、生物质能等一次能源；一次能源通过加工、转换产生的洗煤、焦炭、煤气、电力、热力、成品油等二次能源和同时产生的其他产品；其他化石能源、可再生能源和新能源。其中，水能、风能、太阳能、地热能、生物质能等可再生能源，是仅包括人们通过一定技术手段获得的，并作为商品能源使用的部分；核能仅包括作为能源使用的部分。

标准煤：能源的种类很多，所含的热量也各不相同，为了便于相互对比和在总量上进行研究，我国把含热值 7 000kcal（29 307.6kJ）的能源定义为 1kg 标准煤也称标煤。另外，我国还经常将各种能源折合成标准煤的吨数来表示。能源折标准煤系数＝某种能源实际热值（kcal/kg）/7 000（kcal/kg）。

在各种能源折算标准煤之前，首先测算各种能源的实际平均热值，再折算标准煤。平均热值也称平均发热量，是指不同种类或品种的能源实测发热量的加权平均值。计算公式为：

平均热值（kcal/kg）＝Σ（某种能源实测低位发热量）（kcal/kg）× 该能源数量（t）/能源总量（t）

各种能源折标准煤参考系数按照《综合能耗计算通则》（GB/T 2589—2008）执行（表2）。

表 2 各种能源折标准煤参考系数

能源名称		平均低位发热量	折标准煤系数
原煤		20 908 kJ/kg（5 000 kcal/kg）	0.714 3 kgce/kg
洗精煤		26 344 kJ/kg（6 300 kcal/kg）	0.900 0 kgce/kg
其他洗煤	洗中煤	8 363 kJ/kg（2 000 kcal/kg）	0.285 7 kgce/kg
	煤泥	8 363 ～ 12 545 kJ/kg（2 000 ～ 3 000 kcal/kg）	0.2857 ～ 0.4286 kgce/kg
焦炭		28 435 kJ/kg（6 800 kcal/kg）	0.971 4 kgce/kg
原油		41 816 kJ/kg（10 000 kcal/kg）	1.428 6 kgce/kg
燃料油		41 816 kJ/kg（10 000 kcal/kg）	1.428 6 kgce/kg
汽油		43 070 kJ/kg（10 300 kcal/kg）	1.471 4 kgce/kg
煤油		43 070 kJ/kg（10 300 kcal/kg）	1.471 4 kgce/kg
柴油		42 652 kJ/kg（10 200 kcal/kg）	1.457 1 kgce/kg
煤焦油		33 453 kJ/kg（8 000 kcal/kg）	1.142 9 kgce/kg
渣油		41 816 kJ/kg（10 000 kcal/kg）	1.428 6 kgce/kg
液化石油气		50 179 kJ/kg（12 000 kcal/kg）	1.714 3 kgce/kg
炼厂干气		46 055 kJ/kg（11 000 kcal/kg）	1.571 4 kgce/kg
油田天然气		38 931 kJ/m³（9 310 kcal/m³）	1.330 0 kgce/m³
气田天然气		35 544 kJ/m³（8 500 kcal/m³）	1.214 3 kgce/m³
煤矿瓦斯气		14 636 ～ 16 726 kJ/m³（3 500 ～ 4 000 kcal/m³）	0.5000 ～ 0.5714 kgce/m³

能源名称		平均低位发热量	折标准煤系数
焦炉煤气		16 726 ～ 17 981 kJ/m³ （4 000 ～ 4 300 kcal/m³）	0.5714 ～ 0.6143 kgce/m³
高炉煤气		3 763 kJ/m³	0.128 6 kgce/m³
其他煤气	a）发生炉煤气	5 227 kJ/kg（1 250 kcal/m³）	0.178 6 kgce/m³
	b）重油催化裂解煤气	19 235 kJ/kg（4 600 kcal/m³）	0.657 1 kgce/ m³
	c）重油热裂解煤气	35 544 kJ/kg（8 500 kcal/m³）	1.214 3 kgce/ m³
	d）焦炭制气	16 308 kJ/kg（3 900 kcal/m³）	0.557 1 kgce/m³
	e）压力气化煤气	15 054 kJ/kg（3 600 kcal/m³）	0.514 3 kgce/m³
	f）水煤气	10 454 kJ/kg（2 500 kcal/m³）	0.357 1 kgce/m³
粗苯		41 816 kJ/kg（10 000 kcal/kg）	1.428 6 kgce/kg
热力（当量值）		—	0.034 12 kgce/MJ
电力（当量值）		3 600kJ/（k W·h）[860 kcal/（kW·h）]	0.122 9 kgce/（kW·h）
电力（等价值）		按当年火电发电标准煤耗计算	—
蒸汽（低压）		3 763 MJ/t（900 Mcal/t）	0.128 6 kgce/kg
秸秆		3 500（kcal/kg）	0.5 kgce/kg
沼气		5 000（kcal/m³）	0.714 0（kgce/m³）

数据来源：统计、经信、发改等部门。

（6）单位工业增加值新鲜水耗、农业灌溉水有效利用系数

①单位工业增加值新鲜水耗

指标解释：工业用新鲜水量指报告期内企业厂区内用于生产和生活的新鲜水量（生活用水单独计量且生活污水不与工业废水混排的除外），它等于企业从城市自来水取用的水量和企业自备水用量之和。工业增加值指全部企业工业增加值，不限于规模以上企业工业增加值。

计算方法：

$$单位工业增加值新鲜水耗 = \frac{工业用新鲜水量（m^3）}{工业增加值（万元）}$$

数据来源：统计、水利、经信、环保等部门。

②农业灌溉水有效利用系数

指标解释：指田间实际净灌溉用水总量与毛灌溉用水总量的比值。

计算方法：

$$农业灌溉水有效利用系数 = \frac{净灌溉用水总量（m^3）}{毛灌溉用水总量（m^3）}$$

毛灌溉用水总量：指灌区全年从水源地等灌溉系统取用的用于农田灌溉的总水量，其值等于取水总量中扣除由于工程保护、防洪除险等需要的渠道（管路）弃水量、向灌

区外的退水量以及非农业灌溉水量等。年毛灌溉用水总量应根据灌区从水源地等灌溉系统实际取水测量值统计分析取得。在一些利用塘堰坝或其他水源与灌溉水源联合灌溉供水的灌区，塘堰坝蓄水和其他水源用于灌溉的供水量等根据实际情况采取合理方法进行分析后计入灌区毛灌溉用水总量中。

净灌溉用水量：同一时间段进入田间的灌溉用水量。其分析计算针对旱作充分灌溉、旱作非充分灌溉、水稻常规灌溉和水稻节水灌溉等几种主要灌溉方式分别采取典型观测与相应计算分析方法等合理确定不同作物的净灌溉定额，根据不同作物灌溉面积进而得到净灌溉用水量。如果灌区范围较大，不同区域之间气候气象条件、灌溉用水情况等差异明显，则在灌区内分区域进行典型分析测算，再以分区结果为依据汇总分析整个灌区净灌溉用水量。对于非充分灌溉、有洗盐要求和作物套种等情况分别采取相应方法进行分析计算。

对于井渠结合的灌区，如果井灌区和渠灌区交错重叠，无法明确区分，则将灌溉系统作为一个整体进行考虑，分别统计井灌提水量和渠灌引水量，以两者之和作为灌区总的灌溉用水量。有些渠灌区中虽包含有井灌面积，但两者相对独立，这种情况下井灌和渠灌作为两种类型分别单独计算。

数据来源：统计、水利、农业等部门。

（7）节能环保产业增加值占 GDP 比重

指标解释：指辖区节能环保产业增加值占 GDP 的比例。

计算方法：

$$节能环保产业增加值占 GDP 比重 = \frac{节能环保产业增加值（万元）}{GDP（万元）}$$

节能环保产业：指为节约能源资源、发展循环经济、保护环境提供技术基础和装备保障的产业，主要包括节能产业、资源循环利用产业和环保装备产业，涉及节能环保技术与装备、节能产品和服务等；其六大领域包括：节能技术和装备、高效节能产品、节能服务产业、先进环保技术和装备、环保产品与环保服务。相关标准及要求参考《国务院关于印发"十二五"节能环保产业发展规划的通知》（国发 [2012] 19 号）。

数据来源：经信、发改、统计、环保等部门。

（8）主要农产品中有机、绿色食品种植面积的比重

指标解释：指辖区内有机、绿色食品种植面积与农作物种植总面积的比例。

计算方法：

$$有机、绿色食品种植面积的比重 = \frac{有机、绿色食品种植面积（hm^2）}{农作物种植总面积（hm^2）} \times 100\%$$

注：有机、绿色食品种植面积不能重复统计。

有机食品：指根据有机农业原则和有机产品生产方式及国家《有机产品》（GB/T 19630—2005）标准生产、加工出来的，并通过合法的有机产品认证机构认证并颁发证书的一切农产品。有机食品在生产过程中不使用化学合成的农药、化肥、生产调节剂、饲料添加剂等物质，以及基因工程生物及其产物，而是遵循自然规律和生态学原理，采取可持续发展的有机农业技术进行有机食品生产。

绿色食品：在无污染的生态环境中种植及全过程标准化生产或加工的农产品，严格控制其有毒有害物质含量，使之符合国家健康安全食品标准，并经专门机构认定，许可使用绿色食品标志的产品。

有机、绿色食品的产地环境状况应达到《食用农产品产地环境质量评价标准》（HJ 332—2006）、《温室蔬菜产地环境质量评价标准》（HJ 333—2006）等国家环境保护标准和管理规范要求。

数据来源：统计、农业、林业、环保、质检等部门。

（9）主要污染物排放强度

指标解释：指单位土地面积所产生的主要污染物数量，反映了辖区内环境负荷的大小。按照节能减排的总体要求，本指标计算化学需氧量（COD）、二氧化硫（SO_2）、氨氮（$NH_3\text{-}N$）、氮氧化物（NO_x）的排放强度。

计算方法：

$$主要污染物排放强度 = \frac{全年 COD\ 或\ SO_2\ 或\ NH_3\text{-}N\ 或\ NO_x\ 排放总量（t）}{辖区面积（km^2）}$$

注：主要污染物的种类随着国家相关政策实时调整。

环境统计污染物排放量包括工业污染源、城镇生活污染源及机动车、农业污染源和集中式污染治理设施排放量。化学需氧量和氨氮的排放量为工业污染源、城镇生活污染源、农业污染源和集中式污染治理设施排放量之和。二氧化硫排放量为工业污染源、城镇生活污染源和集中式污染治理设施排放量之和。氮氧化物排放量为工业污染源、城镇生活污染源、集中式污染治理设施和机动车排放量之和。

污染物排放量的计算通常采用三种方法，即实测法、物料平衡法和产排污系数法。污染物排放量多根据监测数据，首选实测法计算。

实测法：主要污染物排放量为流量与排放浓度之积。监测数据法计算所得的排放量数据必须与物料衡算法、产排污系数法计算所得的排放量数据相互对照验证。

物料衡算法：主要适用于火电厂、工业锅炉、钢铁企业烧结（球团）工序二氧化硫排放量的测算，公式如下：

火电厂（工业锅炉）二氧化硫排放量＝煤炭（油）消耗量 × 煤炭（油）平均硫分 × 转换系数 ×（1 －综合脱硫效率）

钢铁企业烧结（球团）工序二氧化硫排放量＝（铁矿石使用量 × 铁矿石平均硫分＋固体燃料使用量 × 固体燃料平均硫分）× 转换系数 ×（1 －综合脱硫效率）

综合脱硫效率以自动监测数据及投运率确定。

产排污系数法：主要适用于火电厂、工业锅炉、水泥厂氮氧化物放量以及化学原料和化学制品制造、造纸、金属冶炼、纺织等行业主要污染物排放量的测算，公式如下：

火电厂（工业锅炉）氮氧化物排放量＝煤炭（油、气）消耗量 × 产污系数 ×（1 －综合脱硝效率）

水泥厂氮氧化物排放量＝水泥熟料产量 × 产污系数 ×（1 －综合脱硝效率）

综合脱硝效率以自动监测数据及投运率确定。

造纸企业化学需氧量（氨氮）排放量＝机制纸及纸板（浆）产量 × 排污系数

印染企业化学需氧量（氨氮）排放量＝印染布（印染布针织、蚕丝及交织机织物、毛机织物呢绒）产量 × 排污系数

数据来源：环保部门。

（10）受保护地占国土面积比例

指标解释：指辖区内各类(级)自然保护区、风景名胜区、森林公园、地质公园、生态功能保护区、水源保护区、封山育林地、基本农田等面积占全部陆地(湿地)面积的百分比，上述区域面积不得重复计算。

数据来源：统计、环保、建设、林业、国土、农业等部门。

（11）林草覆盖率

指标解释：

指区内林地、草地面积之和与总土地面积的百分比。计算公式为：

$$林草覆盖率＝\frac{林草地面积之和}{土地总面积}×100\%$$

数据来源：统计、林业、农业、国土等部门。

（12）污染土壤修复率

指标解释：指辖区内受污染农田开展修复和被二次开发（改变用途）的面积占辖区受污染农田总面积的比例。计算方法：

$$污染土壤修复率 = \frac{污染农田的修复面积 + 受污染农田被二次开发的面积}{污染农田总面积} \times 100\%$$

土壤污染：指人为活动产生的污染物进入土壤并积累到一定程度，引起土壤质量恶化，并进而造成农作物中某些指标超过《土壤环境质量标准》（GB 15618—1995）。

污染土壤修复：指通过植物修复、微生物修复、物理修复、化学修复及其联合修复技术，将污染物（特别是有机污染物）从土壤中去除或分离，使修复后土壤达到《土壤环境质量标准》（GB 15618—1995）或当地划定的土壤功能区标准。

数据来源：国土、农业、环保等部门。

（13）农业面源污染防治率

指标解释：指辖区内通过减量化、资源化和无害化处理对畜禽养殖粪便、化肥、农膜和农药等处置利用不当造成的农业面源污染进行防治的程度。

计算方法：

$$农业面源污染防治率 = \frac{畜禽粪便综合利用率 + 测土配方施肥率 + 农膜处理率 + 病虫害生态防治率}{4} \times 100\%$$

畜禽粪便综合利用率指通过还田、沼气、堆肥等方式利用的畜禽粪便量与畜禽粪便产生总量的比例。有关标准按照《畜禽养殖业污染排放标准》（GB 18596—2001）和《畜禽养殖污染防治管理办法》执行。

测土配方施肥率指采取测土配方施肥的农田面积占播种总面积的比例。

农膜处理率指农作物收获后残留农膜的收集处理量占残留农膜总量的比例。

病虫害生态防治率指采取生物和物理防治等非农药方式进行病虫害生态化防治农田的面积占农田总面积的比例。

数据来源：农业、环保、统计等部门。

（14）生态恢复治理率

指标解释：指辖区通过人为、自然等修复手段得到恢复治理的生态系统面积占在经济建设过程中受到破坏的生态系统面积的比例。

计算方法：

$$生态恢复治理率 = \frac{恢复治理的生态系统面积（km^2）}{受到破坏的生态系统总面积（km^2）} \times 100\%$$

生态恢复是指对生态系统停止人为干扰，以减轻负荷压力，依靠生态系统的自我调节能力与自我组织能力使其向有序的方向进行演化，或者利用生态系统的这种自我恢复能力，辅以人工措施，使遭到破坏的生态系统逐步恢复或使生态系统向良性循环方向发展。

生态恢复的目标是创造良好的条件，促进一个群落发展成为由当地物种组成的完整生态系统，或为当地的各种动物提供相应的栖息环境。

数据来源：国土、水利、海洋与渔业、城建、环保、林业、统计等部门。

（15）新建绿色建筑比例

指标解释：指达到建设部颁发的《绿色建筑评价标准》（GB/T 50378—2006），并获有关部门认证的新建绿色建筑占新建总建筑面积的比例。

计算方法：

$$新建绿色建筑比例 = \frac{新建绿色建筑面积}{新建建筑总面积} \times 100\%$$

绿色建筑：指在建筑的全寿命周期内，最大限度地节约资源（节能、节地、节水、节材），保护环境和减少污染，为人们提供健康、适用和高效的使用空间，与自然和谐共生的建筑。相关评价标准参考《绿色建筑评价标准》（GB/T 50378—2006）和《绿色建筑评价技术细则（试行）》（建科〔2007〕205号）。

数据来源：城建、环保等部门。

（16）农村环境综合整治率

指标解释：指辖区内开展农村环境综合整治的行政村占辖区所有行政村的比例。

计算方法：

$$农村环境综合整治率 = \frac{开展农村环境综合整治的行政村数量（个）}{辖区所有行政村总数（个）} \times 100\%$$

农村环境综合整治：指按照"生产发展，生活宽裕，乡风文明，村容整洁，管理民主"的社会主义新农村建设目标，以建设适宜人居环境为宗旨，妥善处理"农村环境保护与农村经济社会发展的关系、城市环境保护与农村环境保护的关系、主动预防和被动治理的关系"三大关系，着力做好"全力保障农村饮用水安全、严格控制农村地区工业污染、加强畜禽养殖污染防治监管、积极防治农村土壤污染、加快推进农村生活污染治理、深化农村生态示范创建活动、强化农村环境监管体系建设、加大农村环保宣传教育力度"八大工作，开创农村环境保护工作新局面。

数据来源：环保、农业、统计等部门。

（17）生态用地比例

指标解释：指辖区内生态用地面积占辖区土地总面积的比例。

计算方法：

$$生态用地比例 = \frac{辖区内生态用地面积（km^2）}{辖区土地总面积（km^2）} \times 100\%$$

生态用地：指为了保障城乡基本生态安全，维护生态系统的完整性，所需要的土地。包括：林地、草地、湿地等具有水源涵养、防风固沙、土壤保持等生态功能的区域。上述区域面积不得重复计算。

数据来源：国土、城建、环保、农业、林业、统计等部门。

（18）公众对环境质量的满意度

指标解释：指公众对生态环境质量的满意程度。该指标值的获取采用国家生态文明考核组现场随机发放问卷与委托独立的权威民意调查机构抽样调查相结合的方法，以现场调查与独立调查机构所获指标值的平均值为考核依据，现场抽查总人数不少于辖区人口的千分之一。参加问卷调查人员应包括不同年龄、不同学历、不同职业等情况，充分考虑代表性。

生态环境质量：指生态环境的优劣程度，它以生态学理论为基础，在特定的时间和空间范围内，从生态系统层次上，反映生态环境对人类生存及社会经济持续发展的适宜程度，是根据人类的具体要求对生态环境的性质及变化状态的结果进行评定。

数据来源：问卷调查、独立机构抽样调查。

（19）生态环保投资占财政收入比例

指标解释：指用于环境污染防治、生态环境保护和建设投资占当年财政收入的比例。三年内污染治理和生态环境保护与恢复投资占财政收入比重不降低或持续提高。计算公式为：

$$环保投资占财政支出比例 = \frac{生态环保投资（万元）}{财政收入（万元）} \times 100\%$$

数据来源：统计、发改、建设、环保部门。

（20）生态文明建设工作占党政实绩考核的比例

指标解释：指地方政府党政干部实绩考核评分标准中生态文明建设工作所占的比例。该指标考核的目的是推动创建地区将生态文明建设纳入党政实绩考核范畴，通过强化考核，把生态文明建设工作任务落到实处。

数据来源：组织、环保部门。

（21）政府采购节能环保产品和环境标志产品所占比例

指标解释：指按照财务部和环保部联合发布的《关于调整环境标志产品政府采购清单的通知》（财库［2008］50号），辖区内政府采购清单中有"中国环境标志"的产品数量占总政府采购产品数量的比例。

计算方法：

$$政府采购环境标志产品所占比例=\frac{政府采购环境标志认证产品数量（个）}{政府采购产品总数量（个）}\times100\%$$

数据来源：财政、审计、环保等部门。

（22）环境影响评价率及环保竣工验收通过率

指标解释： 环境影响评价率是指政府在辖区内制定的经济社会发展决策，包括五年计划、经济类、社会类发展规划、地方重大经济政策和建设项目（不包括违规审批的项目）等开展环境影响评价的比例。

计算方法：

$$环境影响评价率=\frac{开展环境影响评价的数量（不包括违规审批的项目）}{应开展环评的数量（个）}\times100\%$$

政府经济社会发展决策环境影响评价：指对拟议中的经济社会发展决策（包括五年计划、经济类、社会类发展规划、地方重大经济政策等）实施后可能对环境产生的影响（后果）进行系统性识别、预测和评估。环境影响评价的根本目的是鼓励在规划和决策中考虑环境因素，最终达到更具环境相容性的人类活动。

建设项目环保竣工验收通过率，指辖区内通过环保竣工验收的数量占该区建设项目竣工总数的比例。

$$环保竣工验收通过率=\frac{环保竣工验收通过的数量数量（个）}{建设项目竣工总数（个）}\times100\%$$

数据来源：环保部门。

（23）环境信息公开率

指标解释：指政府主动信息公开和企业强制性信息公开的比例。

注：环境信息包括政府环境信息和企业环境信息。

政府环境信息指环保部门在履行环境保护职责中制作或者获取的，以一定形式记录、保存的信息。环保部门应当遵循公正、公平、便民、客观的原则，及时、准确地公开政府环境信息。

企业环境信息指企业以一定形式记录、保存的，与企业经营活动产生的环境影响和企业环境行为有关的信息。企业应当按照自愿公开与强制性公开相结合的原则，及时、准确地公开企业环境信息。

环境信息公开标准参照2007年原国家环保总局颁发的《环境信息公开办法(试行)》的管理规定执行。

数据来源：统计、环保部门。

（24）党政干部参加生态文明培训比例

指标解释：指创建过程中参加生态文明专题培训的党政干部人数与总人数的比例。

计算方法：

$$党政干部参加生态文明培训比例 = \frac{参加培训的人数（个）}{干部总人数（个）} \times 100\%$$

（25）生态文明知识普及率

指标解释：公众对生态环境保护、生态伦理道德、生态经济文化等生态文明相关知识的掌握情况。由国家生态文明考核组依据相关统计方法组织人员通过问卷调查或委托独立的权威民意调查机构获取的指标值，以知晓人员数量占调查总人数的比例表示。抽查总人数不少于辖区人口的千分之一。

数据来源：问卷调查。

（26）生态环境教育课时比例

指标解释：指辖区内义务教育（小学、初中）每学期生态环境保护教育课时占学期全部课时比例与领导干部培训（党校、行政学院）每学期生态环境保护教育课时占学期全部课时比例的平均值。

计算方法：

$$生态环境教育课时比例 = \frac{\dfrac{小学、初中每学期生态环保课时}{小学、初中每学期全部课时} \times 100\% + \dfrac{党校、行政学院每学期生态环保课时}{党校、行政学院每学期全部课时} \times 100\%}{2}$$

生态环境教育：指以人类与环境的关系为核心，以提高人类的环境意识和有效参与能力、普及环境保护知识与技能、培养环境保护人才为任务，以教育为手段而展开的一种社会实践活动过程。

生态环境教育的内容应包括：环境与环境问题的基本概念、可持续发展思想；生态系统与生物多样性保护；环境污染及防治；人口与环境；资源与环境；全球环境问题等方面。目前根据我国的实际情况，可以在初中、小学阶段采取渗透—结合型环境教育，在小学《自然》、初中《地理》等课程中纳入资源、生态、环境和可持续发展内容，并探索建立生态环保科普类课外活动，普及生态环境科学知识；党校、行政学院定期举办生态环境教育培训，或在培训中设置生态环境保护课程，较深入地理解环境与发展问题，树立可持续发展理念，提高有效应对环境问题的能力。

数据来源：教育、环保部门。

（27）规模以上企业开展环保公益活动支出占公益活动总支出的比例

指标解释：指辖区内规模以上工业企业开展环保公益性活动的经费支出占企业全年开展公益活动总经费支出的比重。

计算方法：

$$规模以上企业环保公益活动支出占比 = \frac{各规模以上企业环保公益活动支出费用之和（万元）}{各规模以上企业全年开展公益活动支出之和（万元）} \times 100\%$$

环保公益活动：指出人、出物或出钱赞助和支持某项环保公益事业的公共关系实务活动，主要包括针对公众和相关机构设立环境保护专项资助基金、义务建设生态环保工程、义务宣传生态环保知识、实施生态环保教育培训等环保公益活动。

公益活动：指出人、出物或出钱赞助和支持某项社会公益事业的公共关系实务活动，是目前一些经济效益比较好的企业，用来扩大影响，提高声誉的重要手段。公益活动的内容较广泛，主要包括体育赞助、文化赞助、教育赞助和福利慈善等类型。

规模以上企业：规模以上企业分为规模以上工业企业和规模以上商业企业。规模以上工业企业是指年主营业务收入在 2 000 万元及以上的工业企业。规模以上商业企业是指年商品销售额在 2 000 万元及以上的批发业企业（单位）和年商品销售额在 500 万元及以上的零售业企业（单位）。

数据来源：工商、环保、税务、统计等部门。

（28）公众节能、节水、公共交通出行的比例

①节能电器普及率

指标解释：指辖区范围内销售的具有节能认证（能效标识为一、二级，或具有"中国节能认证"标识）的电器数量与同类电器销售总数量的比例。

计算方法：

$$节能器具普及率 = \frac{辖区内节能型电器具销售数量（个）}{辖区内用电器具销售总量（个）} \times 100\%$$

节能认证由中国质量认证中心负责组织实施，并接受国家质检总局的监督和指导，经确认并通过颁布认证证书和节能标志。

节能产品判别标准参照 2004 年国家发改委、国家质检总局和国家认监委联合发布的《能源效率标识管理办法》（国家发改委和国家质检总局第 17 号令）和《中华人民共和国实行能源效率标识的产品目录》等相关规定执行。

数据来源：发改、经信、统计、环保等部门。

②节水器具普及率

指标解释：指辖区范围内销售的具有"节水产品认证"标识的用水器具数量与同类

用水器具销售总数量的比例。

计算方法：

$$节能器具普及率＝\frac{辖区内节能型电器具销售数量（个）}{辖区内用电器具销售总量（个）}×100\%$$

节水产品认证参考《中国节水产品认证规则》（CQC32-036041—2009），由中国标准化认证中心（原中国节能产品认证中心）负责实施。节水产品认证属于强制认证，凡列入《实施节水认证的产品目录》的产品必须获得认证才能进入市场。

节水产品判别标准参照国务院办公厅下发的《国务院办公厅关于开展资源节约活动的通知》（国办发［2004］30号）和《实施节水认证的产品目录》（中标节能认证中心公布，目前共两批，62类产品）等相关规定执行。

数据来源：经信、水利、发改、统计、环保等部门。

③公共交通出行比例

指标解释：公共交通出行比例是指辖区内乘坐地铁、公共巴士、专营的士等公共交通工具出行的人数占该区以机动车形式出行人数的比例。

计算方法：

$$公共交通出行比例＝\frac{公共交通出行人次}{机动车出行总人次}×100\%$$

数据来源：交通、统计、发改、环保等部门。

（29）特色指标

指标解释：鉴于我国幅员辽阔，各地自然条件、环境禀赋和经济社会发展情况差异性明显，所以鼓励各地在生态文明建设试点示范区创建过程中，依据区域特点研究提出可以更好促进区域生态环境保护优化经济社会发展的指标。如发掘地方文化和民族文化中有利于生态保护和可持续发展的元素，通过政府引导和支持发扬光大，或在文化产业发展中把生态文化发展作为重点扶持等内容，均可作为特色指标。

数据来源：环保、文化等部门。

（二）生态文明试点示范市（含地级行政单元）建设

1. 基本条件

指标解释参照生态文明示范县建设有关内容。设市城市建成国家环保模范城市，相关标准参考《国家环境保护模范城市创建与管理工作办法》（环办［2011］11号）和《创建国家环境保护模范城市考核指标及其实施细则（第六阶段）》（环办［2011］3号）。

2. 建设指标

（1）资源产出率

指标解释参照生态文明建设试点示范县有关内容。

（2）单位工业用地产值

指标解释参照生态文明建设试点示范县有关内容。

（3）再生资源循环利用率

指标解释参照生态文明建设试点示范县有关内容。

（4）生态资产保持率

指标解释：该项指标重点考核创建期间辖区内生态系统服务功能相对变化的情况，用于表示具有重要生态功能的林地、草地、湿地、农田等生态系统具有的各项生态服务（如水源涵养、水土保持、防风固沙等）及其价值得到维护和提升的程度，反映通过生态文明建设工作，区域生态系统质量取得的变化。

计算方法：

$$生态资产保持率 = \frac{考核验收年辖区生态系统生态服务价值（元）}{创建初始年辖区生态系统生态服务价值（元）} \times 100\%$$

其中，创建初始年（考核验收年）生态系统服务的计算建议以目前普遍使用的 Costanza 计算方法为基础，并充分考虑区域生态系统结构的完整性，估算时具体可参照以下模型：

$$M = \sum_{i=1}^{m} \sum_{j=1}^{n} A_j E_{ij} (1 - S)$$

式中， M ——区域生态系统功能总量；

A_j —— j 类生态系统面积；

E_{ij} —— j 类生态系统的 i 类生态功能基准单量；

S ——生态系统景观破碎化指数。

因生态服务功能的计算目前尚无统一标准，各地在开展规划研究时也可依据实际情况自行确定生态服务的计算参数或方法，但必须要体现生态系统质量变化的含义。同时，在创建初始年与考核验收年应采用同样的方法进行生态服务的估算。

数据来源：统计、环保、林业、农业、水利、国土等部门。

（5）单位工业增加值新鲜水耗

指标解释参照生态文明建设试点示范县有关内容。

（6）碳排放强度

指标解释参照生态文明建设试点示范县有关内容。

（7）第三产业占比

指标解释：指辖区第三产业产值占地区生产总值的比例。

计算方法：

$$第三产业占比 = \frac{第三产业产值（万元）}{地区生产总值（万元）} \times 100\%$$

数据来源：统计、经信等部门。

（8）产业结构相似度

指标解释：指辖区各区县之间产业的同构程度。

产业同构：在产业结构变动过程中地区间不断出现和增强的结构高度相似趋势，这种产业结构相似性的增强使得资源配置率低，将严重影响着该区域的经济发展。产业结构相似系数（S_{ij}）是联合国工业发展组织（UNIDO）国际工业研究中心于1979年提出的，是测度产业同构程度最常用的方法之一。S_{ij}的值在0和1之间变动。如果其值为0，表示两个相比较地区的产业结构完全不同；如果其值为1，说明两个地区间产业结构完全相同。也就是说，S_{ij}的值越接近于1，区域间产业结构的差异性越小，同构化程度越高，竞争越激烈，地区间的产业互补性越低；反之，S_{ij}的值越接近于0，区域间产业结构的差异性越大，同构化程度越低，地区间的产业互补性越强。

计算方法：

$$S_{ij} = \frac{\sum_{k=1}^{n} (X_{ik} X_{jk})}{\sqrt{\sum_{k=1}^{n} X_{ik}^2} \sqrt{\sum_{k=1}^{n} X_{jk}^2}}$$

式中，S_{ij}——i区域和j区域的产业结构相似度系数，i和j是两个相比较的区域；

X_{ik}——i区域k产业占整个产业的比重；

X_{jk}——j区域k产业占整个产业的比重。

数据来源：统计、经信等部门。

（9）主要污染物排放强度

指标解释参照生态文明建设试点示范县有关内容。

（10）受保护地占国土面积的比例

指标解释参照生态文明建设试点示范县有关内容。

（11）林草覆盖率

指标解释参照生态文明建设试点示范县有关内容。

（12）污染土壤修复率

指标解释参照生态文明建设试点示范县有关内容。

（13）生态恢复治理率

指标解释参照生态文明建设试点示范县有关内容。

（14）本地物种受保护程度

指标解释：指辖区内通过就地、迁地保护和尽量使用乡土物种开展生态建设等有效措施保护原生植物和动物物种，避免或减缓因外来物种入侵及生境恶化等情况造成的对原生物种的威胁，从而使该区本地的物种多样性受到保护的程度。

计算方法：

$$本地物种受保护程度 = \frac{就地、迁地保护物种比例 + 绿化用植物物种本地化率}{2}$$

就地、迁地保护物种比例指通过就地或迁地方式保护的物种占该区拥有的珍稀濒危物种的比例。

就地保护：以各种类型的自然保护区包括风景名胜区的方式，对有价值的自然生态系统和野生生物及其栖息地予以保护，以保持生态系统内生物的繁衍与进化，维持系统内的物质能量流动与生态过程。就地保护是生物多样性保护中最为有效的一项措施，是拯救生物多样性的必要手段。就地保护是指为了保护生物多样性，把包含保护对象在内的一定面积的陆地或水体划分出来，进行保护和管理。就地保护的对象，主要包括有代表性的自然生态系统和珍稀濒危动植物的天然集中分布区等。

迁地保护：指为了保护生物多样性，把因生存条件不复存在，物种数量极少或难以找到配偶等原因，而生存和繁衍受到严重威胁的物种迁出原地，移入动物园、植物园、水族馆和濒危动物繁殖中心，进行特殊的保护和管理，是对就地保护的补充。迁地保护的最高目标是建立野生群落。

绿化用植物物种本地化率是指在辖区内通过人工绿化开展生态建设和生态恢复的土地总面积中使用乡土物种的面积比例。

乡土物种：指原产于本地区或通过长期引种、栽培和繁殖，被证明已经完全适应本地区的气候和环境，生长良好的物种。乡土物种具有实用性强、易成活、利于改善当地环境和突出体现当地特色等诸多优点。同时，由于乡土物种对水肥的消耗低，因而种植和维护的成本较低。

数据来源：环保、林业、农业、渔业、园林等部门。

（15）国控、省控、市控断面水质达标比例

指标解释：国控、省控、市控断面水质达到功能区水质标准的个数占区域所有国控、

省控、市控断面总数的比例。

计算公式：

$$国控、省控、市控断面水质达标比例 = \frac{区域国控、省控、市控断面水质达标数（个）}{区域国控、省控、市控断面总数（个）} \times 100\%$$

数据来源：环保、水利、统计等部门。

（16）中水回用比例

指标解释：中水回用就是将人们在生活和生产中用过的优质杂排水（不含粪便和厨房排水）、杂排水（不含粪便污水）以及生活污（废）水经集流再生处理后回用，充当地面清洁、浇花、洗车、空调冷却、冲洗便器、消防等不与人体直接接触的杂用水。因其水质指标低于城市给水中饮用水水质标准，但又高于污水允许排入地面水体排放标准，亦即其水质居于生活饮用水水质和允许排放污水水质标准之间。

计算公式：

$$中水回用比例 = \frac{区域将污水处理为中水的量（m^3）}{区域污水排放总量（m^3）} \times 100\%$$

中水是指各种排水经处理后，达到规定的水质标准，可在生活、市政、环境等范围内杂用的非饮用水。因为它的水质指标低于生活饮用水的水质标准，但又高于允许排放的污水的水质标准，处于二者之间，所以叫做"中水"。

数据来源：环保、经贸、统计、工业等部门。

（17）新建绿色建筑比例

指标解释参照生态文明建设试点示范县有关内容。

（18）生态用地比例

指标解释参照生态文明建设试点示范县有关内容。

（19）公众对环境质量的满意度

指标解释参照生态文明建设试点示范县有关内容。

（20）生态环保投资占财政支出比例

指标解释参照生态文明建设试点示范县有关内容。

（21）生态文明建设工作占党政实绩考核的比例

指标解释参照生态文明建设试点示范县有关内容。

（22）政府采购节能环保产品和环境标志产品所占比例

指标解释参照生态文明建设试点示范县有关内容。

（23）环境影响评价率及环保竣工验收通过率

指标解释参照生态文明建设试点示范县有关内容。

（24）环境信息公开率

指标解释参照生态文明建设试点示范县有关内容。

（25）党政干部参加生态文明培训比例

指标解释参照生态文明建设试点示范县有关内容。

（26）生态文明知识普及率

指标解释参照生态文明建设试点示范县有关内容。

（27）生态环境教育课时比例

指标解释参照生态文明建设试点示范县有关内容。

（28）规模以上企业开展环保公益活动支出占公益活动总支出的比例

指标解释参照生态文明建设试点示范县有关内容。

（29）公众节能、节水、公共交通出行的比例

指标解释参照生态文明建设试点示范县有关内容。

（30）特色指标

指标解释参照生态文明建设试点示范县有关内容。

注：本《国家生态文明建设试点示范区指标（试行）》指标解释中引用的标准、管理办法如修订或有相关新标准颁布，将自动成为本指标解释的引用标准。

附件 4　彩图

第 5 章

等级	符号	空间格局	环境特性	生物特性	服务功能	综合评价	综合指数
理想							EI ≥ 80
良好							80 < EI ≤ 65
一般							65 < EI ≤ 50
较差							50 < EI ≤ 30
恶劣							EI < 30

图 5-3　可视化综合指数分级表

图 5-4　目标层可视化结果示意图　　　　　图 5-5　准则层可视化结果示意图

图 5-10　用户登录与管理界面

图 5-11　用户数据管理界面

图 5-12　城市基本信息界面　　　　　　　　图 5-13　工具栏使用说明

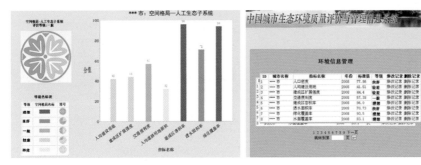

图 5-14　指标可视化显示界面　　　　　　　图 5-15　环境信息数据管理界面

图 5-16　城市基本信息查询功能模块　　　　图 5-17　其他数据可视化显示示例

第 6 章

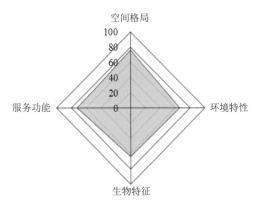

图 6.2-21 武汉市生态环境质量雷达图

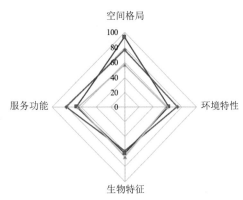

图 6.2-22 武汉市三个子系统生态环境质量雷达图

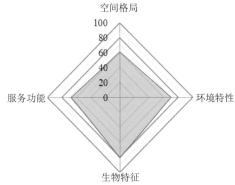

图 6.3-36 重庆市生态环境质量雷达图

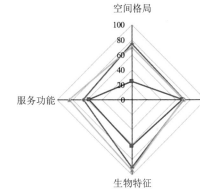

图 6.3-37 重庆市三个子系统生态环境质量雷达图

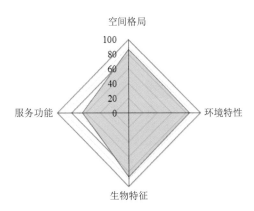

图 6.4-13 珠海市生态环境质量雷达图

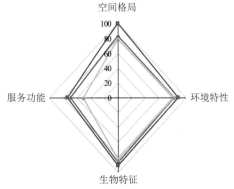

图 6.4-14 珠海市三个子系统生态环境质量雷达图

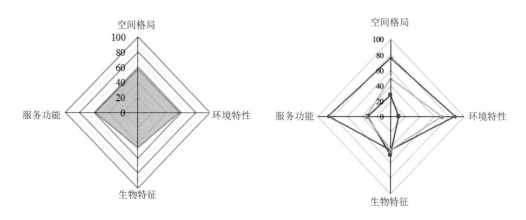

图 6.5-20　北京市朝阳区生态环境质量雷达图　　图 6.5-21　北京市朝阳区三个子系统生态环境质量雷达图

第 7 章

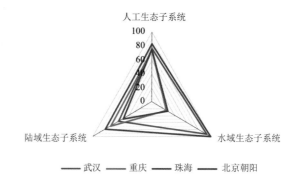

图 7-1　各典型城市空间格局的子系统比较

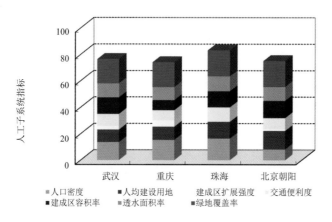

图 7-2　典型城市空间格局的人工子系统指标比较

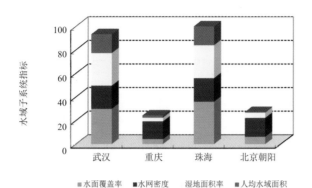

图 7-3　典型城市空间格局的水域子系统指标比较

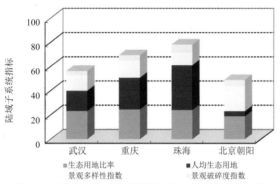

图 7-4　典型城市空间格局的陆域子系统指标比较

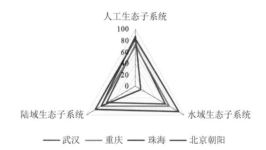

图 7-5　典型城市环境特性各子系统比较

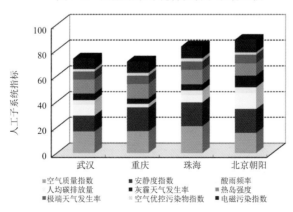

图 7-6　典型城市环境特性的人工子系统指标比较

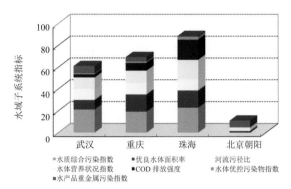

图 7-7　典型城市环境特性的水域子系统指标比较

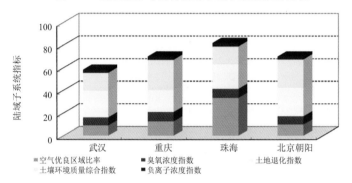

图 7-8　典型城市环境特性的陆域子系统指标比较

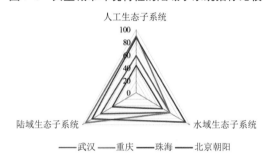

图 7-9　典型城市生物特征各子系统比较

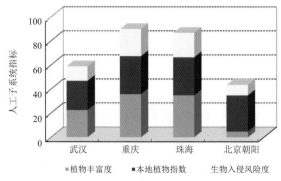

图 7-10　典型城市生物特征的人工子系统指标比较

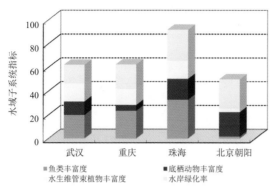

图 7-11　典型城市生物特征的水域子系统指标比较

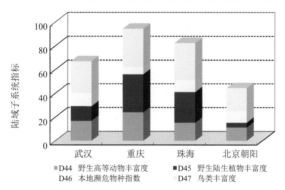

图 7-12　典型城市生物特征的陆域子系统指标比较

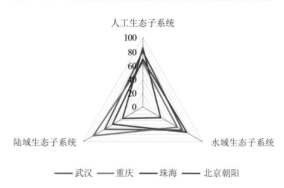

图 7-13　典型城市服务功能各子系统比较

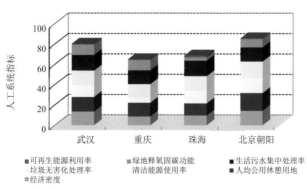

图 7-14　典型城市服务功能的人工子系统指标比较

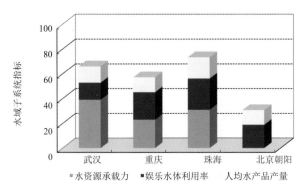

图 7-15　典型城市服务功能的水域子系统指标比较

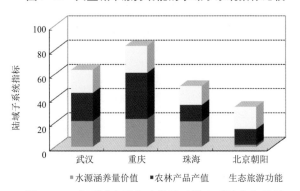

图 7-16　典型城市服务功能的陆域子系统指标比较

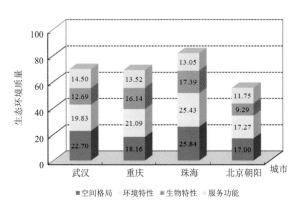

图 7-17　典型城市生态环境质量结果比较

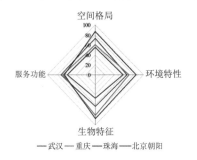

图 7-18　典型城市生态环境质量雷达图